Der Schlüssel weist auf eine **Schlüsseldenkweise** hin. Damit kannst du dir wichtige geographische Sachverhalte erschließen.

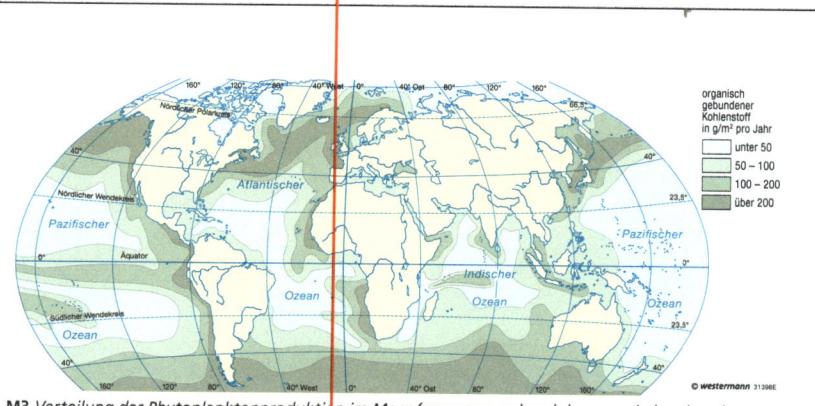

M3 *Verteilung der Phytoplanktonproduktion im Meer (gemessen anhand des organisch gebundenen Kohlenstoffs)*

organisch gebundener Kohlenstoff in g/m² pro Jahr

	unter 50
	50 – 100
	100 – 200
	über 200

© westermann 31398E

Systeme erkennen

Geographen und andere Wissenschaftler untersuchen häufig, wie ein Gegenstand mit anderen Gegenständen zusammenhängt. Dabei zeigt sich meistens, dass der Gegenstand mit einer Gruppe von Gegenständen zusammenhängt, mit anderen Gegenständen aber nicht. Eine solche miteinander zusammenhängende Gruppe heißt System. Eine Familie kann z.B.ein solches System sein. Jedes System besteht aus Elementen (den Gegenständen). Im Fall der Familie wären das die Familienmitglieder, die durch ihre Verwandtschaft miteinander zusammenhängen. Im Fall des Ökosystems Meer sind es die Elemente Phytoplankton, Zooplankton, kleine Fische etc., die z.B.durch den Fluss der Mineralstoffe miteinander zusammenhängen.

Wenn man ein System untersucht, muss man also zuerst festlegen, welche Elemente dazugehören und welche nicht. In einem zweiten Schritt gilt es dann, die Zusammenhänge zwischen diesen Elementen zu ermitteln.

1 Kühle Meeresströmungen bestehen aus aufsteigendem Wasser, das folglich viele Mineralstoffe enthält oder die Mineralstoffe am Absinken hindert. Zeige an jeweils zwei Beispielen,

a) dass im Gebiet kalter Meeresströmungen besonders viele Algen leben. (M3, M3 auf S. 33)
b) dass deshalb in diesen Gebieten sehr viele Fische gefangen werden. (M1)

2 Große Gebiete der Ozeane werden auch als „blaue Wüsten" bezeichnet. Erkläre diese Bezeichnung.

3 Die Bakterien und Tiere in der dunklen Zone des Ozeans sind davon abhängig, was an toten Lebewesen und Kot herabsinkt. Erkläre diesen Befund mithilfe von M2.

4 Transfer Nenne die Elemente des Sonnensystems. (Kasten „Systeme erkennen")

5 a) Forscher möchten in einem Meerwasseraquarium ein über viele Jahre funktionierendes Mini-Ökosystem Meer nachstellen. Welche Auswahl an Elementen ist geeignet?
– einzellige Algen, Ruderfußkrebse, Bakterien
– Ruderfußkrebse, Fische, Bakterien
– einzellige Algen, Ruderfußkrebse, Fische
↗ **Starthilfe**
b) Zeichne den Weg der Mineralstoffe zwischen den Elementen in diesem Mini-Ökosystem.
c) Nenne Kriterien, anhand derer man bestimmte Vogelarten zu den Elementen des Ökosystems Meer zählen würde. Begründe.

Nutze die **Starthilfe** (S. 150), wenn du nicht weißt, wie du an eine Aufgabe herangehen sollst.

Es gibt drei besondere **Aufgabentypen**:
- **Aktiv** → Erweitere dein Wissen aktiv, z. B. durch eine Internetrecherche.
- **Transfer** → Hier musst du dein Wissen auf ein anderes Beispiel übertragen.
- **Diskussion** → Bilde dir eine Meinung und vertritt sie in einer Diskussion.

Diercke
Erdkunde 7/8

Niedersachsen
Gymnasium

Moderatorin:
Prof. Dr. Christiane Meyer

Autorinnen und Autoren:
Rainer Ellmann-Bahr
Dr. Dirk Felzmann
Martin Freytag
Martin Häusler
Holger Kerkhof
Renate Koch
Prof. Dr. Christiane Meyer
Rainer Niedernostheide

Berater:
Dr. Reinhard Kurz

unter Mitwirkung der Verlagsredaktion

westermann

Einbandfoto: Die Iguaçufälle im Süden Brasiliens liegen im Gebiet zweier Nationalparks, die zum Schutz der Regenwälder ausgewiesen wurden.

Mit Beiträgen von:
Gisbert Döpke, Timo Frambach, Karin Götz, Wolfgang Latz, Monika Wendorf

© 2015 Westermann Bildungsmedien Verlag GmbH,
Georg-Westermann-Allee 66, 38104 Braunschweig
www.westermann.de

Druck A^9 / Jahr 2023
Alle Drucke der Serie A sind im Unterricht parallel verwendbar.

Redaktion: Christine Wenzel
Bildredaktion: Susanne Guse
Satz: Yvonne Behnke, Berlin
Umschlaggestaltung: Thomas Schröder
Layout und Typographie: Hertzfeld & Partner, Berlin; GUD, Braunschweig
Druck und Bindung: Westermann Druck GmbH,
Georg-Westermann-Allee 66, 38104 Braunschweig

ISBN 978-3-14-**144675**-3

Inhaltsverzeichnis

■ Kernthema 4
▲ Kernthema 5
● Kernthema 6

1 Wetter und Klima

A Wir waren in den Ferien auf Mallorca. Da ist es im Sommer immer warm.

B Diese Schwüle heute ist unerträglich!

C Unsere Grillparty ist letzte Woche leider ins Wasser gefallen. Gerade als wir anfangen wollten, gab es ein schweres Gewitter.

M1 *Wetter oder Klima?*

Wetter und Klima

Wetter

Das **Wetter** beeinflusst unser Leben jeden Tag. Das beginnt damit, dass du jeden Morgen entscheiden musst, was du anziehst – brauchst du vielleicht Handschuhe oder eine Regenjacke? Oft möchte man auch wissen, wie das Wetter in einigen Tagen sein wird, wenn man z. B. am Wochenende einen Ausflug oder eine Grillparty plant. Für manche Berufsgruppen, wie Landwirte oder Gastwirte von Ausflugslokalen, ist eine zuverlässige Wettervorhersage noch viel wichtiger.

Das Wettergeschehen ist aber sehr komplex und hängt von zahlreichen Faktoren ab. Deshalb benötigt man von vielen Orten auf der Erde Informationen über die **Wetterelemente** (M2), um einigermaßen sichere Vorhersagen machen zu können. Heute werden mit Wettersatelliten, Wetterballons und Messstationen Wetterdaten gesammelt. Auf ihrer Grundlage wird mithilfe von Computerprogrammen eine Wettervorhersage erstellt. Die Zuverlässigkeit der Vorhersage ist heute für einige Tage schon recht hoch, aber für längere Zeiträume immer noch unsicher.

Das Zusammenwirken der Wetterelemente für einen kurzen Zeitraum (Stunden bis einige Tage) und für einen lokal begrenzten Raum bezeichnen wir als Wetter.

Klima

Beobachtet man das Wetter über einen längeren Zeitraum, dann stellt man Regelmäßigkeiten fest. Zum Beispiel ist es in Deutschland im Sommer immer wärmer als im Winter, und in Grönland ist es immer kälter als in Deutschland. Diese langfristig betrachteten atmosphärischen Prozesse und Zustände (nach Festlegung der World Meteorological Organization WMO über mindestens 30 Jahre) bezeichnet man als **Klima**.

Das Klima bezieht sich also auf einen größeren Raum und auf die langjährigen Durchschnittswerte der Wetterelemente, die somit zugleich **Klimaelemente** sind. Das Klima wird von zahlreichen geographischen Gegebenheiten beeinflusst, die man als **Klimafaktoren** bezeichnet (M3). Die wichtigsten Klimafaktoren werden in diesem Kapitel behandelt.

Meine Schwester hat eine Karte aus Finnland geschickt. (D)

29.09.2014

Hallo Sophie,
...en ist es super, aber ganz schön kalt.
...tzte Nacht ist schon Schnee gefallen
...nd ich habe gar keine Winterstiefel
...bei. Wir genießen den Schnee aber
trotzdem.
Bis bald im südlichen
wärmeren Hannover!
Deine Pauline

Kriegen wir heute hitzefrei? (E)

Am letzten Wochenende war ich zum Segeln auf dem Steinhuder Meer. Der Wind war recht stark und auch etwas böig, sodass wir einmal fast gekentert wären. (F)

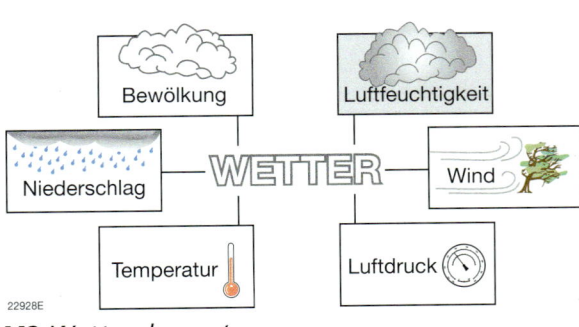

Bewölkung · Luftfeuchtigkeit · Niederschlag · WETTER · Wind · Temperatur · Luftdruck

22928E

M2 *Wetterelemente*

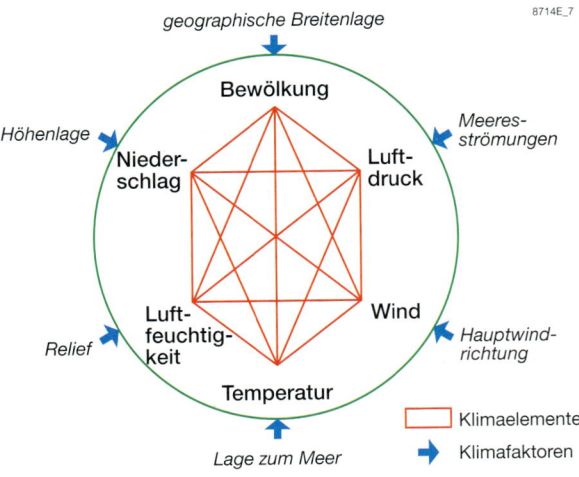

geographische Breitenlage

8714E_7

Höhenlage · Meeresströmungen

Bewölkung · Niederschlag · Luftdruck · Luftfeuchtigkeit · Wind · Temperatur

Relief · Hauptwindrichtung

☐ Klimaelemente
➤ Klimafaktoren

Lage zum Meer

M3 *Klimaelemente und Klimafaktoren*

① Grenze die Begriffe „Wetter" und „Klima" voneinander ab.

② Ordne die Aussagen in M1 den Begriffen „Wetter" und „Klima" zu.

③ Nenne drei Situationen, in denen das Wetter für dich besonders wichtig ist.

④ Regen wird oft als schlechtes Wetter bezeichnet. Nimm Stellung zu dieser Aussage.

⑤ **Aktiv** Verfolge im Fernsehen an drei aufeinanderfolgenden Tagen den Wetterbericht.
a) Notiere die angesprochenen Wetterelemente. (M2)
b) Überprüfe, ob die Vorhersagen eingetroffen sind.

⑥ Grenze die Begriffe „Klimaelemente" und „Klimafaktoren" voneinander ab. (M3)

Wolken

M1 *Cirruswolken*

M2 *Cumuluswolken*

M3 *Stratuswolken*

1 Wetter und Klima

Wolkenarten

Wolken sind ein Wetterelement, das direkt beobachtet werden kann und das wichtige Hinweise für die Wetterentwicklung liefert.

Je nach der Form der Wolken unterscheidet man drei Grundformen (M1–M3):
– Cirrus (lat.: Haarlocke, Franse): Federwolken
– Cumulus (lat.: Anhäufung): Haufenwolken
– Stratus (lat.: liegend, ausgebreitet): Schichtwolken.

Cirruswolken sind Eiswolken und deshalb nur in großer Höhe anzutreffen. Andere Wolkenarten können aber in verschiedenen Höhen auftreten oder auch, wie die Gewitterwolken (Cumulonimbus), eine große vertikale Ausdehnung haben (M4). Die Höhenangaben in M4 beziehen sich auf unsere Breiten. In den Tropen können die Wolken bis in eine Höhe von 18 km reichen.

Entstehung von Wolken

Wolken bestehen aus vielen kleinen Wassertröpfchen. Sind die Tropfen sehr klein, können sie wie die kleinen Wassertröpfchen im Nebel in der Luft schweben. Aber wie ist das viele Wasser überhaupt nach oben in die Wolke gekommen? Wasser kann in verschiedenen Zustandsformen (Aggregatzuständen) vorliegen (M5). Den gasförmigen Wasserdampf sehen wir nicht. So ist auch in deinem Klassenraum viel unsichtbarer Wasserdampf (Luftfeuchtigkeit) enthalten. Sonst wäre die Luft unangenehm trocken. Kühlt die Luft ab, kann sie nicht mehr so viel Feuchtigkeit halten (M6), ein Teil des Wasserdampfes kondensiert. Genau das passiert auch, wenn Luft, die z. B. über dem Meer durch Verdunsten des Wassers viel Wasserdampf aufgenommen hat, aufsteigt. Sie kühlt mit zunehmender Höhe ab und kann dann nicht mehr so viel Wasserdampf aufnehmen wie warme Luft. Wird der **Taupunkt** erreicht, so kondensiert ein Teil des Wasserdampfes zu ganz kleinen Wassertröpfchen, die bei weiterer Kondensation immer größer werden. Aus unsichtbarem Wasserdampf sind sichtbare Wassertröpfchen geworden, die eine Wolke bilden.

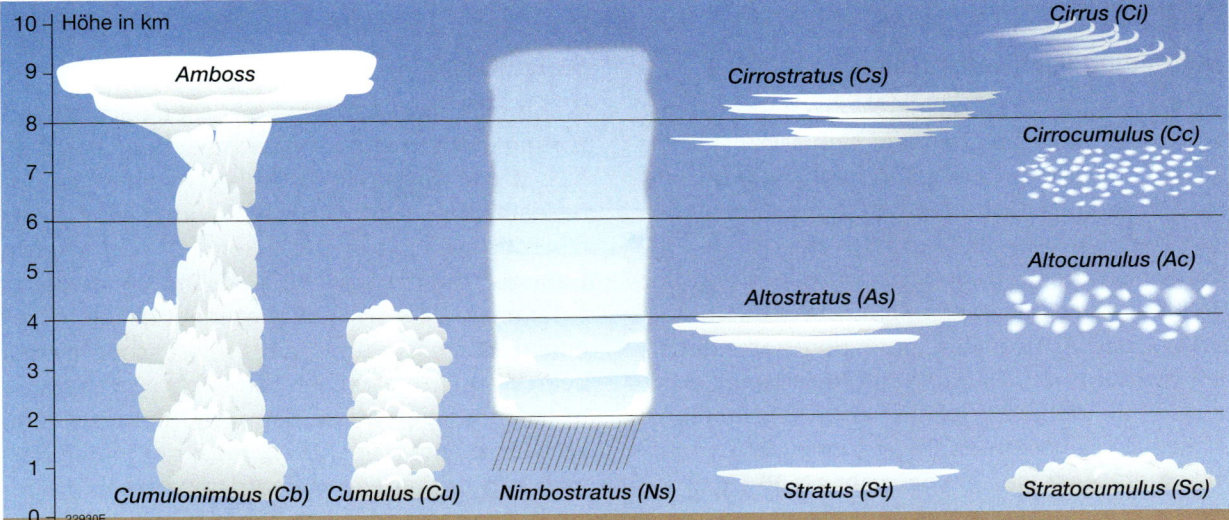

M4 *Wolkenarten*

M5 *Aggregatzustände des Wassers*

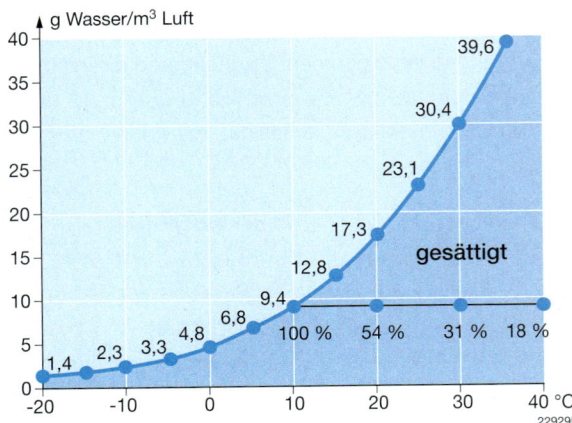

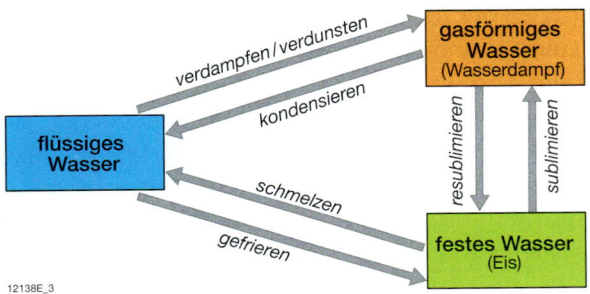

INFO

Absolute und relative Luftfeuchtigkeit
Die absolute Luftfeuchtigkeit gibt an, wie viel Gramm Wasserdampf in einem Kubikmeter Luft enthalten sind.
Die relative Luftfeuchtigkeit gibt an, wie viel Prozent der maximalen Wasserdampfmenge in der Luft enthalten sind.

1 Wetter und Klima

❶ Aktiv Beschreibe die aktuelle Bewölkung und ordne sie einer Wolkenart zu. (M1 – M4)

❷ Erläutere den Prozess der Wolkenentstehung. (Text)

❸ Transfer Erkläre, warum im Winter die Luft in den Räumen oft sehr trocken ist.
↗ **Starthilfe**

❹ Aktiv Für die Kondensation sind kleinste Partikel (Aerosole) notwendig. Recherchiere und berichte über ihre Bedeutung. (Internet)

❺ Berechne die absolute Luftfeuchtigkeit einer Luftmasse, die eine Temperatur von 30 °C und eine relative Luftfeuchtigkeit von 80 % hat. (M6)

❻ Aktiv Hauche gegen eine kalte Fensterscheibe. Erkläre deine Beobachtungen.

❼ Im Winter „verschwindet" der Schnee oft, ohne zu tauen. Benenne diesen Vorgang. (M5)

Beispiel: Luft mit einer Temperatur von 20 °C hat eine relative Luftfeuchtigkeit von 54 % und eine absolute Luftfeuchtigkeit von 9,4 g/m³. Beim Aufsteigen kühlt sie sich ab. Bei 10 °C ist der Taupunkt erreicht. Die in der Luft enthaltenen 9,4 g/m³ absolute Luftfeuchtigkeit entsprechen jetzt der maximalen Aufnahmekapazität der Luft, was einer relativen Luftfeuchtigkeit von 100 % entspricht. Bei weiterem Abkühlen muss ein Teil des Wasserdampfes kondensieren, z. B. 2,6 g/m³ beim Abkühlen auf 5 °C, da Luft von 5 °C nur noch maximal 6,8 g/m³ Wasserdampf aufnehmen kann.

M6 *Taupunktkurve*

Niederschlag und Steigungsregen

Entstehung von Niederschlag

Die Wassertröpfchen in einer Wolke sind zunächst sehr klein und schweben wie Nebel in der Luft. Werden sie aber größer, dann fallen sie aufgrund der Schwerkraft nach unten: Es regnet. Bei niedrigen Temperaturen können auch Eiskristalle entstehen: Es schneit. In Gewitterwolken mit großer Höhenausdehnung können Eiskristalle durch starke Auf- und Abströme lange in der Wolke gehalten werden (M3). Dadurch gefriert immer mehr Wasser an den Eiskristallen und es entstehen schließlich Hagelkörner. Diese können im Extremfall einen Durchmesser von mehr als 10 cm erreichen.

Die Entstehung von Niederschlag lässt sich gut in einem Experiment (siehe unten) veranschaulichen. Aber in der Natur sind die Vorgänge nie genauso wie in einem Experiment. Bei der Auswertung des Experiments musst du also gut aufpassen und den Bezug zur Wirklichkeit kritisch überprüfen. Dabei kann es hilfreich sein, zu vergleichen, was oder welcher Vorgang im Experiment welchem Phänomen in der Wirklichkeit entspricht.

Steigungsregen

Wenn man eine Karte mit der Niederschlagsverteilung in Deutschland betrachtet, stellt man fest, dass die jährliche Niederschlagssumme auch innerhalb eines relativ kleinen Raumes sehr unterschiedlich sein kann (M1). Generell regnet es in Gebirgen mehr als im Tiefland. Das hängt damit zusammen, dass die Temperatur mit der Höhe abnimmt. Das hast du vielleicht selbst schon einmal beim Wandern in den Bergen erlebt. Da aber kalte Luft weniger Wasserdampf aufnehmen kann als warme Luft (siehe S. 11), muss der in der warmen Luft enthaltene Wasserdampf beim Abkühlen kondensieren.

Es kommt beim Aufsteigen also zur Wolkenbildung und zum Niederschlag. Dieses Phänomen tritt an der dem Wind zugewandten Gebirgsseite (**Luv**) auf und wird als **Steigungsregen** bezeichnet. Beim Absinken der Luft auf der dem Wind abgewandten Seite (**Lee**) ist die Luft dann trocken, da sie ihre Feuchtigkeit bereits im Luv abgeregnet hat. Da in Deutschland der Wind überwiegend aus Westen weht, erhalten die Westseiten der Gebirge mehr Steigungsregen als die Ostseiten.

EXPERIMENT: Entstehung von Niederschlag

Materialien
- Metallschale (oder kleiner Metallkochtopf)
- Eiswürfel
- Glas
- heißes Wasser

Durchführung
- Fülle die Metallschale mit Eiswürfeln, sodass sie gut abkühlt.
- Fülle nun heißes Wasser in das Glas und halte die Metallschale dicht über das Glas.

Beobachtung
Notiere deine Beobachtungen.

Auswertung
Bei der Auswertung musst du dich zunächst auf die Beobachtungen im Experiment beziehen und diese physikalisch erklären. In einem zweiten Schritt überträgst du dann das Experiment auf die Realität, das könnte z. B. so aussehen:

im Experiment	in der Wirklichkeit
Glas mit heißem Wasser	große (warme) Wasseroberfläche (Ozean, See)
Verdunstung von Wasser	Verdunstung von Wasser
Metallschale mit Eiswürfeln	sehr niedrige Temperatur in großer Höhe
…	…

Jetzt kannst du feststellen, dass manches im Experiment sehr gut mit der Wirklichkeit übereinstimmt, anderes aber auch nicht (z. B. ist das Wasser in den Ozeanen nicht so heiß wie das Wasser im Glas beim Experiment). Und du kannst beurteilen, ob das Experiment geeignet ist, die Entstehung von Niederschlag zu veranschaulichen.

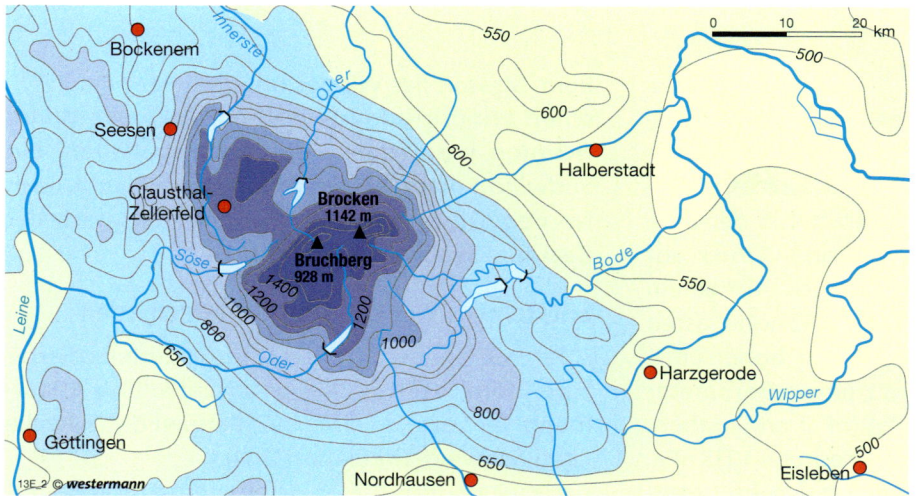

M1 *Niederschläge im Harz (in mm pro Jahr)*

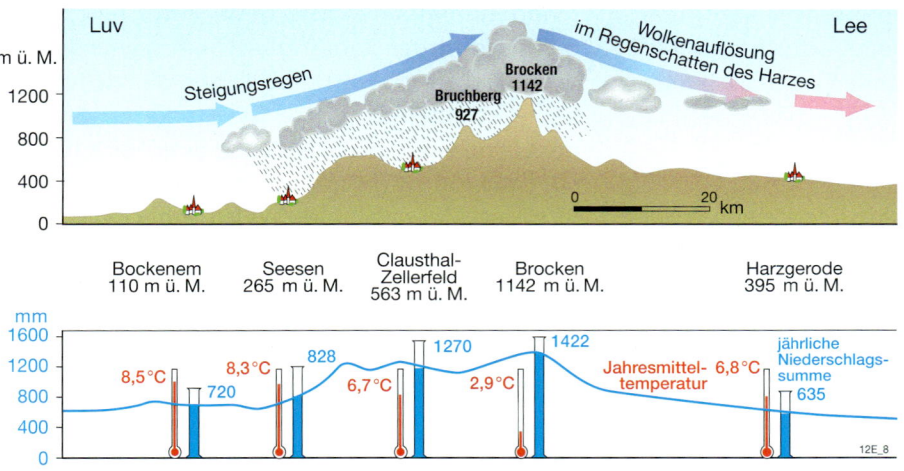

M2 *Steigungsregen im Harz*

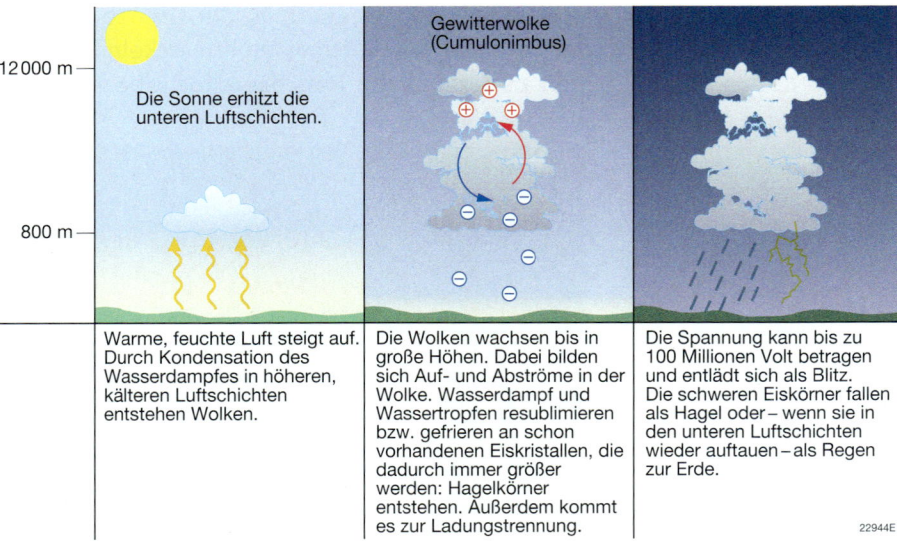

M3 *Entstehung eines Sommergewitters*

❶ Erläutere die Entstehung von Niederschlag. (Text)

❷ Erläutere die Niederschlagsverhältnisse im Harz. (M1, M2)

🔊❸ **Transfer** Erkläre jeweils die unterschiedlichen jährlichen Niederschlagssummen an folgenden Orten:
a) Stuttgart: 666 mm, Feldberg (Schwarzwald): 1731 mm
b) Bergen (Norwegen): 1958 mm,
Oslo (Norwegen): 769 mm. (Atlas)
↗ **Starthilfe**

🔊❹ **Transfer** Bei einer Föhn-Wetterlage in Bayern ist die Luft sehr trocken und der Wind kommt aus Süden. Entwickle eine Hypothese, wie die zeitgleiche Wettersituation auf der Alpensüdseite sein muss. Begründe deine Aussage. (Atlas)

❺ Beschreibe die Entstehung eines Sommergewitters. (M3)

Luftdruck und Wind

Luftdruck

Die Luft ist für uns unsichtbar, weil die in ihr enthaltenen Stoffe gasförmig und farblos sind. Diese Gase haben aber natürlich eine Masse und werden deshalb durch die Schwerkraft von der Erde angezogen. Die Luft übt damit einen Druck auf die Erdoberfläche aus, den Luftdruck. Auf einem Quadratmeter Grundfläche in Meereshöhe lasten etwa 10 Tonnen Luft (bei einer 10 km hohen Luftsäule). Der Luftdruck wird mit einem Barometer gemessen und in Hektopascal (hPa) angegeben. Der Normaldruck beträgt in Meereshöhe 1013 hPa. Der Luftdruck kann aber regional sehr unterschiedlich sein. Ist er höher als normal, spricht man von einem **Hoch (H)**, ist er niedriger als normal, von einem **Tief (T)**. Vereinfacht kann man sich vorstellen, dass bei hohem Luftdruck die Teilchen der Luft dichter aneinanderliegen als bei tiefem Luftdruck.

Wind

Wind entsteht durch räumliche Luftdruckunterschiede. Dazu kannst du dir einen prall aufgepusteten Luftballon vorstellen (M1), den du mit den Fingern zuhältst. In dem Ballon sind die Teilchen enger zusammen, es herrscht höherer Druck als außerhalb des Ballons. Wenn du die Finger öffnest, schießt die Luft als Wind heraus, weil der Luftdruck sich wieder ausgleicht.

Dasselbe passiert auch großräumig auf der Erde bei Luftdruckunterschieden. Der Wind weht also immer von einem Gebiet mit höherem Luftdruck (Hoch) zu einem Gebiet mit tieferem Luftdruck (Tief).

Beim Messen des Windes unterscheidet man zwischen Windrichtung und Windstärke. Als Windrichtung wird seine Herkunft angegeben. Ein Südwind kommt also aus Süden und weht nach Norden. Die Windstärke wird meistens nach der Beaufort-Skala angegeben (M3).

Entstehung von Luftdruckunterschieden

Aber wie entstehen die Luftdruckunterschiede? Eine Möglichkeit ist die unterschiedliche Erwärmung der Luft. Ein einfaches Beispiel dafür ist die Land-Seewind-Zirkulation (M4).

An Küsten mit hoher Sonneneinstrahlung erwärmt sich tagsüber das Land stärker als das Wasser. Das ist eine Tatsache, die du selbst vielleicht schon einmal am Strand beobachtet hast, wenn der Sand in der Sonne ganz heiß geworden ist, die Wassertemperatur sich aber gar nicht oder kaum erhöht hat. Durch die starke Erwärmung der Luftmassen über dem Land dehnt sich hier die Luft aus, sie steigt auf und fließt in der Höhe in Richtung Meer ab. Dadurch verringert sich in Bodennähe der Luftdruck über dem Land: Ein Tief ist entstanden. Durch die in Richtung Meer in der Höhe abgeflossene Luft steigt der Luftdruck über dem Wasser: Ein Hoch ist entstanden. In Bodennähe fließen nun Luftmassen vom Hoch über dem Wasser zum Tief über dem Land, um den Luftdruck wieder auszugleichen.

Neben dieser **thermischen**, also temperaturbedingten Entstehung können sich Tiefs und Hochs auch durch Verwirbelung an der Grenze von kalten und warmen Luftmassen entwickeln. Sie werden als **dynamische Tiefs** bzw. Hochs bezeichnet.

M1 *Ausgleich von Luftdruckunterschieden*

M2 *Vom Wind verformte Bäume*

Windstärke	Windgeschwindigkeit	Bezeichnung	Auswirkungen
0	< 1 km/h	still	Windstille, Rauch steigt senkrecht empor
1	1–5 km/h	leiser Zug	Windrichtung wird nur durch Zug des Rauches angezeigt, nicht durch Windfahne
2	6–11 km/h	leichte Brise	Wind im Gesicht spürbar, Blätter säuseln, Windfahne bewegt sich
3	12–19 km/h	schwache Brise	dünne Zweige bewegen sich
4	20–28 km/h	mäßige Brise	hebt Staub und loses Papier, bewegt Zweige und dünnere Äste
5	29–38 km/h	frische Brise	kleine Laubbäume beginnen zu schwanken, Schaumkronen bilden sich auf Seen
6	39–49 km/h	starker Wind	starke Äste schwanken, Regenschirme nur schwer zu halten
7	50–61 km/h	steifer Wind	ganze Bäume in Bewegung, fühlbarer Widerstand beim Gehen gegen den Wind
8	62–74 km/h	stürmischer Wind	Zweige brechen von Bäumen, erschwert erheblich das Gehen im Freien
9	75–88 km/h	Sturm	Äste brechen von Bäumen, kleinere Schäden an Häusern
10	89–102 km/h	schwerer Sturm	Wind bricht Bäume, bedeutende Schäden an Häusern
11	103–117 km/h	orkanartiger Sturm	Wind entwurzelt Bäume, verbreitet Sturmschäden
12	ab 118 km/h	Orkan	schwerste Verwüstungen

M3 *Windstärken nach der Beaufort-Skala*

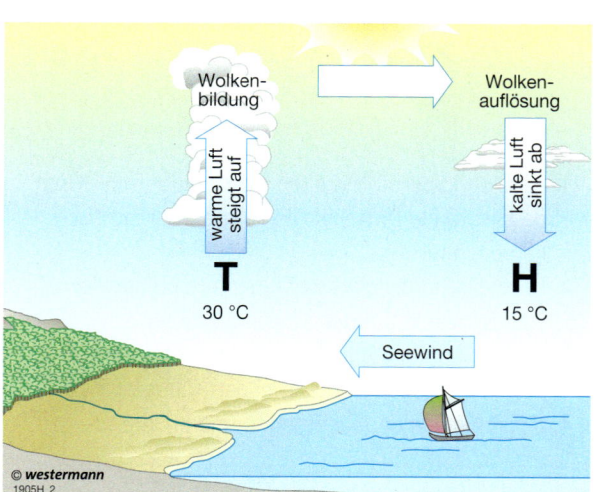

M4 *Der Seewind als Ergebnis thermischer Hoch- und Tiefdruckgebiete*

M5 *Die Magdeburger Halbkugeln*

❶ Erkläre die Entstehung von Wind. (Text)

❷ Gib an, in welche Richtung ein Nordwestwind weht.

❸ Erläutere die Entstehung von thermischen Hoch- und Tiefdruckgebieten. (M4)

❹ a) Entwickle ein Modell für die Windzirkulation bei Nacht auf der Basis von M4.
↗ **Starthilfe**
b) **Transfer** Erkläre, warum es gefährlich sein kann, vormittags sehr früh am Meer zu surfen.

❺ **Transfer** Städte erwärmen sich im Sommer bei hoher Sonneneinstrahlung stärker als das Umland. Erläutere die Konsequenzen dieser Tatsache für die regionale Windzirkulation (sofern nicht überregionaler Wind vorherrscht).

❻ **Aktiv** Recherchiere und berichte über das Experiment der Magdeburger Halbkugeln. (M5, Internet)

❼ An den Küsten ist der Wind meistens stärker als im Binnenland. Erkläre.
↗ **Starthilfe**

❽ Recherchiere im Atlas, welche Gebiete in Deutschland aufgrund hoher Windgeschwindigkeiten für die Windenergienutzung geeignet sind.

Projekt: Experimente zu Luftdruck und Wind

Die Vorgänge und Erscheinungen des Wetter- und Klimageschehens lassen sich nur erklären, wenn man die physikalischen Grundlagen kennt. Um diese zu verstehen, kannst du mithilfe von Experimenten naturgesetzlich verlaufende Prozesse nachahmen und dann auf das Wetter- und Klimageschehen übertragen.

EXPERIMENT 1

Materialien
- dünner Stab
- zwei Luftballons
- Schere
- Schnur
- Klebeband
- Nadel

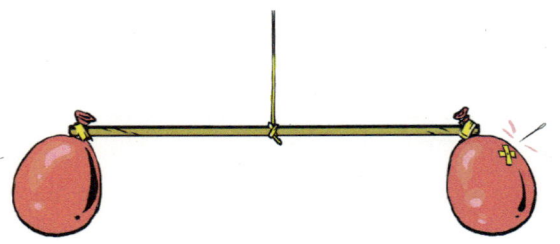

1. Binde ein Stück Schnur in der Mitte eines dünnen Stabes fest.
2. Blase zwei Luftballons auf und knote sie zu.
3. Klebe mit dem Klebeband je einen Luftballon an jedes Ende des Stabes. Der Stab sollte waagerecht hängen bleiben. Verändere deshalb, falls nötig, die Position der Schnur.
4. Klebe dann auf einen der Luftballons ein Stück Klebeband.
5. Steche mit einer Nadel durch das Klebeband in den Ballon, sodass die Luft langsam entweichen kann.
6. Notiere deine Beobachtungen und erkläre sie.

EXPERIMENT 3

Materialien
- Doppelseite einer Tageszeitung
- Sperrholzstreifen (etwas länger als ein Lineal [40 cm], 3–4 cm breit, 4 mm dick)

1. Lege den Sperrholzstreifen so vor dir auf den Tisch, dass etwa ein Drittel bis die Hälfte über die Tischkante hinausragt.
2. Lege das Doppelblatt der Tageszeitung parallel zur Tischkante auf den Sperrholzstreifen.
3. Schlage von der Seite kräftig mit der Handkante auf den überstehenden Teil des Sperrholzstreifens.
4. Notiere deine Beobachtungen und erkläre sie.

EXPERIMENT 2

Materialien
- zur Hälfte mit Wasser gefülltes Glas
- Blatt Papier (etwas größer als die Öffnung des Glases)

Achtung: Führe das Experiment über einem Wasch-/Spülbecken durch!

1. Lege das Papier auf das zur Hälfte mit Wasser gefüllte Glas.
2. Halte das Papier fest und drehe das Glas ruckartig um.
3. Lass das Papier los.
4. Notiere deine Beobachtungen und erkläre sie.

PROJEKT

EXPERIMENT 4

Materialien

- Kühlschrank
- leere Flasche
- Luftballon (vorher schon einmal aufgeblasen)
- Schüssel
- heißes Wasser

1. Stelle eine leere Flasche mindestens 15 min in den Kühlschrank.
2. Streife über den Flaschenhals der kalten Flasche einen Luftballon.
3. Fülle eine Schüssel mit heißem Wasser und stelle die Flasche hinein. Beobachte.
4. Stelle die Flasche mit dem Luftballon danach nochmals 15 min in den Kühlschrank.
5. Notiere deine Beobachtungen und erkläre sie.

EXPERIMENT 6

Materialien

- Glasgefäß (Aquarium), mindestens 30 x 20 x 20 cm
- Glasplatte (oder eine andere Abdeckung für das Aquarium)
- Rauchentwickler, z. B. Räucherkerze oder Räucherstäbchen
- gefrorenes Kühlelement bzw. Eiswürfel in einer Schale
- Schale mit heißem Wasser
- schwarze Pappe

1. Stelle das Kühlelement/die Eiswürfel an eine der Schmalseiten in das Aquarium, die Schale mit dem heißen Wasser an die gegenüberliegende Seite.
2. Verschließe das Aquarium mit der Glasplatte/Abdeckung.
3. Stelle die schwarze Pappe hinter das Aquarium.
4. Halte die angezündete Räucherkerze/das Räucherstäbchen kurz unter die Glasplatte/Abdeckung.
5. Verschließe die Abdeckung sofort wieder.
6. Notiere deine Beobachtungen und erkläre sie.

EXPERIMENT 5

Materialien

- Lampe ohne Schirm mit Glühbirne (nicht mehr im Handel erhältlich, aber vielleicht noch vorhanden; Energiesparlampen sind ungeeignet)
- Mehl oder Puder
- schwarze Pappe

1. Schalte die Lampe ein.
2. Stelle die schwarze Pappe hinter der Lampe auf, ohne dass sie die Glühbirne berührt.
3. Wenn die Glühbirne heiß genug ist, zerreibe etwa 30 cm darüber feines Mehl oder Puder.
4. Notiere deine Beobachtungen und erkläre sie.

Projekt: Wir beobachten und messen das Wetter

Zur Beschreibung des Wetters kannst du die Wetterelemente Temperatur, Niederschlag, Wind und Bewölkung mithilfe bestimmter Geräte messen bzw. anhand von Beobachtungen bestimmen. Deine Ergebnisse kannst du in einem Wettertagebuch zusammenstellen (M1).

		14. Mai	15. Mai	16. Mai	17. Mai	18. Mai	19. Mai	20. Mai
Temperatur	7 Uhr (°C)	7	9	10	10	11	9	10
	14 Uhr (°C)	17	17	19	20	21	18	19
	21 Uhr (°C)	10	11	11	12	12	11	12
	Tagesmittel	11	12	13	14	14	12	13
Niederschlag	mm	4	10	3	0	0	8	2
	Art	◉	▼	◉	–	–	◉	IIII
Wind	Richtung	W	W	–	SW	SW	SW	W
	Stärke (nach Beaufort-Skala)	3	5	0	1	1	3	4
Bewölkung		◗	●	●	○	○	◗	◗

Niederschlagsart
- ◉ Regen
- ▼ Schauer
- ▲ Hagel
- IIII Niesel
- ✳ Schnee
- ≡ Nebel

Bewölkung
- ○ wolkenlos
- ◔ heiter
- ◑ wolkig
- ● bedeckt

1914H_2

M1 *Beispiel für ein Wettertagebuch*

Temperatur

Die Lufttemperatur wird mit einem Thermometer gemessen und in Grad Celsius (°C) angegeben. Um Einflüsse der Sonneneinstrahlung sowie der Bodenwärme zu vermeiden, achte darauf, dass du im Schatten und nicht direkt am Erdboden misst. Zur Bestimmung der **Tagesmitteltemperatur** musst du die Temperatur dreimal am Tag ablesen: um 7 Uhr, 14 Uhr und 21 Uhr. Die Werte von 7 Uhr, 14 Uhr und das Doppelte des Wertes von 21 Uhr werden addiert und das Ergebnis durch vier dividiert.

Beispiel:

7 Uhr	9 °C
14 Uhr	17 °C
21 Uhr	2 x 11 °C
	48 °C : 4 = 12 °C

Meteorologen messen an Wetterstationen überall auf der Erde die Temperaturen. Ein Computerprogramm zählt die Einzelwerte zusammen und ermittelt daraus die Tagesmitteltemperatur. Mit dem vereinfachten Verfahren erhältst du aber auch schon eine gut angenäherte Tagesmitteltemperatur.

Die **Monatsmitteltemperatur** ergibt sich, wenn man alle Tagesmitteltemperaturen eines Monats addiert und durch die Anzahl der Tage des Monats dividiert. Zur Berechnung der **Jahresmitteltemperatur** addiert man alle Monatsmitteltemperaturen und teilt sie durch zwölf.

Niederschlag

Mit einem Niederschlagssammler (M3) kannst du jeden Tag ablesen, wie viel Niederschlag gefallen ist. Stelle den Niederschlagssammler nach draußen und grabe ihn etwas in die Erde ein, damit er nicht umfällt. Miss einmal pro Tag mit einem Lineal die Höhe des Wassers in der Flasche und schütte es danach aus. Der Niederschlag wird in Millimeter (mm) angegeben. Steht das Wasser zum Beispiel in dem Messbehälter einen Millimeter hoch, dann bedeutet dies, dass das Wasser die Erdoberfläche einen Millimeter hoch bedecken würde, wenn es nicht im Boden versickern würde. Den **Monatsniederschlag** erhältst du, wenn du die Tageswerte eines Monats zusammenzählst. Addierst du alle zwölf Monatsniederschläge, so ergibt sich der **Jahresniederschlag**.

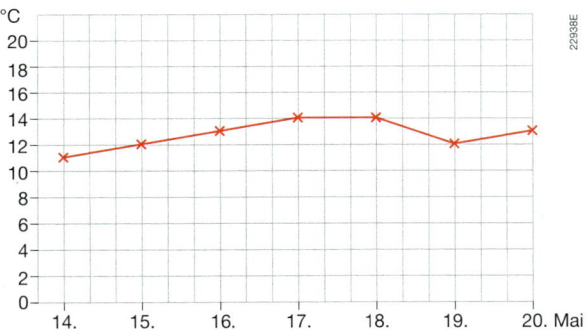

M2 *Darstellung der Tagesmitteltemperaturen aus M1 in einem Kurvendiagramm*

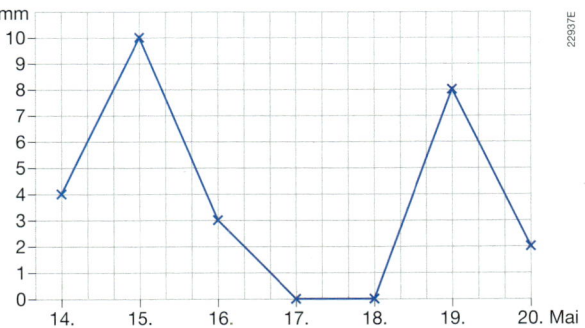

M4 *Darstellung der Niederschlagswerte aus M1 in einem Kurvendiagramm*

Wind

Zur Bestimmung von Windrichtung und Windstärke dienen dir die Windfahne (M5) und die Beaufort-Skala (M3 auf S. 15). Suche dir dazu einen möglichst freien Platz und miss immer zur gleichen Zeit (z. B. 14 Uhr), da sich vor allem die Windstärke im Laufe eines Tages verändern kann. Bestimme die von der Windfahne angezeigte Windrichtung mithilfe eines Kompasses. Vergleiche deine Beobachtungen zu den Auswirkungen des Windes mit der Beaufort-Skala und bestimme die Windstärke. Meteorologen ermitteln die Windgeschwindigkeit üblicherweise mit einem kleinen rotierenden Windmessgerät, dem Schalenkreuz-Anemometer (griech.: anemos = Wind, métron = Maß). Sie wird in Meter pro Sekunde (m/s) oder in Kilometer pro Stunde (km/h) angegeben.

Bewölkung

Die Bewölkung lässt sich nicht genau messen, zudem kann sie sich im Laufe eines Tages mehrmals verändern. Schätze daher täglich zu einer festen Zeit (z. B. 14 Uhr) den Bedeckungsgrad des Himmels ein: wolkenlos, heiter (einzelne Wolken), wolkig (mit Wolkenlücken) oder bedeckt (ohne Wolkenlücken).

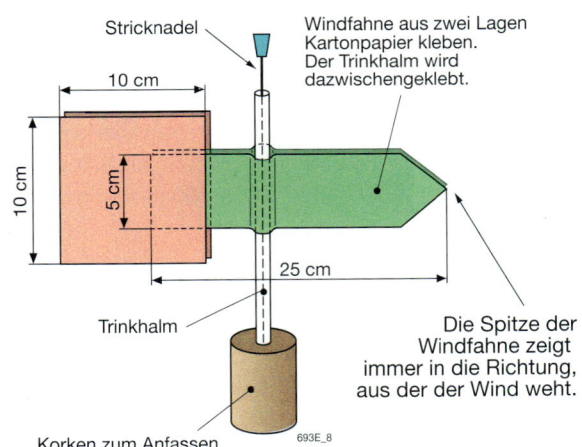

M5 *Bauanleitung für eine Windfahne*

Schneide hier, damit du einen Trichter erhältst.

Setze den Trichter umgekehrt in die Flasche.

Plastikflasche mit ebenem Boden

23225E

M3 *Bauanleitung für einen Niederschlagssammler*

❶ **Aktiv** Übertrage die Vorlage für ein Wettertagebuch (M1) in dein Heft. Bestimme eine Woche lang die dort aufgeführten Wetterelemente und trage deine Messungen/Beobachtungen in dein Wettertagebuch ein.

❷ Erstelle wie in M2 und M3 Kurvendiagramme zu den von dir ermittelten Tagesmitteltemperaturen und Niederschlagswerten.

❸ Benenne mithilfe des Atlas je zwei Gebiete in Deutschland mit
a) hohen Mitteltemperaturen
b) niedrigen Mitteltemperaturen
c) sehr hohen Niederschlägen
d) sehr geringen Niederschlägen.

❹ **Aktiv** a) Bestimme die Temperatur auf dem Schulgelände in der Sonne, im Schatten, im lockeren Boden (z. B. Sand) und unter Laub.
b) Erkläre die Unterschiede.

Methode: Klimadiagramme zeichnen und auswerten

So zeichnest du ein Klimadiagramm

Du benötigst: Millimeterpapier oder kariertes Papier, Lineal, Bleistift, einen roten und einen blauen Stift sowie die Klimadaten einer Klimastation (siehe auch S. 160/161).

1. Schritt: Achsen anlegen

- Zeichne im unteren Teil des Blattes eine waagerechte Linie, die du gleichmäßig in zwölf Teile für die Monate aufteilst (z.B. 1 cm pro Monat) und mit den Anfangsbuchstaben der Monate beschriftest.

- Zeichne am Beginn des Monats Januar eine senkrechte Achse für die Temperatur und am Ende des Monats Dezember eine senkrechte Achse für den Niederschlag. Beschrifte die beiden Achsen (Temperaturachse: °C, Niederschlagsachse: mm).

- Unterteile die Achsen von der Nulllinie aus so, dass 10 °C auf der Temperaturachse 20 mm Niederschlag entsprechen (z.B. 1 cm für 10 °C bzw. 20 mm).

- Hast du eine Klimastation mit negativen Temperaturwerten, so musst du die Nulllinie entsprechend höher legen, sodass nach unten Platz für die negativen Temperaturwerte bleibt.

- Hast du eine Station mit Niederschlagswerten über 100 mm, so musst du die Skalierung ab 100 mm so ändern, dass der Abschnitt für 100 mm so groß ist wie unten für 20 mm.

2. Schritt: Temperatur- und Niederschlagskurve zeichnen

- Trage die Temperaturwerte mit Bleistift jeweils in der Monatsmitte ein und verbinde die Punkte mit einem roten Stift. Zu den Achsen hin werden die Linien so gezogen, dass die Temperaturkurve auf beiden Achsen auf derselben Höhe liegt.

- Trage die Niederschlagswerte entsprechend ein und verbinde sie mit einem blauen Stift.

3. Schritt: Beschriftung

Vervollständige das Klimadiagramm mit folgenden Angaben:

- Name der Station / Staat
- Höhe über dem Meeresspiegel (in m ü. M.)
- Lage im Gradnetz
- Jahresmitteltemperatur
- Jahresniederschlag.

4. Schritt: Kennzeichnung von humiden und ariden Monaten

- Liegt die Niederschlagskurve über der Temperaturkurve (vorausgesetzt du hast, wie oben angegeben, die Achsen für Temperatur und Niederschlag im Verhältnis 1:2 eingeteilt!), ist genügend Feuchtigkeit vorhanden, das Klima ist humid. Diese Monate werden durch senkrechte blaue Linien zwischen den beiden Kurven gekennzeichnet. Die Monate, in denen die Temperaturkurve über der Niederschlagskurve liegt, sind arid. Diese Monate erhalten zwischen den Kurven rote Punkte.

- Um die Stauchung der Skala ab 100 mm deutlich zu machen, wird für diese Monate ab 100 mm bis zur Niederschlagskurve eine blaue Flächenfarbe gewählt.

INFO

Klimadiagramm

In einem Klimadiagramm sind die Monatsmitteltemperaturen und die Monatsniederschläge für einen bestimmten Ort eingetragen. Dabei handelt es sich um Durchschnittswerte von mindestens 30 Jahren.

INFO

Humid – arid

In humiden Monaten fällt mehr Niederschlag als Wasser verdunstet, es ist feucht.
In ariden Monaten ist der Niederschlag geringer als die mögliche Verdunstung, es ist trocken.

	J	F	M	A	M	J	J	A	S	O	N	D	Jahr
Monatsmittel-temperatur (°C)	9	10	12	13	16	19	22	20	19	16	13	11	15
Monatsnieder-schlag (mm)	134	119	77	98	85	44	19	26	66	153	176	145	1142

M1 *Klimadaten von Porto (Portugal)*

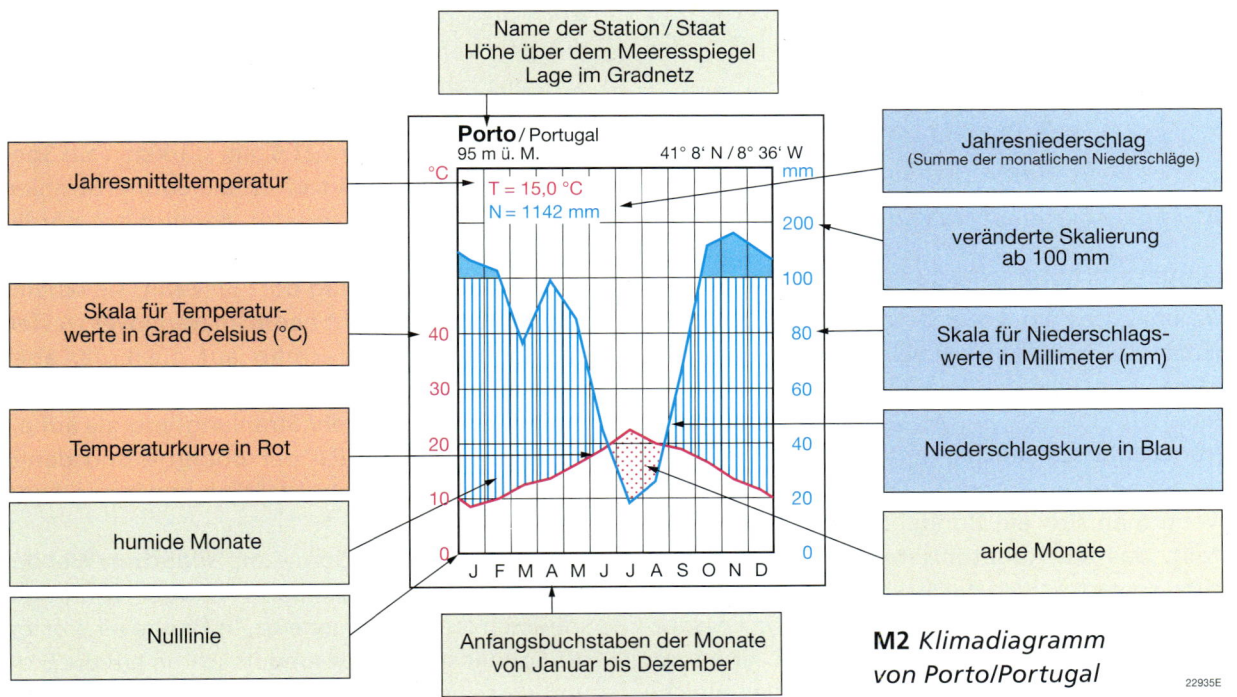

M2 *Klimadiagramm von Porto/Portugal*

22935E

So wertest du ein Klimadiagramm aus

1. Schritt: Angaben zur Station

Name der Station, Staat, Höhe über dem Meeresspiegel, Lage im Gradnetz

2. Schritt: Angaben zu den Temperaturen

Jahresmitteltemperatur, Verlauf der Temperaturkurve, wärmster und kältester Monat, Temperaturdifferenz zwischen dem wärmsten und kältesten Monat, Angabe der Monate mit Temperaturen unter 0 °C

3. Schritt: Angaben zu den Niederschlägen

Jahresniederschlag, Verlauf der Niederschlagskurve, Monat mit geringstem und höchstem Niederschlag

4. Schritt: Verknüpfung von Temperatur und Niederschlagskurve

Angabe von ariden und humiden Monaten bzw. Jahreszeiten

5. Schritt: Beziehungen zwischen Klima und Nutzung herstellen (je nach Fragestellung)

Beispiele: Ist das Klima für eine landwirtschaftliche Nutzung geeignet? (Voraussetzung: Temperatur > 5 °C = Vegetationsperiode, humid) In welchen Monaten müsste gegebenenfalls bewässert werden? Reicht die Anbauperiode aus? Welche Art von Tourismus wäre möglich?

❶ a) Zeichne ein Klimadiagramm für San Francisco. (Klimadaten siehe S. 160/161)
b) Werte dein Klimadiagramm aus.

Entstehung der Jahreszeiten

Alert Januar: -31,9°C
Juli: 3,4°C

Hannover Januar: 1,4°C
Juli: 17,7°C

Singapur
Januar: 26,2°C
Juli: 27,6°C

Punta Arenas
Januar: 10,5°C
Juli: 1,2°C

Station Vostock
Januar: -31,0°C
Juli: -66,9°C

22931E

M1 *Monatsmitteltemperaturen*

Temperaturunterschiede auf der Erde

Warum ist es am Äquator, z.B. in Singapur, das ganze Jahr über deutlich wärmer als in Hannover oder in der Nähe der Pole (M1)?

Entscheidend ist, wie die Sonnenstrahlung aufgrund unterschiedlicher Einfallswinkel ihre Energie auf der kugelförmigen Erde verteilt.

Wenn man sich ein Bündel Sonnenstrahlen vorstellt, das am Äquator senkrecht auf die Erde trifft, so verteilt sich die Strahlungsenergie dieses Bündels auf eine kleine Fläche (M3). Entsprechend stark wird diese kleine Fläche erwärmt. Weiter entfernt vom Äquator trifft das gleiche Bündel Sonnenstrahlen mit der gleichen Energie schräg auf die kugelförmige Erde. Dadurch verteilt sich die gleiche Menge Strahlungsenergie auf eine größere Fläche. An einem einzelnen Punkt dieser Fläche kann es dann nicht so warm werden. Deshalb ist es im Bereich des Äquators am wärmsten, und zu den Polen hin wird es zunehmend kälter.

Temperaturunterschiede zwischen Sommer und Winter

Warum ist es in Hannover im Juli wärmer als im Januar und warum ist es in Punta Arenas genau umgekehrt (M1)? Wie entstehen also die **Jahreszeiten**?

Auch die Entstehung der Jahreszeiten lässt sich mit den Veränderungen des Einfallswinkels der Sonnenstrahlung erklären (M2): Durch die Bewegung der Erde um die Sonne (**Erdrevolution**) ist die Nordhalbkugel am 21.6. am stärksten zur Sonne geneigt. Dadurch treffen die Sonnenstrahlen 23,5° nördlich vom Äquator, nämlich am **nördlichen Wendekreis**, senkrecht auf die Erde. Die Sonne steht an diesem Tag dort im **Zenit**, sie scheint also mittags senkrecht herab. In Hannover treffen die Sonnenstrahlen schräg auf die Erde, aber nicht mehr so schräg wie im Winter. Pro Quadratmeter Fläche trifft mehr Strahlungsenergie auf als im Winter, sodass sich der Boden – und damit auch die Luft darüber – stärker erwärmen kann (M3).

Am 21.12. steht die Sonne am **südlichen Wendekreis** im Zenit, und die Südhalbkugel ist nun am stärksten zur Sonne geneigt. In Hannover treffen die Sonnenstrahlen besonders schräg auf die Erde und verteilen ihre Energie folglich auf eine sehr große Fläche.

Am 23.9. und 21.3. steht die Erdachse so zur Sonne, dass sich der Zenitstand der Sonne am Äquator befindet. Die eingestrahlte Sonnenenergie wird dadurch auf Nord- und Südhalbkugel gleich verteilt. (M4)

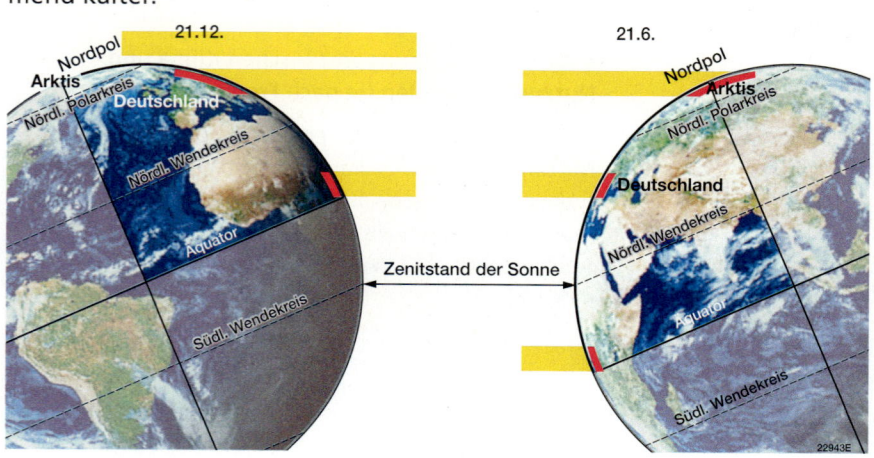

◁ **M2** *Einfallswinkel der Sonnenstrahlen am 21.12. und am 21.6.*

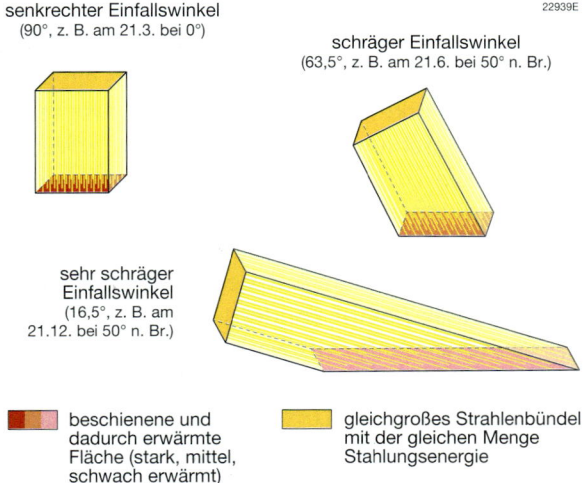

senkrechter Einfallswinkel
(90°, z. B. am 21.3. bei 0°)

schräger Einfallswinkel
(63,5°, z. B. am 21.6. bei 50° n. Br.)

sehr schräger
Einfallswinkel
(16,5°, z. B. am
21.12. bei 50° n. Br.)

beschienene und dadurch erwärmte Fläche (stark, mittel, schwach erwärmt)

gleichgroßes Strahlenbündel mit der gleichen Menge Stahlungsenergie

22939E

M3 *Wirkung unterschiedlicher Einfallswinkel auf die Erwärmung des Bodens*

❶ Beschreibe die Wirkungen unterschiedlicher Einfallswinkel auf die Erwärmung des Untergrunds. (M2, M3)

❷ Beschreibe die Verlagerung des Zenitstandes der Sonne auf der Erde im Laufe eines Jahres. (M4)

❸ Der 21.6. wird von vielen Menschen auf der Nordhalbkugel als „Sommersonnenwende" gefeiert. Erläutere, was sich an diesem Tag „wendet". (M2, M4)

❹ Die Entstehung der Jahreszeiten soll mit dem dargestellten Versuch im Klassenraum nachgestellt werden. Erkläre, welcher der beiden Versuchsaufbauten richtig ist.

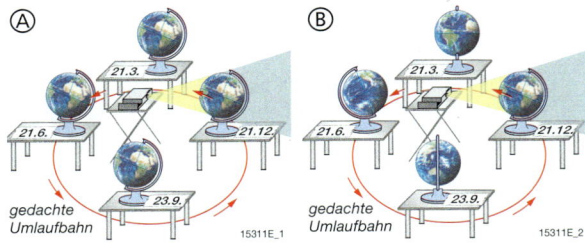

Ⓐ Ⓑ

21.3. 21.3.

21.6. 21.12. 21.6. 21.12.

23.9. 23.9.

gedachte Umlaufbahn gedachte Umlaufbahn

15311E_1 15311E_2

❺ Häufig hört man die folgenden falschen Erklärungen für die Temperaturunterschiede weltweit und für die Entstehung der Jahreszeiten:
– „Am Äquator ist es wärmer, weil der Äquator näher an der Sonne ist."
– „Im Sommer ist es wärmer, weil die Erde dann näher an der Sonne ist."

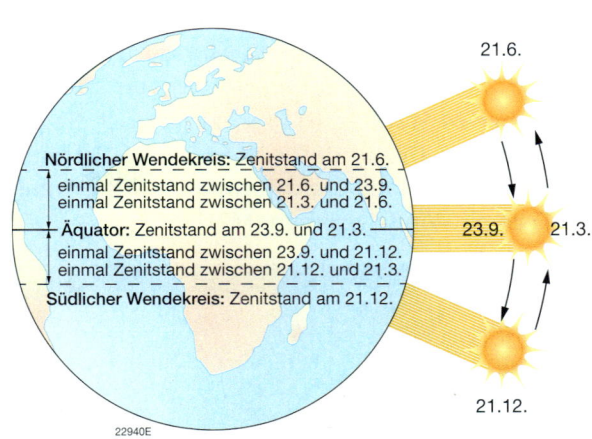

21.6.

Nördlicher Wendekreis: Zenitstand am 21.6.
einmal Zenitstand zwischen 21.6. und 23.9.
einmal Zenitstand zwischen 21.3. und 21.6.
Äquator: Zenitstand am 23.9. und 21.3.
einmal Zenitstand zwischen 23.9. und 21.12.
einmal Zenitstand zwischen 21.12. und 21.3.
Südlicher Wendekreis: Zenitstand am 21.12.

23.9. 21.3.

21.12.

22940E

M4 *Verlagerung des Zenitstandes der Sonne im Laufe eines Jahres*

Formuliere Argumente gegen diese falschen Erklärungen. Folgende Informationen können dir dabei helfen:

Unterschied in der Entfernung von Pol und Äquator zur Sonne: durchschnittlich ca. 6300 km

Entfernung Erde – Sonne: im Januar ca. 147 000 000 km, im Juli ca. 152 000 000 km

*wärmster Monat auf der Nordhalbkugel: Juli
wärmster Monat auf der Südhalbkugel: Januar*

↗ **Starthilfe**

❻ Von wo könnte das Foto, das an einem Weihnachtstag gemacht wurde, stammen? Entwickle verschiedene Hypothesen.

Windgürtel der Erde

Betrachtet man von einem Satelliten aus die Verteilung und die Bewegung der Wolken auf der Erde über 24 Stunden (M1), so zeigen sich Regelmäßigkeiten. Grund dafür ist, dass die Luftmassen in einem relativ gleichförmigen Muster über die Erde als Winde strömen (M2).

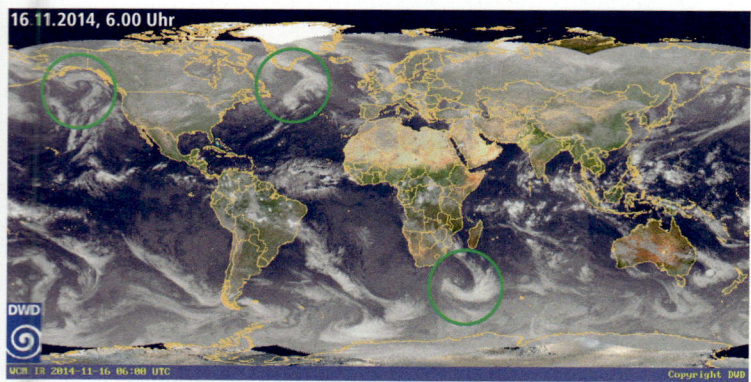

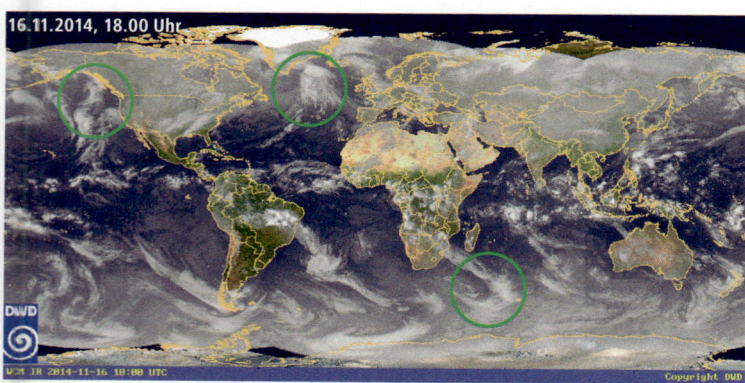

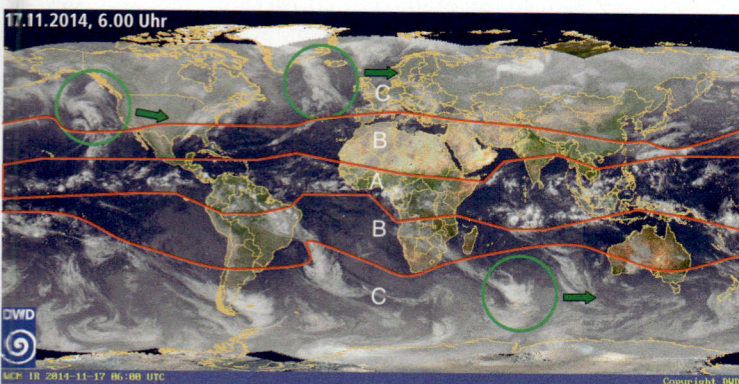

M1 *Satellitenbilder der Erde über 24 Stunden*

In der Zone A ist im Bereich des Äquators ein Wolkenband zu erkennen. Aufgrund des fast senkrechten Einstrahlungswinkels der Sonne erwärmt sich dort die Luft besonders stark. Diese warme Luft mit geringerer Dichte bewegt sich gegenüber der kälteren, dichteren Luft um sie herum nach oben (siehe S. 15). Beim Aufstieg kühlt sich die Luft ab, der Wasserdampf kondensiert und es kommt zur Wolkenbildung, oft verbunden mit Niederschlag. Am Boden entsteht ein Tiefdruckgebiet, in das kühlere, dichtere Luft von Norden und Süden einströmt, die dann ebenfalls erwärmt wird und aufsteigt. Diese Tiefdruckzone mit zusammenlaufenden (konvergierenden) Winden wird als **innertropische Konvergenzzone (ITC)** bezeichnet (M3).
Nördlich und südlich schließt sich eine wolkenarme Zone B an. Die aufgestiegenen Luftmassen aus der innertropischen Konvergenzzone fließen in der Höhe nach Norden und Süden und steigen überwiegend in großen Hochdruckgebieten im Bereich der Wendekreise wieder ab. Am Boden fließen diese Luftmassen nun als sogenannte **Passatwinde** wieder zurück in die innertropische Konvergenzzone. Dadurch entsteht ein Kreislauf der Luftmassen, der **Passatkreislauf** (M3). Wegen der Erdrotation werden die Passate auf der Nordhalbkugel etwas nach rechts und auf der Südhalbkugel etwas nach links abgelenkt, sodass auf der Nordhalbkugel Nordostpassate und auf der Südhalbkugel Südostpassate am Boden wehen. Diese sogenannte **Passatwindzone** enthält kaum Wolken, weil sich die Luftmassen beim Absteigen erwärmt und sich dabei die Wolken aufgelöst haben.
In der Zone C sind viele Wolken in Form von Wolkenwirbeln (siehe grüne Kreise) zu erkennen. Ein Teil der in der Höhe nach Norden und Süden strömenden Luftmassen wird durch die Erdrotation nach Osten abgelenkt. Dieses so entstandene Westwindband in der Höhe zieht Tiefdruckgebiete mit sich nach Osten, die im Satellitenbild als Wolkenwirbel zu erkennen sind. Zwischen den Tiefdruckgebieten liegen wolkenärmere Hochdruckgebiete. Dieses Gebiet, in dem Westwinde am Boden und in der Höhe vorherrschen, wird als **Westwindzone** bezeichnet.
Im Bereich des Nord- und Südpols herrscht aufgrund der kalten, dichten Luft meistens ein Hochdruckgebiet. In diesem wehen vor allem Ostwinde.

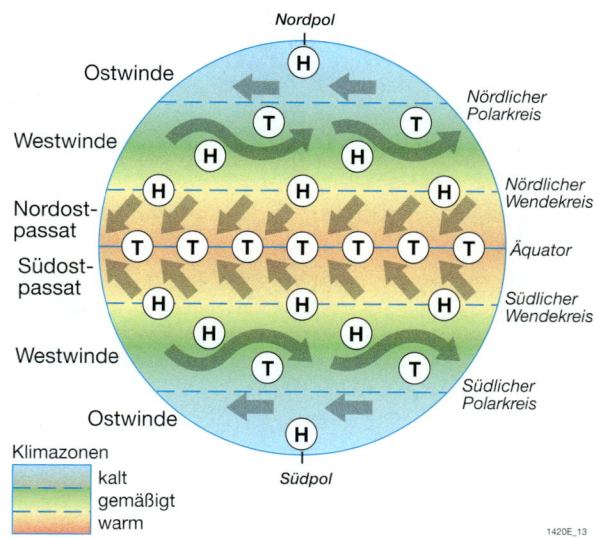

M2 *Luftdruck und Windgürtel*

Luftmassen im Juli | Zonen mit ganzjährig gleichen Windsystemen und mit einem Wechsel der Windsysteme | Luftmassen im Januar

Westwindzone

Nördlicher Wendekreis

Passatwindzone

Äquator

Innertropische Konvergenzzone

Südlicher Wendekreis

Passatwindzone

Westwindzone

© westermann

M4 *Verlagerung der Luftmassen im Jahresverlauf*

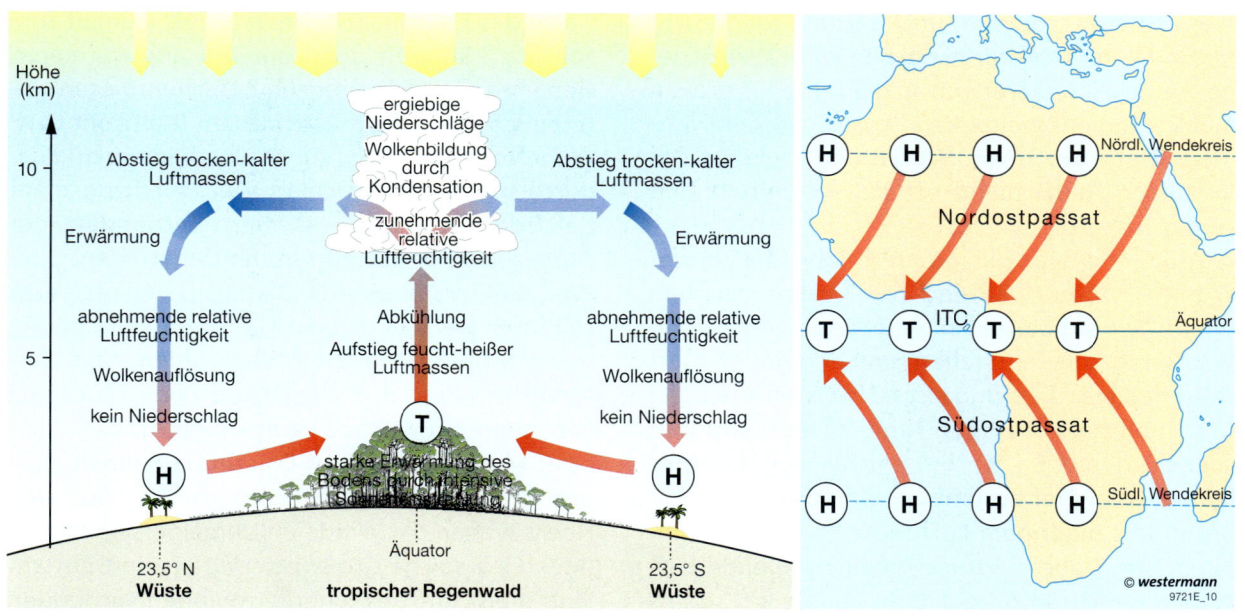

M3 *Passatkreislauf*

❶ Übertrage die Zonen A, B und C (M1, Text) auf das Modell in M2.

❷ a) Beschreibe den Passatkreislauf. (M3)
b) Erkläre diese Zirkulation.

❸ Weil sich das Gebiet stärkster Erwärmung im Laufe eines Jahres mit dem Zenitstand der Sonne verschiebt, verschieben sich auch die Windgürtel je nach Jahreszeit nach Norden oder Süden.
a) Erläutere diese Verschiebung der Windgürtel. (M4)

b) Entwickle eine Hypothese über die Bewölkung im Verlauf eines Jahres für das Gebiet des Mittelmeeres.
↗ **Starthilfe**

🔥 ❹ **Aktiv** Plane eine Weltumsegelung. Start ist Anfang Juni in Irland. (M2, Atlas)

a) Zeichne dazu in einer Weltkarte deine Route ein.
b) Ergänze auf der Karte Begründungen für deine Wahl.
c) Trage in die Karte ein, wo auf der Route wahrscheinlich ungünstige Windverhältnisse herrschen.

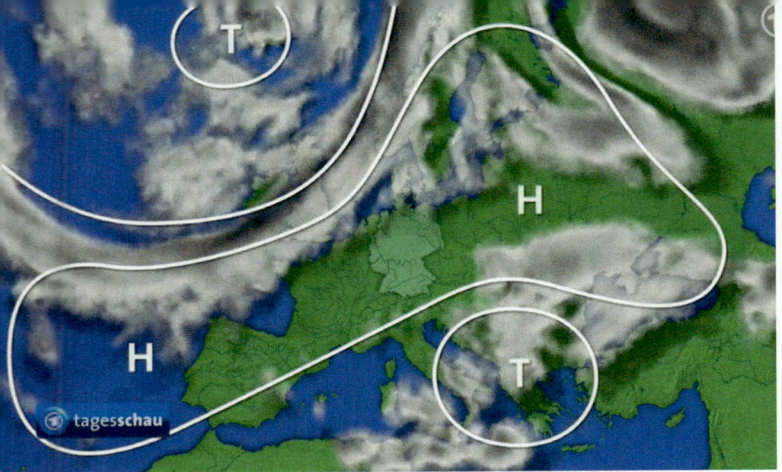

M1 *Vorhersagekarte der Tagesschau für den 03.10.2014*

M3 *Vorhersagekarte der Tagesschau für den 18.04.2014*

Westwinde bestimmen unser Wetter

Wer seine Sommerferien in Deutschland verbringen möchte, kann sich nie sicher sein, ob in diesem Zeitraum trockenes und warmes oder feuchtes und kühles Wetter herrschen wird. Wer dagegen seinen Sommerurlaub an der Mittelmeerküste plant, kann mit weitgehend trockenem und warmem Wetter rechnen. Woran liegt es, dass das Wetter in Deutschland oft so wechselhaft und wenig vorhersehbar ist?

Deutschland liegt das gesamte Jahr über in der Westwindzone, während der Mittelmeerraum nur im Winterhalbjahr in dieser Zone liegt. In der Westwindzone entstehen immer wieder Tiefdruckgebiete, die sich meist nach Osten bewegen und innerhalb weniger Tage wieder auflösen (siehe M1 auf S. 24). Ein solches sogenanntes dynamisches Tief besteht aus einem Zentrum mit besonders niedrigem Luftdruck, in das Luft hineinströmt. Dabei wird die hineinströmende Luft wegen der Rotation der Erde abgelenkt, sodass ein Wirbel um das Tiefdruckzentrum entsteht (M2).

Auf der Nordhalbkugel wehen deshalb die Winde um ein Tiefdruckgebiet gegen den Uhrzeigersinn. Die in das Tief hineinströmende Luft stammt zum Teil aus kühleren und zum Teil aus wärmeren Gebieten. An den Grenzen zwischen diesen unterschiedlich warmen Luftmassen (**Kaltfront** bzw. **Warmfront**) kommt es zur Wolkenbildung und dadurch oft zu Niederschlag. Der Durchzug einer Kaltfront ist oft mit Schauern verbunden, der Durchzug einer Warmfront mit Dauerregen.

Weil die Entstehung der Tiefdruckgebiete recht chaotisch verläuft und ein Tiefdruckgebiet häufig nur drei bis fünf Tage bestehen bleibt, sind Wettervorhersagen in Deutschland über Zeiträume von mehreren Wochen kaum möglich.

Über Mittel-, Nord- und Osteuropa können auch große Hochdruckgebiete entstehen. Aus den Hochs wehen die Winde im Uhrzeigersinn heraus (M2). Eine solche Großwetterlage ist in Deutschland meist mit trockenen Ostwinden verbunden und es herrscht sonniges Wetter. Die Hochdruckgebiete können recht lange bestehen bleiben.

Neben diesen beiden Großwetterlagen gibt es noch eine Reihe weiterer, weniger oft anzutreffender Verteilungen von Hoch- und Tiefdruckgebieten in Europa (M5).

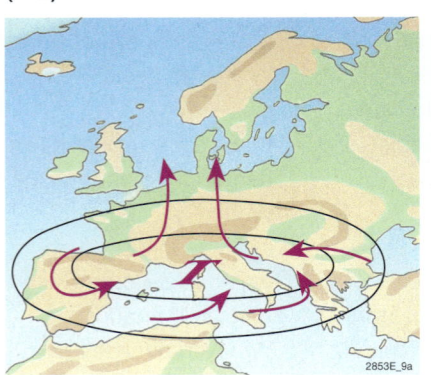
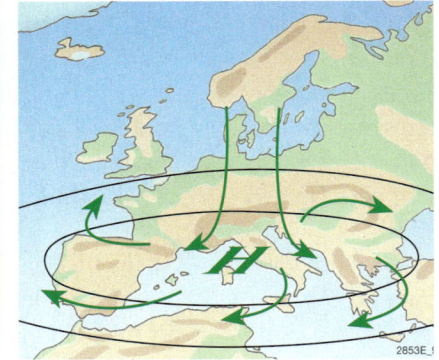

M2 *Luftbewegungen in Tief- und Hochdruckgebieten über Europa*

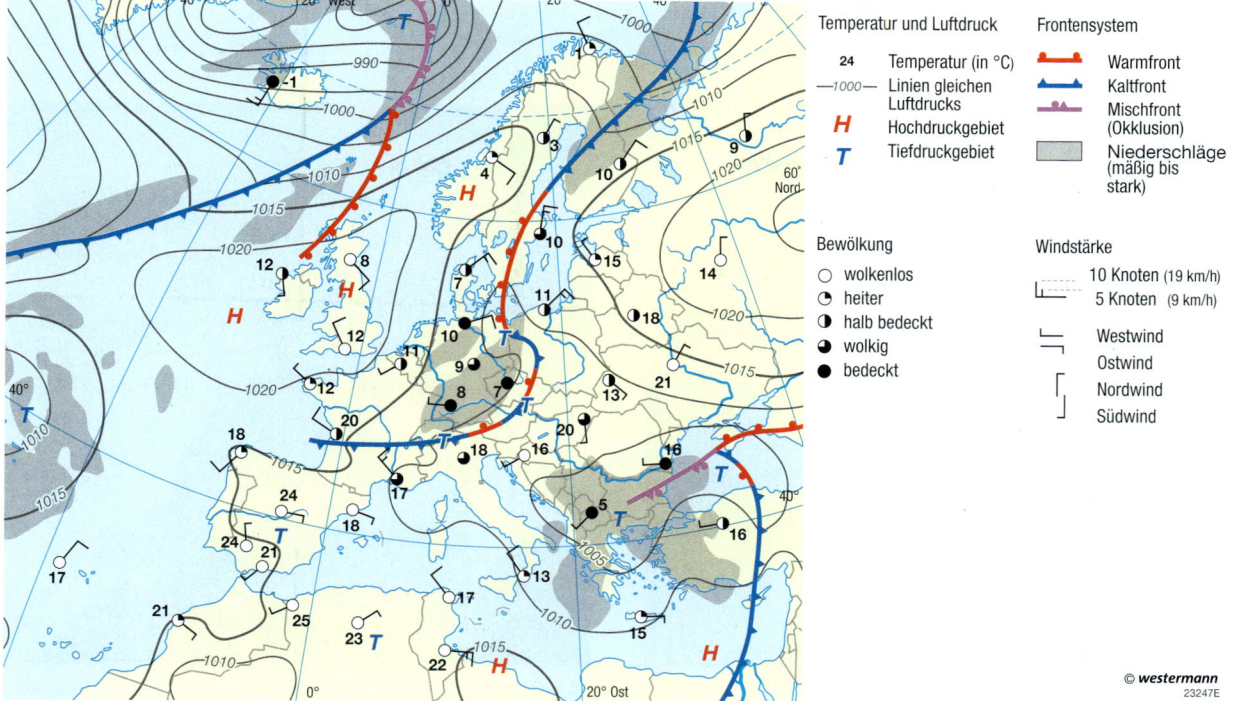

M4 *Wetterkarte für den 18.04.2014*

M5 *Großwetterlagen in Europa (Dicke der Pfeile entspricht der Häufigkeit)*

❶ Zu Niederschlägen kommt es in Deutschland meist bei Westwinden.
a) Erkläre die Ursache hierfür.

b) Suche aus deinem Alltag Beobachtungen, dass die Westseite die „Wetterseite" ist.

❷ Lies aus der Wetterkarte (M4) ab:
a) Wie hoch ist der Luftdruck im Zentrum des Tiefs an der deutsch-polnischen Grenze?
b) Welche Bewölkung, welche Windstärke und welche Windrichtung herrschen in Hamburg?

❸ Suche auf M4 jeweils einen Ort, der sich an diesem Tag besonders gut für eine der folgenden Aktivitäten eignet. Begründe deine Zuordnung mit den Daten aus der Wetterkarte.
a) Am Meer sich sonnen und baden.
b) Eine Schneeballschlacht machen.
c) Drachen steigen lassen.
d) Die Wäsche zum Trocknen draußen aufhängen.

❹ Transfer a) Erkläre für die Großwetterlagen „West", „Ost" und „Süd" in M5 ihre Feuchtigkeit bzw. Trockenheit.
b) Erläutere, welche Großwetterlagen M1 und M3 darstellen.

❺ Transfer Eine Wettervorhersage für Niedersachsen im Radio: „Im Osten des Landes anfangs noch sonnig und trocken, an der Ems aufkommender Regen, der sich im Laufe des Tages nach Osten ausbreitet und am Abend die Elbe erreicht." Erläutere, welche Großwetterlage an diesem Tag in Niedersachsen herrscht.

Einfluss von Gebirgen auf das Klima

Einfluss der Höhe

M1 *Schneegrenze*

M3 *Bergsteiger mit Sauerstoffgerät*

Michelle erzählt von ihrem Osterurlaub: „Wir waren Skifahren in den Alpen. Es war super, aber wir konnten nur noch die Pisten weit oben fahren, unten taute es. Im Tal blühten sogar schon die Krokusse."

Diese vertikale Temperaturabnahme, die du schon kennst, beträgt im Mittel 0,6 °C pro 100 m Höhe. Sie hängt eng mit der Luftdruckabnahme mit zunehmender Höhe zusammen (M2). Du hast sie durch Knacken im Ohr sicher schon einmal wahrgenommen, z.B. beim Start im Flugzeug oder in einer Seilbahn.

Die Luft dehnt sich bei geringerem Druck aus, die Teilchen haben dann größere Abstände voneinander und die Temperatur sinkt.

Durch die insgesamt geringere Teilchenzahl in der Höhe ist beim Einatmen auch die absolute Sauerstoffmenge geringer und man ist kurzatmig. Nur Bergsteiger, deren Körper sich schon an größere Höhen angepasst hat, können deshalb ohne Sauerstoffgerät (M3) z.B. den Mount Everest besteigen.

Die Luftdruckabnahme mit der Höhe wird im Luftverkehr zur Höhenmessung genutzt.

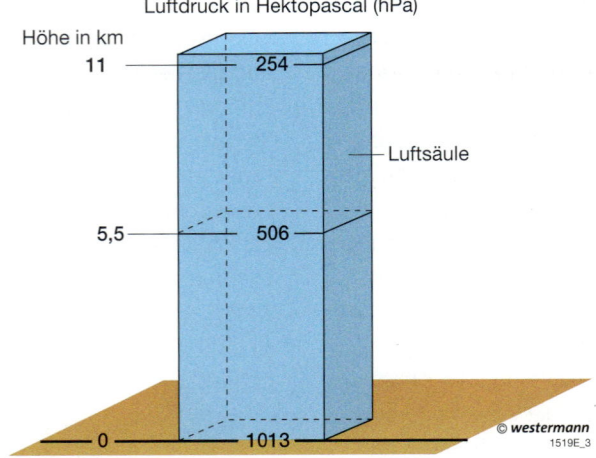

M2 *Luftdruck und Höhe*

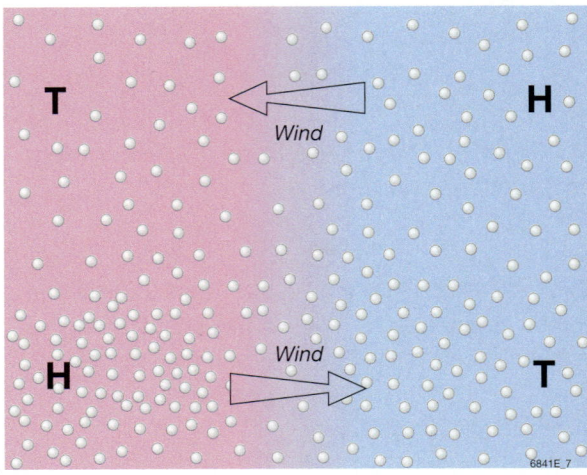

M4 *Hoch und Tief in Bodennähe und in der Höhe*

1 Wetter und Klima

Einfluss des Verlaufs von Gebirgen

M5 *Lage von Gebirgen in Europa*

M8 *Lage von Gebirgen in Nordamerika*

Neue Kältewelle in USA: Frost und Schnee in Florida

Wegen einer neuen Kältewelle in den USA sind an der Ostküste und im Mittleren Westen viele Schulen geschlossen und Highways gesperrt. Wie der Nationale Wetterdienst voraussagte, könnte die arktische Wetterfront sogar in den wärmeverwöhnten Südstaaten Temperaturen um den Gefrierpunkt und Schnee bringen.

Quelle: www.wetter.de vom 28.01.2014

M6 *Arktische Kälte in den USA*

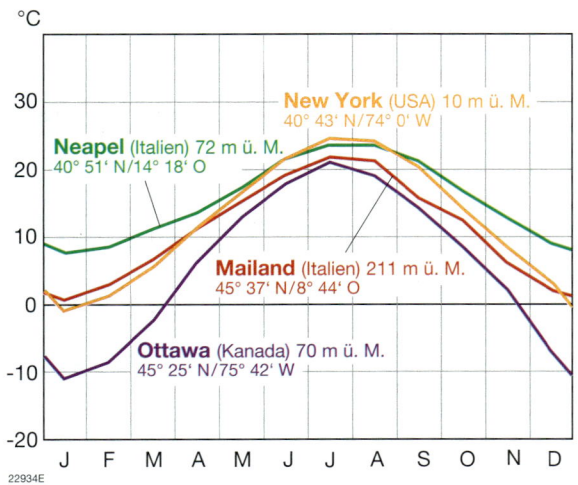

M7 *Temperaturen im Jahresverlauf*

❶ Erkläre, warum sich in M4 auf der rechten Seite in der Höhe ein Hoch und in Bodennähe ein Tief befindet, obwohl die Teilchendichte im Tief höher ist als im Hoch.
↗ **Starthilfe**

❷ a) Du fährst von deinem Urlaubsort in den Alpen von 1500 m Höhe mit einer Gondel auf 2000 m und willst von dort aus auf eine Berghütte in 2700 m Höhe wandern. Erläutere, was du bei der Planung dieser Tour berücksichtigen musst.
b) Zu deiner Bergtour hast du eine Chipstüte mitgenommen. Als du sie auf dem Gipfel öffnen willst, ist sie prall aufgebläht und droht zu platzen. Erkläre.

❸ a) Vergleiche die Temperaturkurven in M7. Bilde sinnvolle Vergleichspaare.
b) Erkläre die unterschiedlichen Temperaturverläufe. (M5, M8)

❹ Erkläre, warum es in den USA häufig arktische Kaltluftvorstöße bis weit in den Süden gibt. (M6, M8)

❺ Die Lage von Gebirgen hat auch Einfluss auf die Niederschläge. Erläutere.
↗ **Starthilfe**

Kontinentales und maritimes Klima

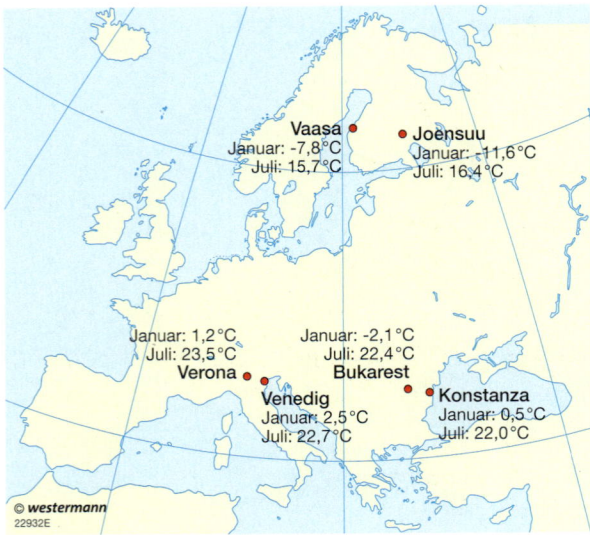

M1 *Monatsmitteltemperaturen*

Temperatur

Warum ist es in den Küstenstädten Vaasa, Konstanza und Venedig im Winter wärmer als in den Städten im Landesinneren? Warum ist es im Sommer dort aber etwas kühler als in den Städten im Landesinneren?

Im Sommer erwärmt sich das Meer langsamer als das Festland, sodass auch die Luft darüber etwas kühler bleibt. Im Winter kühlt sich das Meer langsamer ab als das Festland, sodass auch die Luft über dem Meer etwas wärmer ist als die Luft über dem Festland. Verantwortlich hierfür ist, dass sich bei gleicher Wärmezufuhr ein Kubikmeter Wasser langsamer erwärmt, aber auch langsamer wieder abkühlt als ein Kubikmeter Gestein. Die **Tempera-**

turamplitude, also die Differenz zwischen der höchsten und der niedrigsten Monatsmitteltemperatur, ist somit an der Küste niedriger als im Landesinneren.

Niederschlag

Auch auf den Niederschlag hat die Entfernung zum Meer einen wichtigen Einfluss: Wenn die Winde überwiegend vom Meer auf das Land wehen, weisen die Küstenorte normalerweise eine höhere Niederschlagsmenge auf als Orte im Landesinneren. Je weiter die Luftmassen ins Landesinnere gelangen, desto weniger Feuchtigkeit enthalten sie. Während die Niederschläge an Küsten fast das ganze Jahr über fallen, fällt der insgesamt geringere Niederschlag im Landesinneren vor allem im Sommer. Dann verdunstet viel Wasser über dem Land und kommt als Gewitterregen wieder herunter.

Aufgrund dieser Unterschiede wird zwischen maritimem und kontinentalem Klima unterschieden.

INFO

Maritimes und kontinentales Klima

Maritimes Klima: milde Winter, kühle Sommer, geringe Temperaturamplitude, viel Niederschlag das ganze Jahr über mit einem Maximum im Herbst/Winter

Kontinentales Klima: kalte Winter, heiße Sommer, hohe Temperaturamplitude, wenig Niederschlag, Niederschlagsmaximum im Sommer

M2 *Galway (Irland) im März*

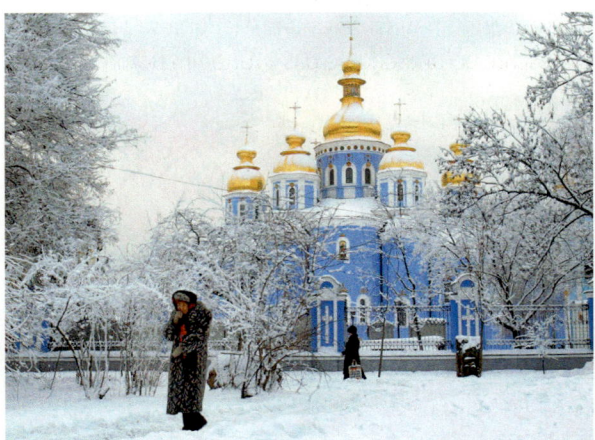

M3 *Kiew (Ukraine) im März*

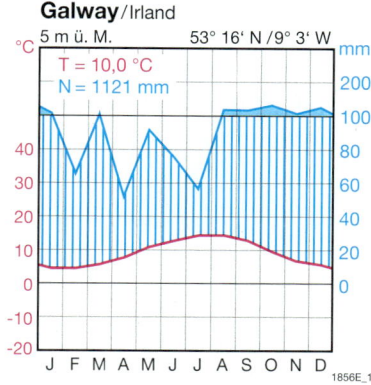

Galway/Irland
5 m ü. M.   53° 16' N /9° 3' W
T = 10,0 °C
N = 1121 mm

M4 *Klimadiagramm Galway/ Irland*

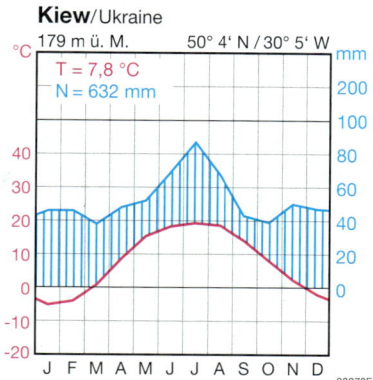

Kiew/Ukraine
179 m ü. M.   50° 4' N / 30° 5' W
T = 7,8 °C
N = 632 mm

M5 *Klimadiagramm Kiew/ Ukraine*

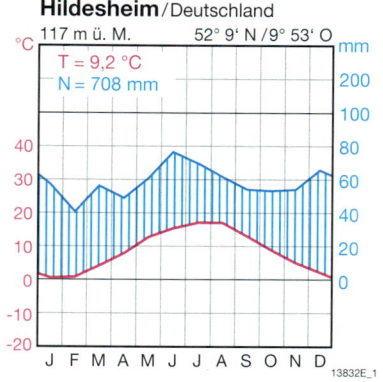

Hildesheim/Deutschland
117 m ü. M.   52° 9' N /9° 53' O
T = 9,2 °C
N = 708 mm

M6 *Klimadiagramm Hildesheim/ Deutschland*

❶ Erkläre die Beobachtungen in M2 und M3. (M4, M5, Atlas)

❷ Übertrage die folgende Tabelle in dein Heft und fülle sie für die drei Klimastationen in M4–M6 aus.

	maritim	Übergang	kontinental
Name der Station			
Jahresniederschlag			
Jahrestempera- turamplitude			
Empfehlung für Klei- dung im Sommer			
Empfehlung für Kleidung im Winter			

❸ **Transfer** a) Wenn wegen eines Hochdruckgebie- tes über Russland Ostwind in Deutschland herrscht, dann ist das Wetter hier im Sommer trocken und warm und im Winter trocken und sehr kalt (siehe M5 auf S. 27). Erkläre diese Beobachtungen mit deinem Wissen über kontinentales und maritimes Klima.
b) Beschreibe und erkläre das Wetter im Sommer und im Winter in Deutschland, wenn durch ein Tiefdruckge- biet bei den Britischen Inseln Westwinde vorherrschen.

❹ **Transfer** Im Obstanbau können Fröste im April und Mai zu schweren Schäden an den Blüten führen. In der direkten Nähe von großen Gewässern (Meeres- küste, große Seen) ist die Gefahr von solchen Spät- frösten etwas geringer.
a) Erkläre, warum dort die Gefahr von Spätfrösten geringer ist.
b) Nenne zwei größere Obstanbaugebiete in Deutsch- land in unmittelbarer Nähe großer Gewässer. (Atlas)

❺ Mit einem Experiment soll die Entstehung von maritimem und kontinentalem Klima im Modell nachgestellt werden. Lege in a) – d) den Aufbau des Experiments fest und begründe deine Entscheidungen.

a) Sollen die Thermometer leicht über dem Wasser und dem Sand oder im Wasser und im Sand festge- macht werden?
b) Soll der Startpunkt der Bestrahlung beginnen, wenn Sand und Wasser gleich warm sind oder wenn das Lei- tungswasser ins Glas gefüllt wurde?
c) Sollen gleichviel Wasser und Sand benutzt werden oder sind die Mengen egal?
d) Soll eine Lampe oder sollen getrennte Lampen auf die beiden Gläser scheinen?

M1 *Filmplakat zu „The Day After Tomorrow"*

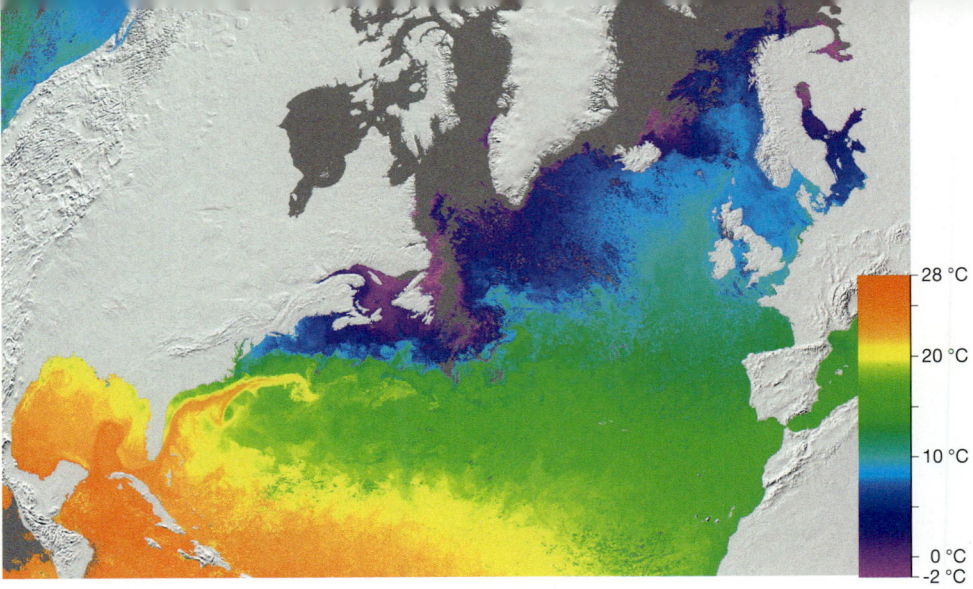

M2 *Oberflächentemperatur des Nordatlantiks*

Klima und Meeresströmungen beeinflussen sich gegenseitig

In dem Film „The Day After Tomorrow" wird geschildert, wie es in Europa und in den USA durch den Klimawandel kälter wird. Das Ausmaß der Abkühlung ist im Film zwar völlig übertrieben, dennoch enthält er einen wahren Kern: Die allgemeine Erderwärmung könnte in ferner Zukunft dazu führen, dass der Nordatlantikstrom mit seinen warmen Wassermassen nicht mehr nach Europa reicht und es deshalb bei uns kühler wird.

Meeresströmungen

Meeresströmungen gibt es in verschiedenen Größendimensionen. Es gibt kleine Strömungen, etwa beim Zurückfließen einer Welle am Strand, mittelgroße Strömungen durch Gezeiten und großräumige Meeresströmungen, die sich über Hunderte von Kilometern erstrecken und die auch das Klima an der Küste beeinflussen können (M2, M3). Bei großräumigen Meeresströmungen fließen kontinuierlich riesige Mengen an Meerwasser in relativ festen Bahnen in einer Art Kreislauf. **Oberflächenströmungen** können sich durch kontinuierlich über dem Meer wehende Winde bilden (M3). **Tiefenströmungen** entstehen, wenn dichteres Wasser absinkt und an anderer Stelle weniger dichtes Wasser aufsteigt (M4). Verantwortlich für solche Dichteunterschiede sind Unterschiede im Salzgehalt und in der Temperatur. Salzreiches und kühles Wasser ist dichter als salzarmes und warmes Wasser.

Der Nordatlantikstrom

Der Nordatlantikstrom ist eine Fortsetzung des Golfstroms, der vom Golf von Mexiko um Florida herum in den Nordatlantik fließt. Auf diese Weise werden die warmen Wassermassen aus dem Golf von Mexiko vor die europäische Atlantikküste transportiert (M3). Dort erwärmen sie die Luft, sodass das Klima in Westeuropa vergleichsweise mild ist.

Das Wasser des Nordatlantikstroms ist durch die hohe Verdunstung im Golf von Mexiko sehr salzreich. Je weiter der Nordatlantikstrom nach Norden fließt, desto stärker kühlt er sich ab. Insbesondere nördlich von Island ist sein Wasser durch die Abkühlung und besonders durch den hohen Salzgehalt dichter als das umgebende Wasser. Deshalb sinkt das Wasser dort ab. In der Tiefe des Ozeans bewegt sich dieses Wasser nun in einem sehr komplizierten Weg nach Süden und in andere Ozeane, um dort wieder aufzusteigen. (M4)

Bei einer globalen Klimaerwärmung wird sich der Nordatlantikstrom möglicherweise nicht mehr so stark abkühlen. Gleichzeitig könnte sein Wasser durch höhere Niederschläge und den verstärkten Zufluss von Süßwasser aus geschmolzenem grönländischen Gletschereis weniger salzhaltig werden. Beide Vorgänge würden zu einer Verringerung der Dichte führen und damit möglicherweise das Absinken verhindern. Dieses ist aber der entscheidende Motor für das Nachströmen des warmen Wassers aus dem Golf von Mexiko in Richtung Nordwesteuropa.

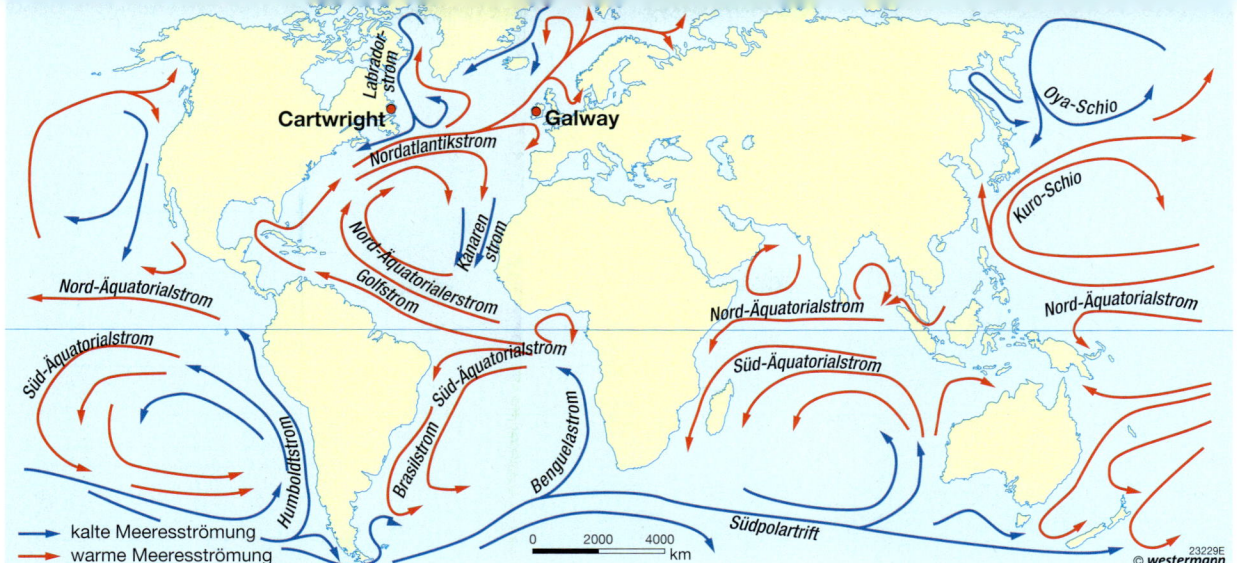

M3 *Die wichtigsten Oberflächenströmungen*

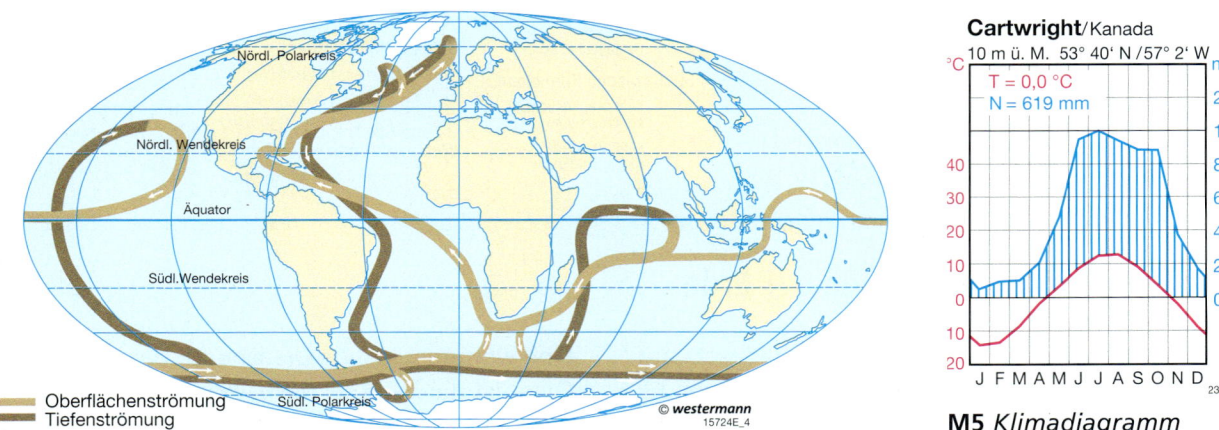

M4 *Vereinfachte Darstellung der durch Tiefenströmung verursachten Meeresströmungen*

M5 *Klimadiagramm von Cartwright/ Kanada*

❶ Übertrage die Abbildung in dein Heft und schreibe an die Pfeile, wie sich Klima und Meeresströmung gegenseitig beeinflussen.

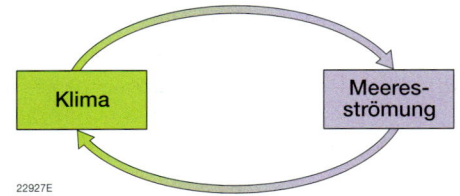

❷ Erläutere an jeweils einem Beispiel, wie die vorherrschende Windrichtung die Richtung folgender Meeresströmungen beeinflusst. (M3, S. 24/25)
a) Eine Strömung in der Westwindzone, die durch die Westwinde angetrieben wird.
b) Eine Strömung in der Passatwindzone, die durch Nordost- oder Südostpassate angetrieben wird.
↗ **Starthilfe**

❸ **Transfer** Die Titanic stieß am 14.04.1912 auf etwa 42° n. Br./50° w. L. auf einen Eisberg und sank. Eisberge sind im Wasser schwimmende Eismassen, die von Gletschern, die ins Meer ragen, abgebrochen sind. Erkläre das Auftreten von Eisbergen in diesem Gebiet. (M3, Atlas)

❹ a) Vergleiche das Klimadiagramm von Cartwright (M5) mit demjenigen von Galway (M5 auf S. 31). Beide Orte liegen am Atlantischen Ozean auf 53° n. Br. (siehe M3).
b) Erkläre die Unterschiede.

❺ Zeige anhand von M3 und M4 sowie von M2 auf S. 25, dass der Nordatlantikstrom sowohl Teil einer windbedingten Oberflächenströmung als auch Teil einer dichtebedingten Tiefenströmung ist.

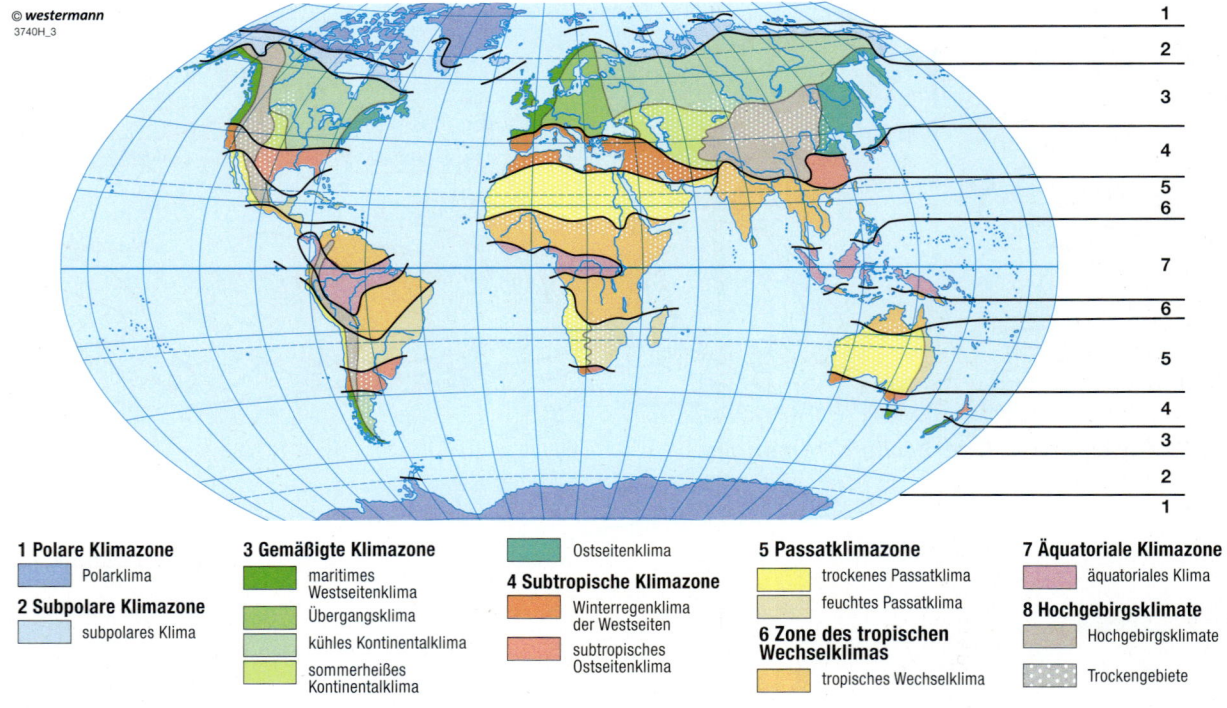

1 **Polare Klimazone**
  Polarklima

2 **Subpolare Klimazone**
  subpolares Klima

3 **Gemäßigte Klimazone**
  maritimes Westseitenklima
  Übergangsklima
  kühles Kontinentalklima
  sommerheißes Kontinentalklima

  Ostseitenklima

4 **Subtropische Klimazone**
  Winterregenklima der Westseiten
  subtropisches Ostseitenklima

5 **Passatklimazone**
  trockenes Passatklima
  feuchtes Passatklima

6 **Zone des tropischen Wechselklimas**
  tropisches Wechselklima

7 **Äquatoriale Klimazone**
  äquatoriales Klima

8 **Hochgebirgsklimate**
  Hochgebirgsklimate
  Trockengebiete

M1 *Klimazonen der Erde (nach Neef)*

Orientierung: Klimazonen der Erde

Das Klima eines Ortes unterscheidet sich aufgrund der vielen Einflussfaktoren immer vom Klima eines anderen Ortes. Häufig ähnelt sich aber das Klima bestimmter Orte. Geographen bilden deshalb Klassen für ähnliche Klimate (siehe Schlüsseldenkweise „Klassifizieren", S. 159). Auf diese Weise erhält man einen Überblick über die Ausprägung des Klimas weltweit. Da Wissenschaftler die Kriterien für die Klassifizierung des Klimas unterschiedlich gewichten und weil es kontinuierliche Übergänge von Ort zu Ort gibt, existieren unterschiedliche Klimaklassifikationen. Bei der hier dargestellten Klimaklassifikation (M1, M2) werden vor allem die Ursachen für verschiedene Klimate zugrundegelegt.

Die wichtigste Ursache für Klimaunterschiede ist die Entfernung zum Äquator. Je weiter entfernt ein Ort davon ist, desto schräger ist der Einstrahlungswinkel der Sonnenstrahlen und desto geringer ist die Jahresmitteltemperatur (siehe S. 22/23). Deshalb verlaufen die verschiedenen Klimazonen annähernd breitenkreisparallel.

Eine weitere wichtige Ursache für das Klima eines Ortes ist die Lage in den Windzonen der Erde. Je nachdem, woher die Winde wehen, werden feuchte oder trockene Luftmassen herangeweht. Ein Ort kann das ganze Jahr über in einer Windzone oder einen Teil des Jahres in der einen und den anderen Teil des Jahres in der angrenzenden Windzone liegen (siehe S. 24/25). Die subpolare Klimazone, die subtropische Klimazone und die Zone des tropischen Wechselklimas liegen im Jahresverlauf in zwei verschiedenen Windzonen.

Auch die Nähe zur Meeresküste ist ein wichtiger Klimafaktor, der insbesondere in der gemäßigten Klimazone eine große Rolle spielt (siehe S. 30/31). Deshalb ist die gemäßigte Klimazone noch einmal in fünf verschiedene Zonen unterteilt.

Kalte und warme Meeresströmungen führen dazu, dass eine Zone an der Küste etwas nach Norden oder Süden verschoben sein kann (siehe S. 32/33).

Auch die Lage über dem Meeresspiegel ist ein wichtiger Klimafaktor (siehe S. 28/29). In der Karte M1 gehören deshalb große Gebirgsregionen zu den Hochgebirgsklimaten.

	Windzone	Jahresmitteltemperatur	Jahresgang der Temperatur	Niederschlag
Polare Klimazone	ganzjährig in der polaren Ostwindzone	sehr niedrig	fast ganzjährig unter 0 °C	ganzjährig geringer Niederschlag, meist als Schnee
Subpolare Klimazone	im Winter in der polaren Ostwindzone, im Sommer in der Westwindzone	niedrig	sehr kalte Winter, kühle Sommer (unter 10 °C)	Wechsel zwischen recht trockenem Winter und feuchtem Sommer
Gemäßigte Klimazone	ganzjährig in der Westwindzone	gemäßigt	maritim: milde Winter, kühle Sommer kontinental: kalte Winter, warme Sommer	ganzjährig viel (maritim) bis recht wenig (kontinental) Niederschlag
Subtropische Klimazone	im Winter in der Westwindzone, im Sommer in der Passatwindzone	gemäßigt bis hoch	milde Winter, warme Sommer	Wechsel zwischen feuchtem Winter und trockenem Sommer
Passatklimazone	ganzjährig in der Passatwindzone	hoch	warme Winter, heiße Sommer	ganzjährig fast kein Niederschlag
Zone des tropischen Wechselklimas	im Winter in der Passatwindzone, im Sommer in der innertropischen Konvergenzzone	hoch	ganzjährig hohe Temperaturen	Wechsel zwischen Regenzeit während des Zenitstands der Sonne und Trockenheit während der restlichen Zeit
Äquatoriale Klimazone	ganzjährig in der innertropischen Konvergenzzone	hoch	ganzjährig hohe Temperaturen	ganzjährig viel bis sehr viel Niederschlag

Anmerkung: Für die Ostseiten der Kontinente (z. B. China, Osten der USA, Süden Brasiliens, Mosambik) gelten insbesondere bei den Niederschlägen etwas andere Bedingungen.

M2 *Merkmale der Klimazonen*

❶ Benenne jeweils den entscheidenden Einflussfaktor für die folgenden Beobachtungen. (M1)
a) In Nordnorwegen reicht die gemäßigte Zone weiter nach Norden als in Sibirien und Ostkanada.
b) Das Gebiet des meeresnahen Westseitenklimas ist in Nordamerika viel schmaler als in Europa.

❷ Ordne die Aussagen begründet jeweils einer Klimazone zu. (M1, M2)

Ⓐ *Seit Wochen ist es heiß und schwül. Die Gräser und Kräuter sind verdorrt. Bald kommt zum Glück die Regenzeit.*

Ⓒ *Hier herrschen perfekte Bedingungen für den Bau von Solaranlagen: Der Einfallswinkel der Sonnenstrahlung ist sehr steil, und das ganze Jahr über sind fast keine Wolken am Himmel.*

Ⓑ *Bis vor wenigen Jahren dauerte unsere Fußballsaison immer vom Frühjahr bis zum Herbst. Auf eine Sommerpause verzichteten wir, dafür hatten wir wegen des langen, kalten Winters eine lange Winterpause.*

❸ Wann ist die beste Reisezeit für Regionen auf der Nordhalbkugel im Bereich des …
a) subpolaren Klimas?
b) meeresnahen Westseitenklimas?
c) sommerheißen Kontinentalklimas?
d) Winterregenklimas der Westseiten?
e) trockenen Passatklimas?
f) tropischen Wechselklimas?
g) äquatorialen Klimas?
Begründe deine Vorschläge. (M2)

↗ **Starthilfe**

Ⓓ *Bei uns spricht man sehr viel über das Wetter. Es ändert sich ständig. Man kann nie für viele Tage im Voraus planen. Aber man hat immer ein Gesprächsthema!*

Ⓔ *Ich habe gehört, dass es in vielen Gebieten der Erde Jahreszeiten gibt. Bei uns gibt es so etwas nicht: Die Temperaturen und die Niederschlagsmengen sind das ganze Jahr über fast gleich hoch.*

Ⓕ *Bei uns spielt der Tourismus eine große Rolle. Im Sommer können wir warmes, trockenes Wetter garantieren. Gleichzeitig ist die Landschaft hier nicht öde, sondern recht grün. Denn im Winter regnet es recht viel.*

Kompetenztraining

1. Wetterelemente

Übertrage die Mindmap mit den Wetterelementen in dein Heft und vervollständige sie. Für den Niederschlag ist schon ein Anfang gemacht.

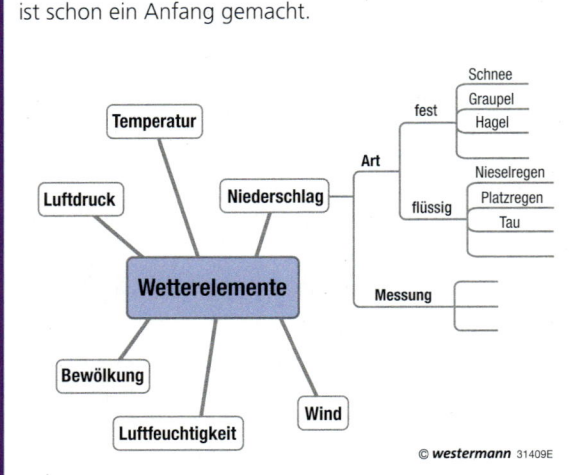

© **westermann** 31409E

3. Klimadiagramme

Werte das Klimadiagramm aus und ordne es begründet einer Klimazone zu.

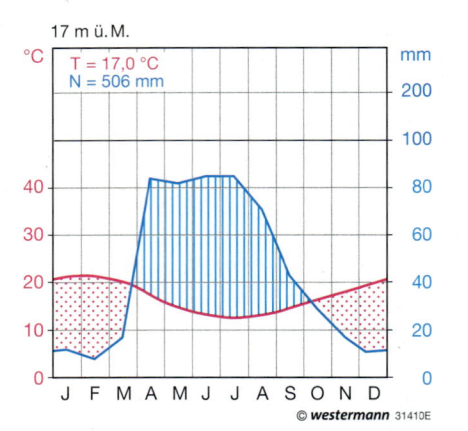

© **westermann** 31410E

2. Wetterrekorde in Deutschland

1. a) Nenne die Orte mit Maximalwerten
– in Bezug auf den Wind
– in Bezug auf den Niederschlag.
b) Entwickle mithilfe des Atlas mögliche Erklärungen unter Berücksichtigung der Klimafaktoren.
2. Erkläre, warum alle Luftdruckangaben auf Meeresniveau umgerechnet sind.

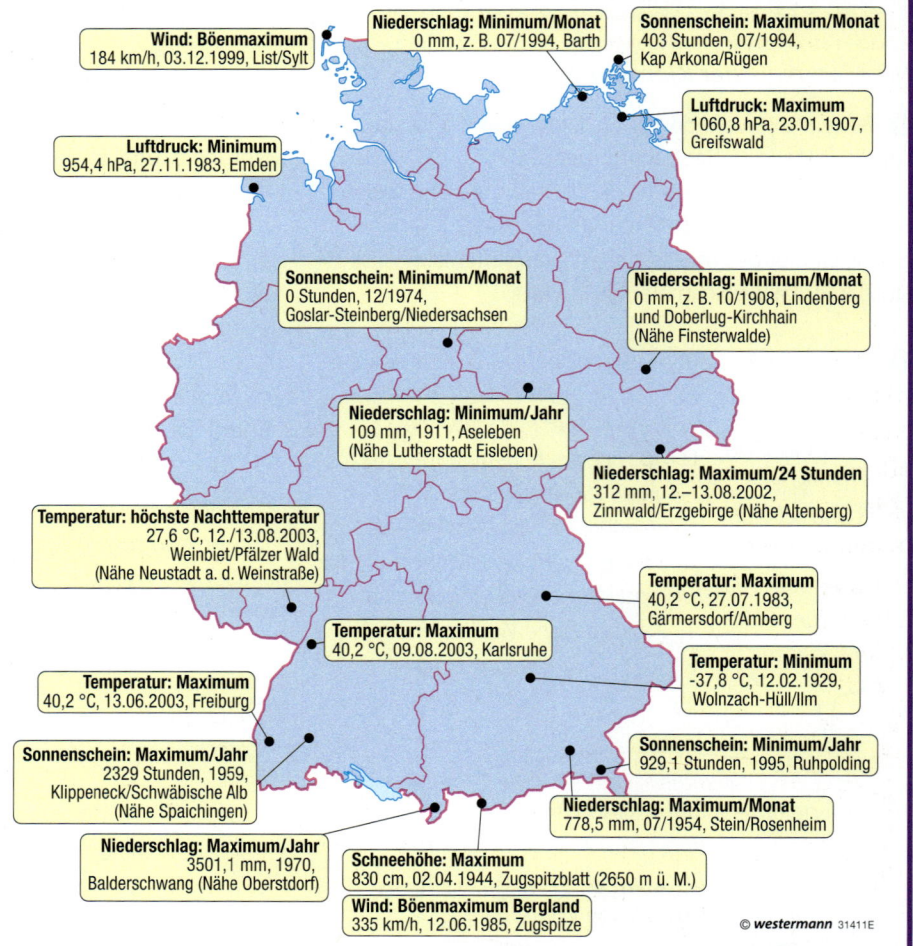

© **westermann** 31411E

4. Klimaquiz

An diesem Ort geht die Sonne am 23.9. unter und erst am 21.3. wieder auf.

☐☐☐☐☐☐☐
　　　2

Auf der Südhalbkugel folgt auf die gemäßigte Klimazone nach Norden hin die

☐☐☐☐☐☐☐☐☐☐☐
☐☐☐☐☐☐☐☐☐
　　　　8

Die Lage eines Ortes am Meer führt zu

☐☐☐☐☐☐☐☐☐ Klima.
　　　9

An der Luvseite von Gebirgen gibt es häufig

☐☐☐☐☐☐☐☐☐☐☐☐☐,
　　　　　　　1
an der

☐☐☐☐☐☐☐☐ häufig ☐☐☐☐.
3　　　　　　4

Mit zunehmender Höhe über dem Meeresspiegel

nehmen ☐☐☐☐☐☐☐ und
　　　　7

☐☐☐☐☐☐☐☐☐ ab.
　　　6

In Deutschland kommt der Wind häufig aus

☐☐☐☐☐
5

Lösungswort: ☐☐☐☐☐☐☐☐☐
　　　　　　1 2 3 4 5 6 7 8 9

Grundbegriffe

Wetter	Tages-/Monats-/	Passatwinde/
Wetterelemente	Jahresmittel-	Passatkreislauf/
Klima	temperatur	Passatwind-
Klimaelemente	Monats-/Jahres-	zone
Klimafaktoren	niederschlag	Westwindzone
Taupunkt	Klimadiagramm	Kaltfront/
absolute/	humid/arid	Warmfront
relative	Jahreszeiten	Temperatur-
Luftfeuchtigkeit	Erdrevolution	amplitude
Luv/Lee	nördlicher/süd-	maritimes/
Steigungsregen	licher Wende-	kontinentales
Hoch/Tief	kreis	Klima
dynamisches/	Zenit	Oberflächen-/
thermisches Tief	innertropische	Tiefenströmung
	Konvergenz-	
	zone (ITC)	

Das solltest du nun können:

- den Unterschied zwischen Wetter und Klima erläutern (F)
- die Bedeutung des Wetters für verschiedene wirtschaftliche Akteure beurteilen (B)
- die Entstehung von Wolken und Niederschlag erläutern (F)
- den Einfluss von Gebirgen auf das Klima erklären (F)
- die Entstehung von Wind erklären (F)
- Experimente sachgerecht durchführen und kritisch auswerten (M, B)
- Messungen zielgerecht planen, durchführen, protokollieren und auswerten (M)
- Klimadiagramme zeichnen und auswerten (M)
- die Entstehung der Jahreszeiten erklären (F)
- die Wind- und Luftdruckgürtel auf der Erde benennen und global räumlich einordnen (F, O)
- den Passatkreislauf erläutern (F)
- aus einer Wetterkarte zielgerecht Informationen entnehmen (M)
- den Einfluss der Höhenlage auf das Klima erläutern (F)
- die Merkmale von maritimem und kontinentalem Klima erläutern (F)
- den Einfluss der Meeresströmungen auf das Klima erläutern (F)
- die Probleme bei der Klassifizierung zu Klimazonen erkennen und beurteilen (B)
- die großen Klimazonen der Erde nennen und global räumlich einordnen (F, O)

F = Fachwissen
O = Orientierung
M = Methode
B = Beurteilen und Bewerten

2 Leben und Wirtschaften in unterschiedlichen Klima- und Vegetationszonen

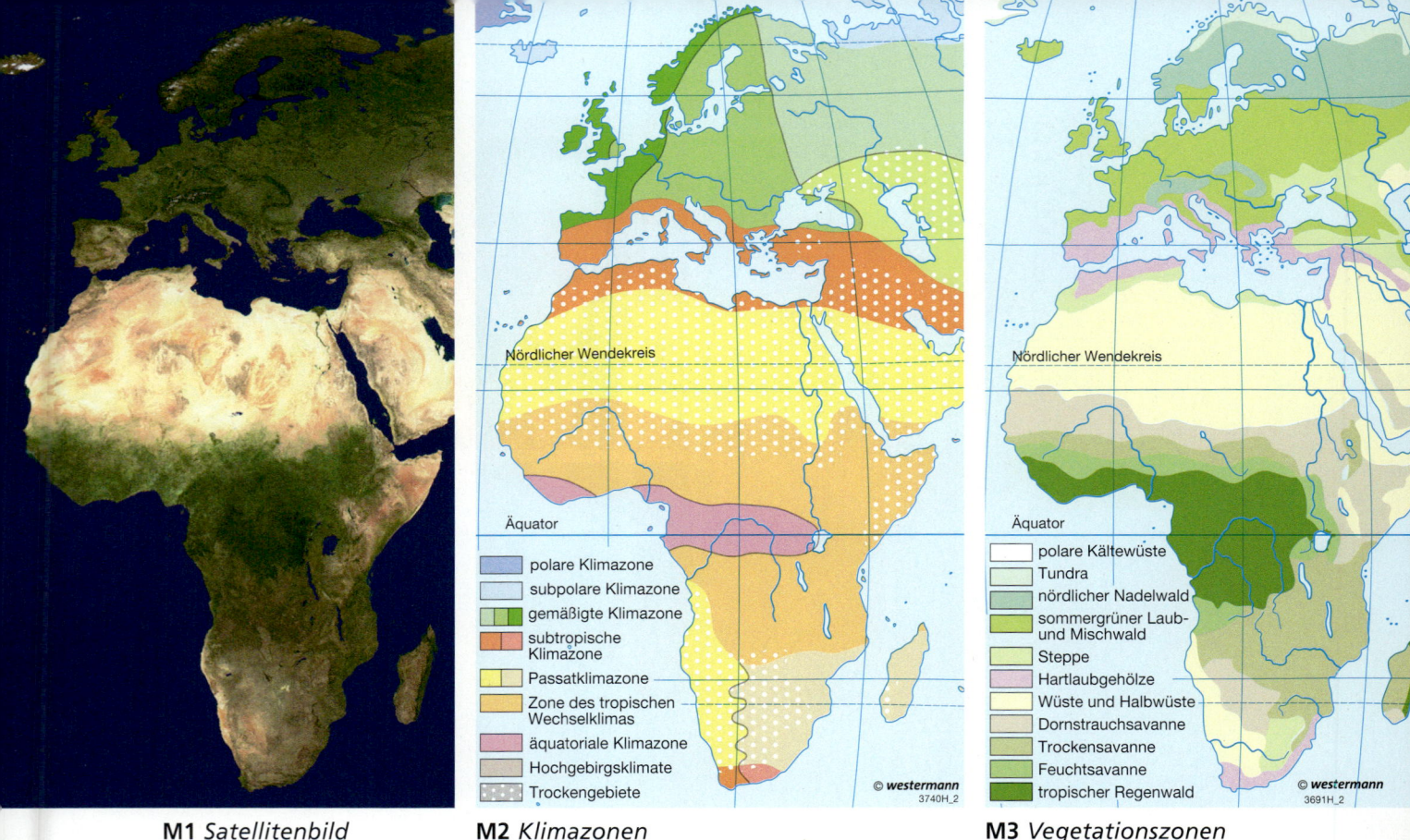

M1 *Satellitenbild* **M2** *Klimazonen* **M3** *Vegetationszonen*

M2 Klimazonen – Legende:
- polare Klimazone
- subpolare Klimazone
- gemäßigte Klimazone
- subtropische Klimazone
- Passatklimazone
- Zone des tropischen Wechselklimas
- äquatoriale Klimazone
- Hochgebirgsklimate
- Trockengebiete

Nördlicher Wendekreis
Äquator

© westermann
3740H_2

M3 Vegetationszonen – Legende:
- polare Kältewüste
- Tundra
- nördlicher Nadelwald
- sommergrüner Laub- und Mischwald
- Steppe
- Hartlaubgehölze
- Wüste und Halbwüste
- Dornstrauchsavanne
- Trockensavanne
- Feuchtsavanne
- tropischer Regenwald

Nördlicher Wendekreis
Äquator

© westermann
3691H_2

Einfluss des Klimas auf die Vegetation

Das Pflanzenwachstum ist stark von der Temperatur und den Niederschlägen abhängig. In den verschiedenen Klimazonen wachsen deshalb nur Pflanzen, die an die dort herrschenden Klimabedingungen angepasst sind. Folglich gibt es auch verschiedene **Vegetationszonen** mit jeweils ähnlichem Pflanzenbewuchs. Die Vegetationszonen der Erde verlaufen wie die Klimazonen annähernd parallel zu den Breitenkreisen (M1–M3). Diese regelmäßige Struktur wird aber durch die Entfernung zum Meer, Winde, Meeresströmungen sowie Gebirge gestört.

Die Verbreitung der Vegetation kann in Vegetationskarten dargestellt werden. Häufig handelt es sich dabei um die **potenzielle natürliche Vegetation**. Diese Vegetationskarten zeigen die Pflanzengemeinschaften, die sich unter den natürlichen Bedingungen des entsprechenden Raumes entwickeln. Der Mensch hat die Vegetation jedoch so stark beeinflusst, dass die ursprüngliche Vegetation oft nicht mehr vorhanden ist.

INFO

Vegetations- und Anbauperiode

Die Vegetationsperiode ist der Zeitraum des Jahres, in dem die Pflanzen aktiv sind, d. h. wachsen, blühen und fruchten. Sie beginnt, wenn die Tagesmitteltemperatur an fünf aufeinanderfolgenden Tagen über 5 °C liegt (bestimmte Laubbäume sowie viele Steppen- und Halbwüstenpflanzen benötigen mindestens eine Temperatur von 10 °C). Sind die Pflanzen nicht aktiv, herrscht Vegetationsruhe.

Die Anbauperiode ist der Zeitraum, in dem Kulturpflanzen (vom Menschen gezüchtete Pflanzen) ertragreich anzubauen sind. Viele Pflanzen benötigen Tagesmitteltemperaturen von mindestens 10 °C. Je nach Pflanze ist die Anbauperiode unterschiedlich lang. Die Gurke beispielsweise liebt Wärme und ist eine frostempfindliche Pflanze. Ihre Anbauperiode erstreckt sich daher in Deutschland von Ende April bis September. Wintergemüse wie Grünkohl wird im Mai gesät, wächst bis in den Oktober hinein und kann auch in den Wintermonaten geerntet werden, sodass die Anbauperiode von Mai bis Oktober reicht.

Der Saguaro-Kaktus in Nordamerika (s. Foto) wird bis zu 18 Meter hoch, kann 8000 Liter Wasser in seinem Stamm speichern und zwei Jahre ohne Regen überleben. Die dehnbaren Längsrippen können sich auffalten und so Platz für Flüssigkeit schaffen. Kakteen wachsen in sehr trockenen Gebieten mit seltenen Regenfällen. Sie besitzen oberflächennahe Wurzeln, damit sie bei Regenfällen sofort und möglichst viel Wasser aufnehmen können, bevor es verdunstet. Ihre Blätter haben sich zu Stacheln umgewandelt. Dadurch wird weniger Wasser verdunstet und Feinde werden abgewehrt. Die Stacheln und Seitenrippen erzeugen zudem einen windstillen Bereich, in dem sich morgens Tautropfen bilden können, welche die Pflanzen nutzen. Eine dicke Wachsschicht schützt zusätzlich vor Austrocknung.

M4 *Kakteen*

Der Kakaobaum stammt ursprünglich aus Süd- und Mittelamerika. Mit den Eroberungen vieler Staaten dieser Region durch die Spanier im 16. Jahrhundert wurde Kakao auch in Europa bekannt, was die Verbreitung und Züchtung des Kakaobaums stark beeinflusste. Der Kakaobaum benötigt ein Klima, das ausreichend warm (Jahresmitteltemperatur über 21 °C, Nachttemperaturen über 13 °C) und feucht (hohe Luftfeuchtigkeit, Jahresniederschlag über 1300 mm) ist. 95 % der Weltproduktion von Kakao entfallen auf die Sorte Forastero. Sie ist kräftiger und widerstandsfähiger gegenüber Krankheiten, Schädlingsbefall und klimatischen Einflüssen als andere Kakaosorten.

M6 *Kakao*

Der heute angebaute Weizen ist eine Züchtung. Dabei wurden mehrere Getreide- und Wildgrasarten gekreuzt. Der Ursprung des Anbaus liegt im Vorderen Orient. In Deutschland wird vor allem Winterweizen angebaut. Diese Weizenart wird im Herbst gesät, sodass sich vor dem Winter bereits kleine Pflanzen bilden können. Der Winterweizen benötigt die Kälteperiode im Winter zur Ausbildung von Ähren im Frühjahr. Die Ernte erfolgt dann im Sommer. Der Sommerweizen hingegen wird im Frühjahr ausgesät und direkt im Sommer findet die Ernte statt. Die Erträge von Sommerweizen sind deutlich geringer als die von Winterweizen. Obwohl Weizen bis ca. -20 °C frostresistent ist, bevorzugt er ein gemäßigtes Klima.

M5 *Weizen*

❶ Klima- und Vegetationszonen sind ähnlich angeordnet. Stelle dies an Beispielen aus Europa und Afrika dar. (M1–M3, Atlas)

❷ Bei der Festlegung von Vegetations- und Anbauperiode wird lediglich die Temperatur berücksichtigt. Nenne weitere Faktoren, die das Wachstum beeinflussen.

❸ a) Erkläre den Begriff der potenziellen natürlichen Vegetation.
b) Wähle drei Raumbeispiele und vergleiche jeweils die potenzielle natürliche Vegetation mit der realen Vegetation. (Atlas)

❹ Stelle die Anpassungen der Kakteen an die klimatischen Bedingungen in einer Zeichnung mit Erläuterungen dar. (M4)

❺ a) Nenne fünf Staaten, in denen Kakaoanbau betrieben wird. (Atlas)
b) Beschreibe und erkläre das Verbreitungsgebiet von Kakao. (M6, Atlas)

❻ Viele Kulturpflanzen haben ein größeres Verbreitungsgebiet als ihre Urformen. Erkläre. (M5, M6)
↗ **Starthilfe**

Vegetations-zonen der Erde

Vegetationszone	**polare Kältewüste** kaum Vegetation, nur Moose und Flechten	**Tundra** Gräser, Krautpflanzen, Zwergsträucher	**nördlicher (borealer) Nadelwald** Lärchen, Fichten, Moore	**sommergrüner Laub- und Mischwald**	**Steppe** bis übermanns-hohes Gras
vorherrschende Klimazone	Polarklima	subpolares Klima	kühles Kontinentalklima	maritimes West-seitenklima, Über-gangsklima und Ostseitenklima	sommerheißes Kontinentalklima
Jahreszeiten	ausgeprägte Jahreszeiten				
	über 9 Monate Winter	über 8 Monate Winter	6 – 8 Monate Winter	milde Winter, warme Sommer	kalte Winter, heiße Sommer
Jahresmitteltemperatur	unter -10 °C	unter -10 °C	-10 °C bis 0 °C	0 °C bis 12 °C	
Niederschlag	unter 100 – 200 mm (9 – 12 Monate als Schnee)	weniger als 300 mm	weniger als 600 mm	mehr als 500 mm	weniger als 500 mm
Vegetationsperiode	weniger als 30 Tage	weniger als 30 Tage	30 – 180 Tage	mehr als 180 Tage	weniger als 180 Tage
Pflanzenwachstum eingeschränkt durch	Kälte				
Anbaumöglichkeiten	zu kalt, zu trocken	zu kalt, Dauerfrostboden	nur vereinzelt	eine Ernte	eine Ernte, dürregefährdet

3681H_1 © *westermann*

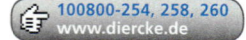
100800-254, 258, 260
www.diercke.de

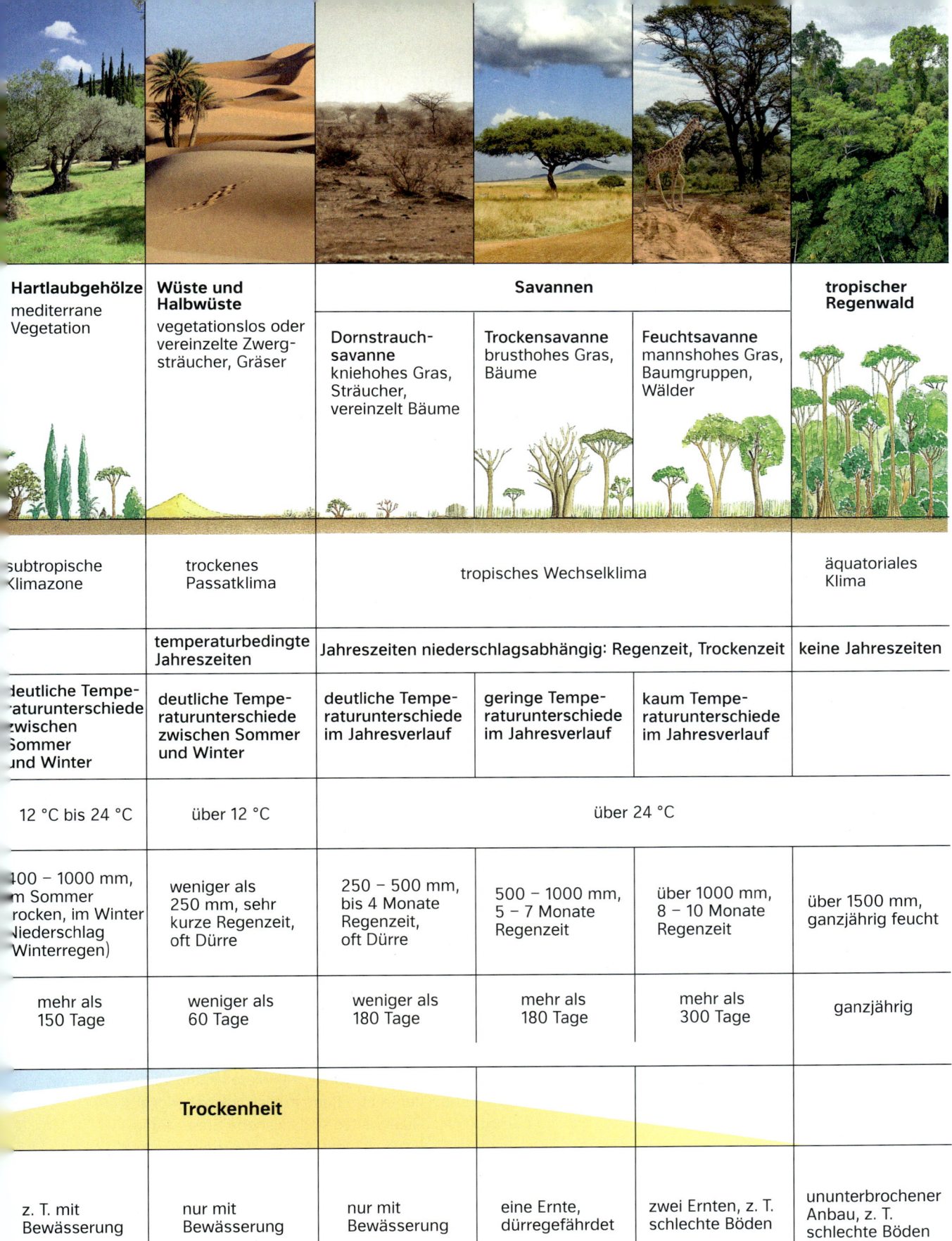

Hartlaubgehölze	Wüste und Halbwüste	Savannen			tropischer Regenwald
mediterrane Vegetation	vegetationslos oder vereinzelte Zwergsträucher, Gräser	**Dornstrauch-savanne** kniehohes Gras, Sträucher, vereinzelt Bäume	**Trockensavanne** brusthohes Gras, Bäume	**Feuchtsavanne** mannshohes Gras, Baumgruppen, Wälder	
subtropische Klimazone	trockenes Passatklima	tropisches Wechselklima			äquatoriales Klima
	temperaturbedingte Jahreszeiten	Jahreszeiten niederschlagsabhängig: Regenzeit, Trockenzeit			keine Jahreszeiten
deutliche Temperaturunterschiede zwischen Sommer und Winter	deutliche Temperaturunterschiede zwischen Sommer und Winter	deutliche Temperaturunterschiede im Jahresverlauf	geringe Temperaturunterschiede im Jahresverlauf	kaum Temperaturunterschiede im Jahresverlauf	
12 °C bis 24 °C	über 12 °C	über 24 °C			
400 – 1000 mm, im Sommer trocken, im Winter Niederschlag (Winterregen)	weniger als 250 mm, sehr kurze Regenzeit, oft Dürre	250 – 500 mm, bis 4 Monate Regenzeit, oft Dürre	500 – 1000 mm, 5 – 7 Monate Regenzeit	über 1000 mm, 8 – 10 Monate Regenzeit	über 1500 mm, ganzjährig feucht
mehr als 150 Tage	weniger als 60 Tage	weniger als 180 Tage	mehr als 180 Tage	mehr als 300 Tage	ganzjährig
Trockenheit					
z. T. mit Bewässerung	nur mit Bewässerung	nur mit Bewässerung	eine Ernte, dürregefährdet	zwei Ernten, z. T. schlechte Böden	ununterbrochener Anbau, z. T. schlechte Böden

M1 *Landschaft in der Nähe von Halls Creek*

Methode: Klimadiagramme Vegetationszonen zuordnen

Klimadiagramme sind wichtige Informationsquellen. So kann man einem Klimadiagramm entnehmen, wann es an einem Ort besonders heiß oder kalt ist, wann und wie viel Regen fällt und ob es Trocken- oder Regenzeiten gibt. Da das Klima entscheidend die Vegetation bestimmt, kann man aus einem Klimadiagramm auch Rückschlüsse auf die Vegetation sowie auf die mögliche Nutzung durch den Menschen ziehen.

Klimadiagramme sind nicht immer exakt einer Vegetationszone zuzuordnen. Das liegt vor allem daran, dass bei der Abgrenzung der Vegetationszonen generalisiert wurde (siehe Schlüsseldenkweise „Generalisieren", S. 159). Auch die Zuordnung bestimmter Merkmale zu den Vegetationszonen, wie sie auf S. 42/43 zusammengestellt wurde, trifft zwar in den meisten Fällen zu, Ausnahmen sind jedoch möglich.

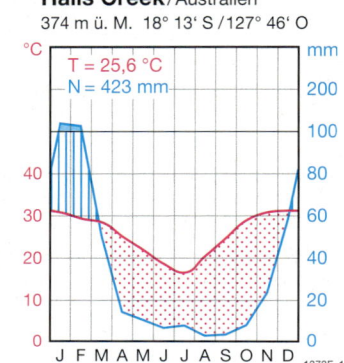

Halls Creek/Australien
374 m ü. M. 18° 13' S / 127° 46' O

T = 25,6 °C
N = 423 mm

1373E 1

M2 *Klimadiagramm von Halls Creek/ Australien*

METHODE

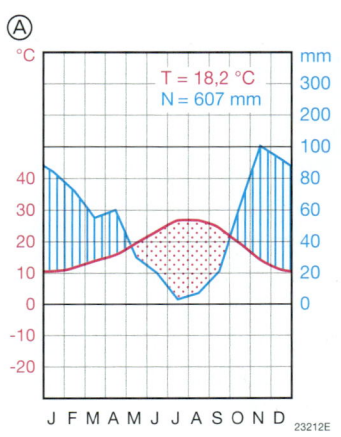

T = 18,2 °C
N = 607 mm

Ⓐ

J F M A M J J A S O N D 23212E

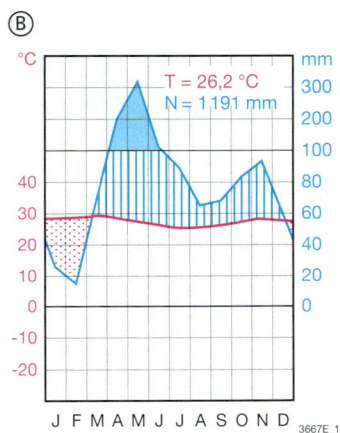

T = 26,2 °C
N = 1191 mm

Ⓑ

J F M A M J J A S O N D 3667E_1

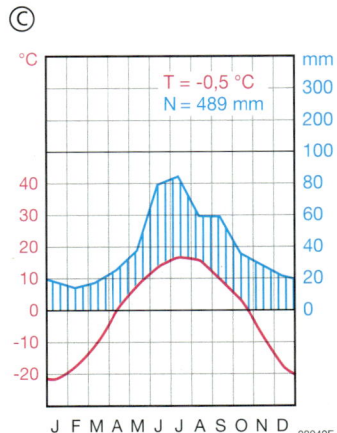

T = -0,5 °C
N = 489 mm

Ⓒ

J F M A M J J A S O N D 22949E

M3 *Klimadiagramme*

M4 *In verschiedenen Vegetationszonen*

❶ a) Bestimme die Lage der Orte La Ronge, Mombasa und Sevilla. (Atlas)
b) Ordne die Orte den Klimadiagrammen in M3 zu.

❷ Bestimme anhand der Übersicht auf S. 42/43, zu welchen Vegetationszonen die Klimadiagramme aus M3 gehören.

❸ Ordne jedem Klimadiagramm aus M3 ein Foto aus M4 zu.

M1 *Tropischer Regenwald*

Faszination tropischer Regenwald

„Es ist schwül. Man quillt auf. Das Hemd klebt am Leib. Der Boden ist weich, von Moder gepolstert, vom Schweiß der Luft gedüngt. Der ganze Wald ist feucht, scheint verschimmelt zu sein. Man ist ein Insekt in einem nassen Schwamm. Die Luft stockt. Das dichte Laubdach hindert den Eintritt jeglichen Windes. In der Nacht hält das Riesendach die Hitze des Tages zurück. So hält die brütende Wärme für ein millionenfaches Leben Tag und Nacht an. Trotz der verwirrenden Üppigkeit liegt dennoch eine gewisse Ordnung vor. Vor allem ist es ein mächtiger Höhenaufbau in Stockwerken. Wir haben keine Zeit, um die vielen Wunder der Vegetation zu untersuchen. Wir können uns nicht mit der mächtigen Masse der abgestorbenen braunen Hölzer beschäftigen, die so porös sind wie der Schwamm und kaum noch das Aussehen zu Boden gestürzter Bäume haben. Leg dein Ohr daran und du hörst ein murmelndes Gesumme; es ist das Leben der kleinsten Tiere; öffne dein Notizbuch und das weiße Blatt wird ein Dutzend Schmetterlinge anlocken; vor deinen Augen fliegen Bienen- und Wespenschwärme; zu deinen Füßen kriechen die roten und weißen Ameisen, einige werden an dir heraufmarschieren."

M2 *Bericht von Henry Morton Stanley, der von 1874 bis 1877 Afrika von der Ostküste bis zur Kongomündung durchquerte*

Der tropische Regenwald zieht Entdecker und Forscher seit mehreren Hundert Jahren magisch an (M2). Nirgendwo auf der Erde gibt es eine solche Artenvielfalt, nirgendwo befinden sich auf so engem Raum so viele unterschiedliche Pflanzen- und Tierarten, und jedes Jahr werden noch neue, bisher unbekannte entdeckt (M3).

Für die Pflanzen bietet das Klima des tropischen Regenwaldes hervorragende Lebensbedingungen. Die Temperaturen bleiben das ganze Jahr über konstant und fast täglich fällt Regen. Da nur etwa drei Prozent des Lichts den Boden erreichen, müssen die Pflanzen schnell nach oben zum Licht wachsen. Als Folge dieser speziellen Klima- und Lichtverhältnisse hat sich eine vertikale Anordnung der Pflanzen herausgebildet, der sogenannte **Stockwerkbau** des Regenwaldes (M5).

50 000	Tierarten auf einem Quadratkilometer
2000	Insektenarten auf einer Baumkrone
700	Baumarten auf zehn Hektar
43	Ameisenarten auf einem Baum

Anzahl der Tierarten	Ecuador	Deutschland
Säugetiere	280	92
Vögel	1447	260
Reptilien	345	14
Amphibien	350	21

M3 *Artenvielfalt im tropischen Regenwald*

Faultiere

Mit ihren großen, gebogenen Krallen verankern sich die Faultiere in den Zweigen und fressen auf dem Rücken hängend Blätter junger Triebe, Blüten und Früchte. Ihre extrem langsame Bewegung schützt sie vor Fressfeinden und senkt zudem den Nahrungsbedarf. Im rauen Fell siedeln sich grünliche Algen an, die für zusätzliche Tarnung sorgen.

Würgefeige

Die Triebe dieser Pflanze winden sich um den Stamm des Wirtsbaumes, bis sie dessen Krone erreichen und sich dort ausbreiten. Meist stirbt der Wirtsbaum kurz darauf an Lichtmangel.

Epiphyten (Aufsitzerpflanzen)

Epiphyten wachsen auf Ästen im Kronendach. Sie besitzen keine Wurzeln und beziehen ihre Mineralstoffe ausschließlich aus dem Regenwasser und aus abgestorbenen Pflanzenresten, die sich auf den Ästen ansammeln. Ihre bekanntesten Vertreter sind die Orchideen.

M4 *Überlebenskünstler im tropischen Regenwald*

INFO

Der Regenwald und das Weltklima

Die Erde wird von der Atmosphäre umgeben. Diese besteht aus verschiedenen Treibhausgasen, die für den natürlichen Treibhauseffekt verantwortlich sind. Hierbei werden einige der von der Erde reflektierten Sonnenstrahlen aufgehalten und erwärmen die Erde. Durch die Produktion des Treibhausgases Kohlenstoffdioxid (CO_2), z. B. bei der Verbrennung von Erdöl oder Kohle, verstärkt der Mensch diesen Effekt.

Der tropische Regenwald, vor allem das große Regenwaldgebiet des Amazonastieflandes, sorgt dafür, dass durch die Fotosynthese viel CO_2 aufgenommen wird. Dadurch verringert er den CO_2-Gehalt der Luft und wirkt damit der von Menschen verursachten globalen Erwärmung (Klimawandel) entgegen.

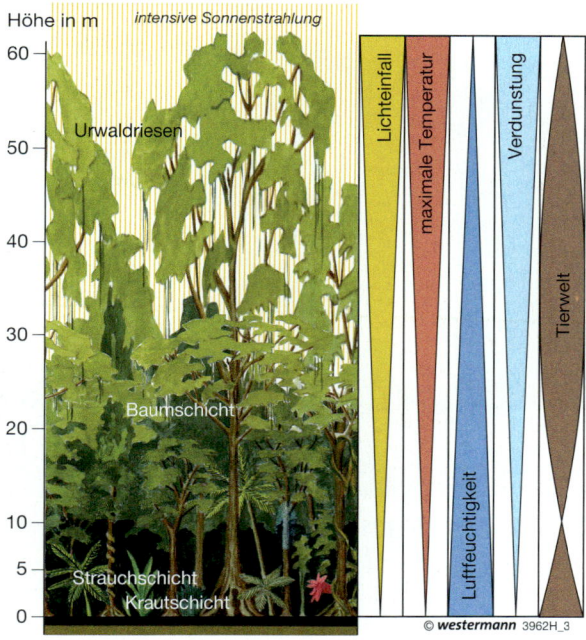

M5 *Stockwerkbau*

① Fasse die Eindrücke über den tropischen Regenwald aus Stanleys Reisebericht zusammen. Unterscheide zwischen Klima, Pflanzen und Tieren. (M2)

② Nenne pro Kontinent nach Möglichkeit vier Länder, die Anteil am tropischen Regenwald haben. (Atlas oder S. 172 – 175)

③ Beschreibe den Stockwerkbau und dessen Auswirkungen. (M5)

④ Erläutere, wie sich Faultiere, Würgefeigen und Epiphyten an die Lebensbedingungen im tropischen Regenwald angepasst haben. (M4, M5)

⑤ **Aktiv** Der Regenwald wird auch als „Apotheke der Menschheit" bezeichnet. Erkläre. (Internet)

⑥ Erkläre, warum wir Menschen ein Interesse an der Erhaltung des tropischen Regenwaldes haben müssen. (M3, Infokasten)

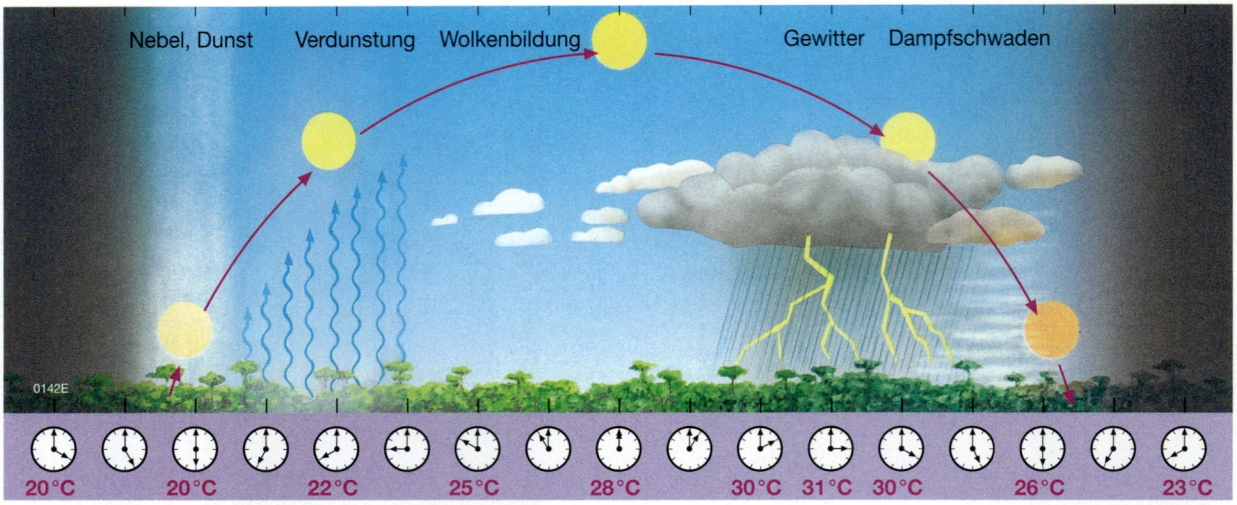

M1 *Typischer Tagesablauf des Wetters im tropischen Regenwald*

Tages- und Jahreszeitenklima

Die Sonneneinstrahlung ist im tropischen Regenwald während des ganzen Jahres so hoch, dass es immer gleichmäßig warm ist und viel Wasser verdunsten kann. Hier existieren keine Jahreszeiten, so wie wir sie kennen. Die durchschnittlichen Temperaturunterschiede innerhalb eines Tages sind oft größer als die Unterschiede zwischen den einzelnen Monaten. Daher spricht man in der Tropenzone auch von einem **Tageszeitenklima**. Regionen mit deutlichen Jahreszeiten und damit größeren Temperaturschwankungen zwischen den einzelnen Monaten besitzen hingegen ein **Jahreszeitenklima**.

INFO

Thermoisoplethendiagramme
Thermoisoplethendiagramme sind eine Darstellungsform, die den tageszeitlichen Temperaturverlauf über das Jahr hinweg angibt. Niederschlagswerte werden – anders als im Klimadiagramm – nicht dargestellt.
Auf der x-Achse sind die Monate des Jahres und auf der y-Achse die Uhrzeiten abgetragen. Im Inneren des Diagramms verbinden Linien Punkte gleicher Temperatur miteinander.
Mit einem Thermoisoplethendiagramm lässt sich die mittlere Temperatur eines Ortes zu einer bestimmten Uhrzeit ablesen.

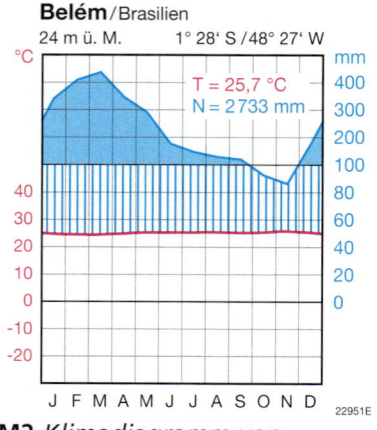

M2 *Klimadiagramm von Belém/Brasilien*

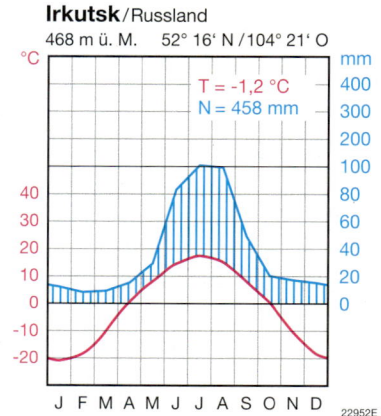

M3 *Klimadiagramm von Irkutsk/Russland*

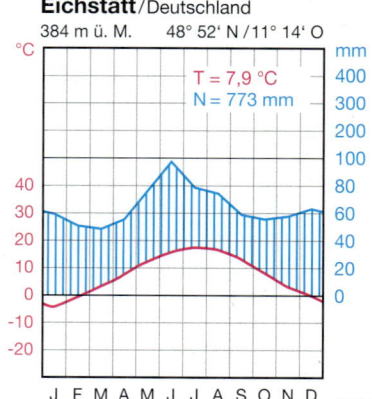

M4 *Klimadiagramm von Eichstätt/Deutschland*

2 Leben und Wirtschaften in unterschiedlichen Klima- und Vegetationszonen

So wertest du ein Thermoisoplethendiagramm aus

1. Schritt: Wärmste und kälteste Zeit bestimmen

Bestimme die höchste und die niedrigste Temperatur und lies an den Achsen die jeweiligen Monate und die entsprechenden Uhrzeiten ab.

Beispiel Eichstätt (M7): Die höchste Temperatur beträgt 22 °C Mitte Juli zwischen 12 und 18 Uhr. Die niedrigste Temperatur beträgt -4 °C und wird von Dezember bis Januar in der Nacht zwischen 18 und 8 Uhr erreicht.

2. Schritt: Tagesamplituden bestimmen

Berechne für vier ausgewählte Monate über das Jahr verteilt (z. B. Januar, April, Juli, Oktober) die Tagesamplitude. Lies dazu in der Monatsmitte die höchsten und niedrigsten Temperaturwerte ab. Bilde die Differenz.

Beispiel Eichstätt (M7): Im Januar beträgt die Tagesamplitude 4 °C, im April 8 °C, im Juli 8 °C und im Oktober 5 °C.

3. Schritt: Jahresamplituden bestimmen

Berechne für ausgewählte Tageszeiten (z. B. 6, 12, 18 Uhr) die Jahresamplitude. Lies dazu die höchsten und niedrigsten Temperaturwerte ab. Bilde die Differenz.

Beispiel Eichstätt (M7): Die Jahresamplitude beträgt um 6 Uhr 17 °C, um 12 Uhr 24 °C und um 18 Uhr 24 °C.

4. Schritt: Begriffe zuordnen

Vergleiche die Temperaturamplituden miteinander und entscheide, ob es sich um ein Tages- oder ein Jahreszeitenklima handelt.

Beispiel Eichstätt (M7): Eichstätt hat ein Jahreszeitenklima, da die Jahresamplitude höher ist als die Tagesamplitude.

5. Schritt: Vertiefen und Vergleichen

Nun können – je nach Aufgabenstellung oder Interesse – Vergleiche angestellt oder besondere Lebensformen und Anpassungen erläutert werden.

❶ Beschreibe den Tagesablauf des Wetters im tropischen Regenwald. (M1)

❷ Vergleiche das Klima im tropischen Regenwald mit dem Klima in Deutschland. (M2, M4)

❸ Vergleiche den Jahresverlauf der Temperatur in Belém, Irkutsk und Eichstätt. (M2–M4)

❹ Werte das Thermoisoplethendiagramm von Belém (M5) oder Irkutsk (M6) aus.

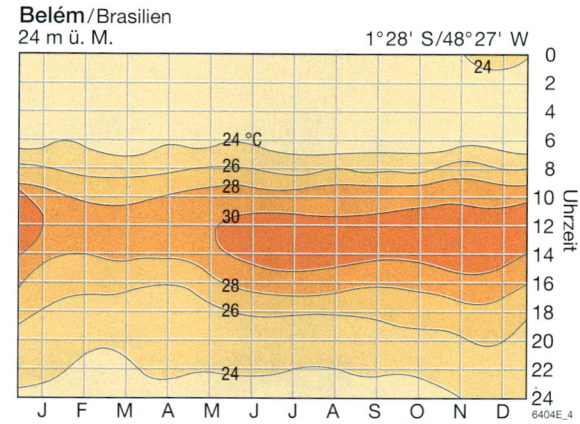

M5 *Thermoisoplethendiagramm von Belém/Brasilien*

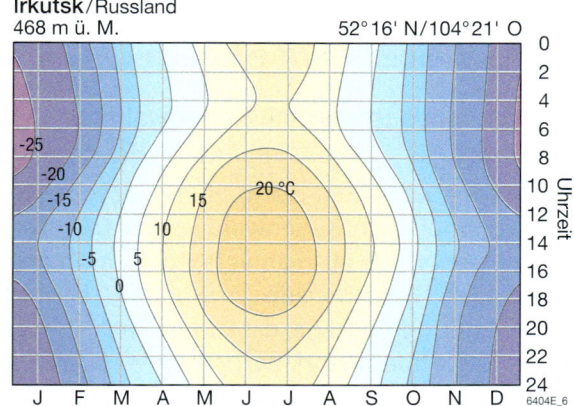

M6 *Thermoisoplethendiagramm von Irkutsk/Russland*

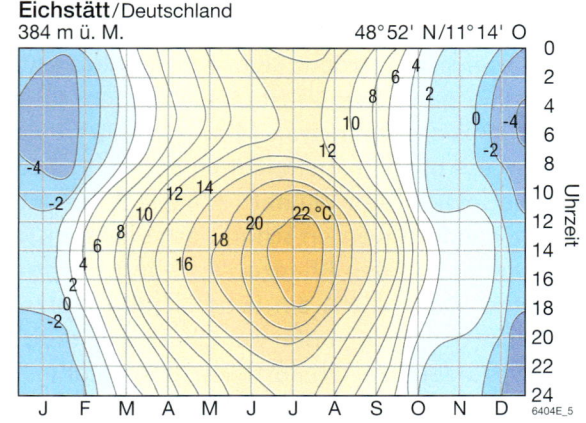

M7 *Thermoisoplethendiagramm von Eichstätt/Deutschland*

M1 *Anbau nach Brandrodung*

Reiche Wälder – arme Böden

Die Böden des tropischen Regenwaldes

Angesichts des üppigen Pflanzenwachstums waren Forscher lange Zeit der Meinung, dass die Böden des tropischen Regenwaldes sehr fruchtbar sein müssen. Doch als man versuchte, im Regenwaldgebiet Nutzpflanzen anzubauen, erzielte man nur geringe Erträge, die zudem nach einigen Jahren des Anbaus stark zurückgingen (M6). Die Böden waren hierfür nicht geeignet.

Dieser scheinbare Widerspruch erklärt sich dadurch, dass abgestorbene Pflanzen und Pflanzenteile, die ständig in großen Mengen entstehen, im feucht-heißen Klima des Regenwaldes durch Mikroorganismen wie Pilze und Bakterien sehr schnell zersetzt werden. Beim vollständigen Abbau der organischen Substanzen werden die in den Pflanzen enthaltenen Mineralstoffe freigesetzt. Diese bleiben aber nicht im Boden, wie das zum Beispiel in den Wäldern Mitteleuropas der Fall ist, sondern werden schon nach wenigen Tagen wieder von den Pflanzen als Dünger aufgenommen. Dazu dient ein sehr dichtes Wurzelwerk, das den Boden unter der Oberfläche durchzieht. Wurzelpilze (Mykorrhiza) beschleunigen und fördern die Aufnahme. Die Mineralstoffe befinden sich also fast ununterbrochen in den Pflanzen und nicht frei im Boden, wodurch auch die aufliegende Humusschicht im Regenwald relativ dünn ist. Da sich dieser natürliche, **kurzgeschlossene Mineralstoffkreislauf** (M2) an der Oberfläche

vollzieht, brauchen die Bäume keine tief in die Erde reichenden Wurzeln. Um die bis zu 70 m hohen Stämme zu stützen, haben die Bäume Brettwurzeln ausgebildet (M3).

Wanderfeldbau – eine angepasste Nutzung

Die traditionelle landwirtschaftliche Nutzung des tropischen Regenwaldes ist der **Wanderfeldbau (Shifting Cultivation)** (M4). Dabei werden zunächst die kleineren Bäume und Sträucher des **Primärwaldes** geschlagen. In der niederschlagsärmeren Zeit werden diese Flächen abgebrannt, die größeren Bäume sowie die Baumstümpfe verkohlen. Diese Vorgehensweise wird als **Brandrodung** bezeichnet (M1). Die Asche enthält die Mineralstoffe der Pflanzen und dient somit als Dünger für den mineralstoffarmen Boden. Ist der Boden nach wenigen Jahren ausgelaugt und die Erträge gehen zurück (M6), so wird das Feld aufgegeben und die Bauern wandern weiter. Neue Felder werden durch Brandrodung angelegt, und auch die Siedlung wird verlagert. Auf den aufgegebenen Feldern entwickelt sich nach ca. 15 Jahren wieder neuer Wald, der meist lichtere und artenärmere **Sekundärwald**.

Diese traditionelle Nutzung benötigt sehr viel Fläche pro Person. Wächst die Bevölkerung, was in allen Staaten mit Regenwäldern der Fall ist, so funktioniert der Wanderfeldbau nicht mehr. Heute ist er daher nur noch in entlegenen, gering bevölkerten Regenwaldgebieten zu finden.

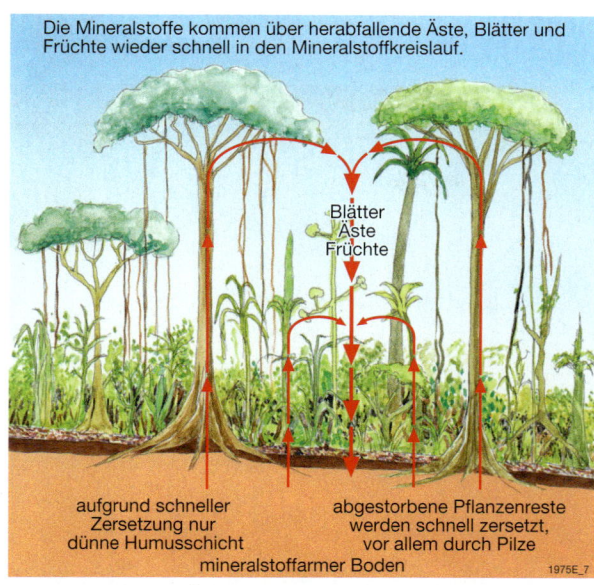

Die Mineralstoffe kommen über herabfallende Äste, Blätter und Früchte wieder schnell in den Mineralstoffkreislauf.

Blätter
Äste
Früchte

aufgrund schneller Zersetzung nur dünne Humusschicht

abgestorbene Pflanzenreste werden schnell zersetzt, vor allem durch Pilze

mineralstoffarmer Boden

1975E_7

M2 *Natürlicher Mineralstoffkreislauf im tropischen Regenwald*

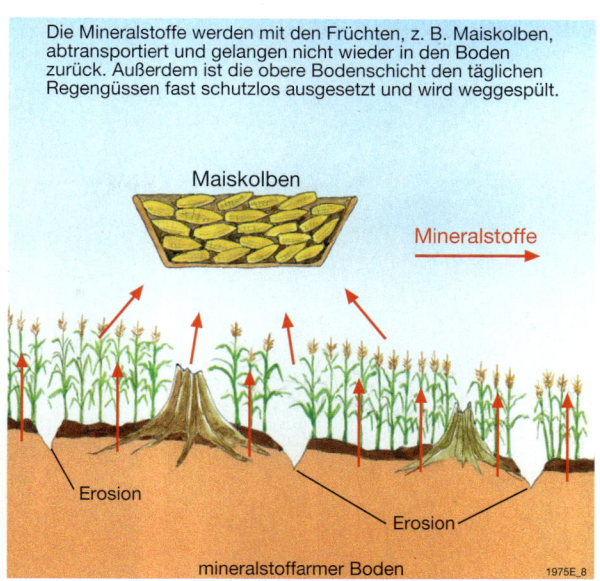

Die Mineralstoffe werden mit den Früchten, z. B. Maiskolben, abtransportiert und gelangen nicht wieder in den Boden zurück. Außerdem ist die obere Bodenschicht den täglichen Regengüssen fast schutzlos ausgesetzt und wird weggespült.

Maiskolben

Mineralstoffe

Erosion

Erosion

mineralstoffarmer Boden

1975E_8

M5 *Störung des natürlichen Mineralstoff-kreislaufs bei landwirtschaftlicher Nutzung*

M3 *Brettwurzel*

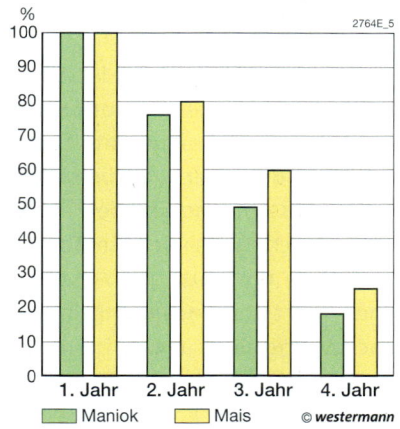

M6 *Ertragsentwicklung beim Anbau von Mais und Maniok auf Böden des tropischen Regen-waldes*

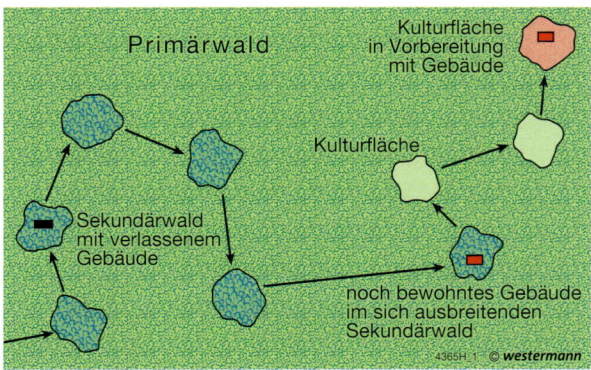

M4 *Prinzip des Wanderfeldbaus im tropischen Regenwald*

❶ Beschreibe den natürlichen Mineralstoff-kreislauf des tropischen Regenwaldes. (M2, Text)

❷ Beschreibe und erkläre die Ertragsent-wicklung beim Anbau auf Böden des tropi-schen Regenwaldes. (M5, M6, Text)

❸ Erläutere das Prinzip des Wanderfeldbaus mit Brandrodung. (M4, Text)

❹ Die Jagd und ein eingeschränkter Wan-derfeldbau sind dem tropischen Regenwald angepasste Wirtschafts-formen. Nimm Stellung zu dieser Aussage.

Landwechselwirtschaft und Agroforstwirtschaft

M1 *Stockwerkbau bei der Agroforstwirtschaft*

Landwechselwirtschaft

Statt des traditionellen Wanderfeldbaus ist heute die **Landwechselwirtschaft** in den Regionen des tropischen Regenwaldes weit verbreitet. Dabei entfällt das Wandern der Bevölkerung, die stationär in ihren Siedlungen bleibt und Flächen in deren Nähe landwirtschaftlich nutzt. Um die Bodenfruchtbarkeit zu erhalten, wird auf den Ackerflächen die Fruchtfolge rotiert und nach mehrjähriger Nutzung eine Brache eingelegt (M2). In dieser Zeit bildet sich ein Sekundärwald, in dem sich die Mineralstoffe erneut anreichern können. Der Anbau erfolgt meist nach einem durchdachten Zeitplan und abhängig von den Ansprüchen der Pflanzen. Die Erträge dienen fast ausschließlich der Selbstversorgung der Familien. Überschüsse werden auf lokalen Märkten verkauft.

Diese **extensive Wirtschaftsweise** greift in dünn besiedelten Gebieten und bei Beachtung der Brachzeiten nur maßvoll in das Ökosystem des tropischen Regenwaldes ein. Wegen des starken Bevölkerungswachstums reichen aber die Erträge oft nicht mehr aus, sodass Wälder großflächig gerodet werden und die Brachzeiten zu kurz sind. Dieser Dauerfeldbau sichert zwar in den ersten Jahren eine ausreichende Nahrungsmittelproduktion, führt aber zu verstärkter Bodenerosion und langfristig zur Zerstörung der tropischen Regenwälder.

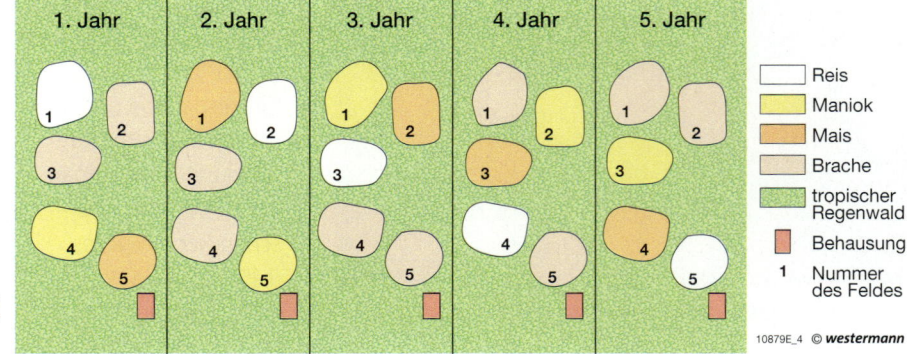

M2 *Prinzip der Landwechselwirtschaft*

Agroforstwirtschaft

Um die Zerstörung des tropischen Regenwaldes durch die landwirtschaftliche Nutzung der einheimischen Bevölkerung zu verhindern, suchen Forscher nach einer Möglichkeit, den Regenwald nachhaltig zu nutzen, damit die Menschen zwar von ihm leben können, ihn aber nicht zerstören.

Die **Agroforstwirtschaft** hat den Anspruch, so eine nachhaltige Wirtschaftsweise zu sein. Dabei werden bei der Abholzung einzelne Bäume stehen gelassen und zwischen den anzubauenden Produkten weitere Bäume gepflanzt, die den Boden schützen und den natürlichen Stockwerkbau des tropischen Regenwaldes imitieren (M1). Auf den Feldern werden unterschiedliche Nutzpflanzen oft in **Mischkultur** angebaut. Durch die Kombination von Bäumen, Sträuchern, Pflanzen und Tieren wird der natürliche Mineralstoffkreislauf des Regenwaldes kopiert, sodass die Bodenfruchtbarkeit langfristig erhalten bleibt. Die Erträge liegen etwa doppelt so hoch wie beim Wanderfeldbau.

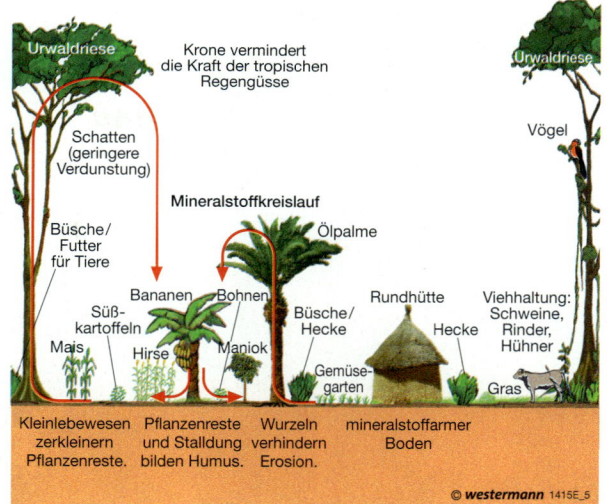

M4 *Prinzip der Agroforstwirtschaft*

Mit dem Nachhaltigkeitsdreieck lässt sich die Nachhaltigkeit z. B. einer Wirtschaftsweise grafisch veranschaulichen und die drei Dimensionen der Nachhaltigkeit einzeln betrachten. Auf jeder der drei Achsen wird eine Dimension bewertet. Die Dreiecksspitze entspricht dabei dem Maximum (= 100 %), der Mittelpunkt des Dreiecks dem Minimum (= 0 %). Je weiter ein Punkt also von der Mitte entfernt ist, umso nachhaltiger ist die jeweilige Dimension ausgeprägt.

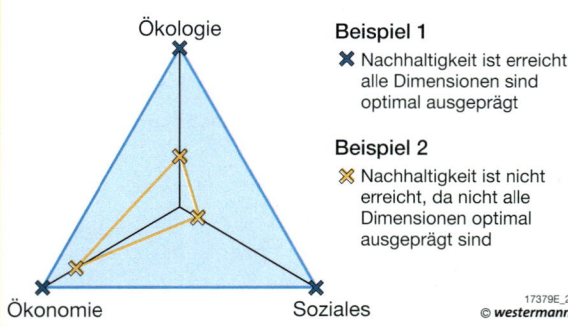

M3 *Das Nachhaltigkeitsdreieck – ein Modell zur Bewertung der Nachhaltigkeit*

Die Untersuchung des philippinischen Hochlandes hat gezeigt, dass der Einsatz der Agroforstwirtschaft auch unter schwierigen Rahmenbedingungen einträglich sein kann. Der Verkauf von Früchten und Holz schafft Einkommen. Bäume sorgen für Windschutz und spenden Schatten, z. B. im Kaffee- und Kakaoanbau, und liefern Bau- und Brennholz, das den Druck auf die noch bestehenden Wälder dämpft. Außerdem kann die Agroforstwirtschaft einige ökologische Funktionen von Naturwäldern ersetzen und Kohlenstoffdioxid und Wasser speichern.

M5 *Vorteile der Agroforstwirtschaft – Ergebnisse einer Untersuchung im philippinischen Hochland*

❶ a) Erkläre das Prinzip der Landwechselwirtschaft. (M2, Text)
b) Nenne Vor- und Nachteile der Landwechselwirtschaft. (M2, Text)

❷ Erkläre das Prinzip der Agroforstwirtschaft. (M1, M4, M5, Text)

❸ a) Bewerte die Agroforstwirtschaft, die Landwechselwirtschaft und den Wanderfeldbau mit Brandrodung mithilfe des Nachhaltigkeitsdreiecks. (M2–M5, Text, S. 50/51)
↗ **Starthilfe**
b) Begründe deine Entscheidung.

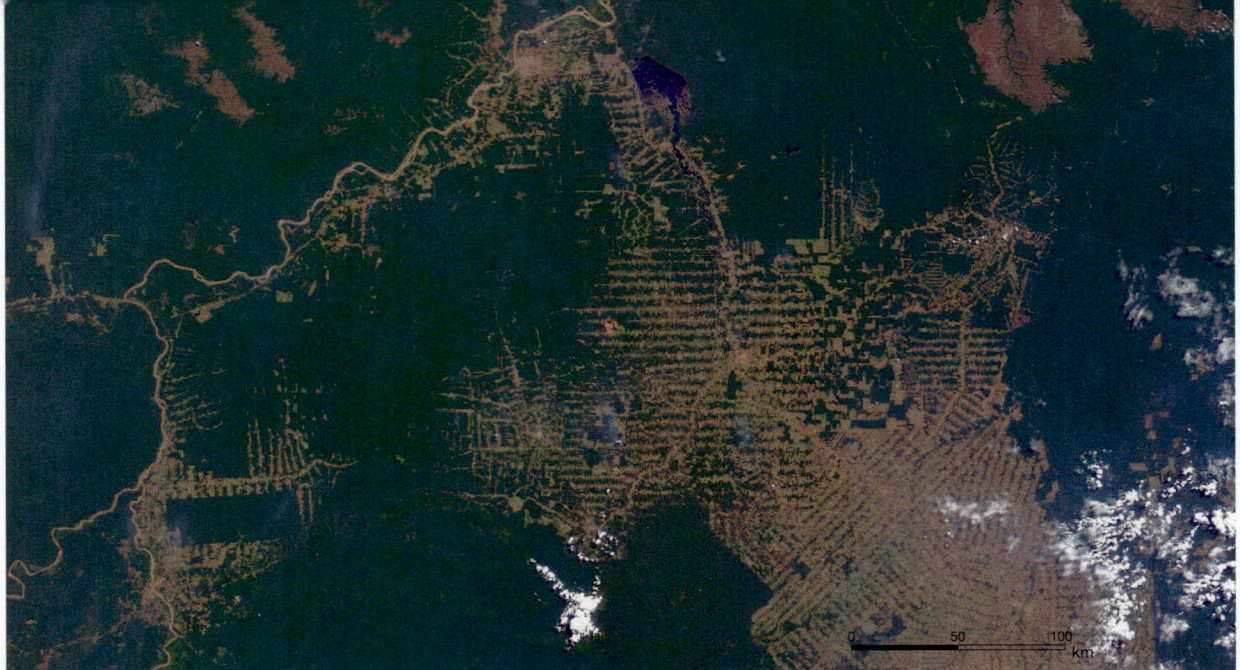

M1 *Rondônia 2000*

Methode: Satellitenbilder auswerten

Raumbeispiel Rondônia (Brasilien)

In Süd- und Mittelamerika wurden in den letzten Jahrzehnten große Teile des Regenwaldes gerodet, um unter anderem Weideland für die Viehzucht zu gewinnen. In Brasilien wurde diese Entwicklung in den 1960er-Jahren durch die Regierung unterstützt. Diese wollte das naturräumliche Potenzial des Landes nutzen, um so zur Entwicklung Brasiliens beizutragen. Deshalb ermutigte sie große nationale und internationale Unternehmen, sich an der Erschließung Amazoniens zu beteiligen. Als Anreiz versprach die Regierung, dass große Regenwaldgebiete zu sehr niedrigen Preisen zum Verkauf angeboten werden. Rinderzüchter kauften diese preiswerten Regenwaldflächen und führten hier Brandrodungen durch. Anschließend wurde vom Flugzeug aus Gras gesät.

Die Rodung des Regenwaldes folgte dabei oft dem typischen Fischgrätenmuster. Ausgehend von einer Hauptstraße werden in regelmäßigen Abständen von einigen Kilometern Stichstraßen in den Regenwald geschlagen. An diesen können sich dann die Siedler bzw. Unternehmen niederlassen und mit der Rodung ihrer Nutzflächen beginnen.

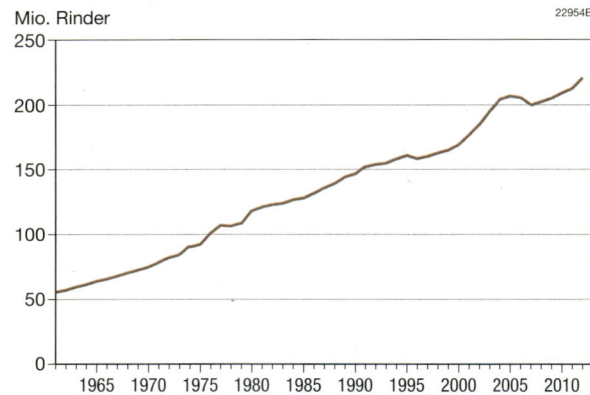

M2 *Entwicklung des Rinderbestands in Brasilien*

M3 *Rinderfarm in Rondônia*

100800-237
www.diercke.de

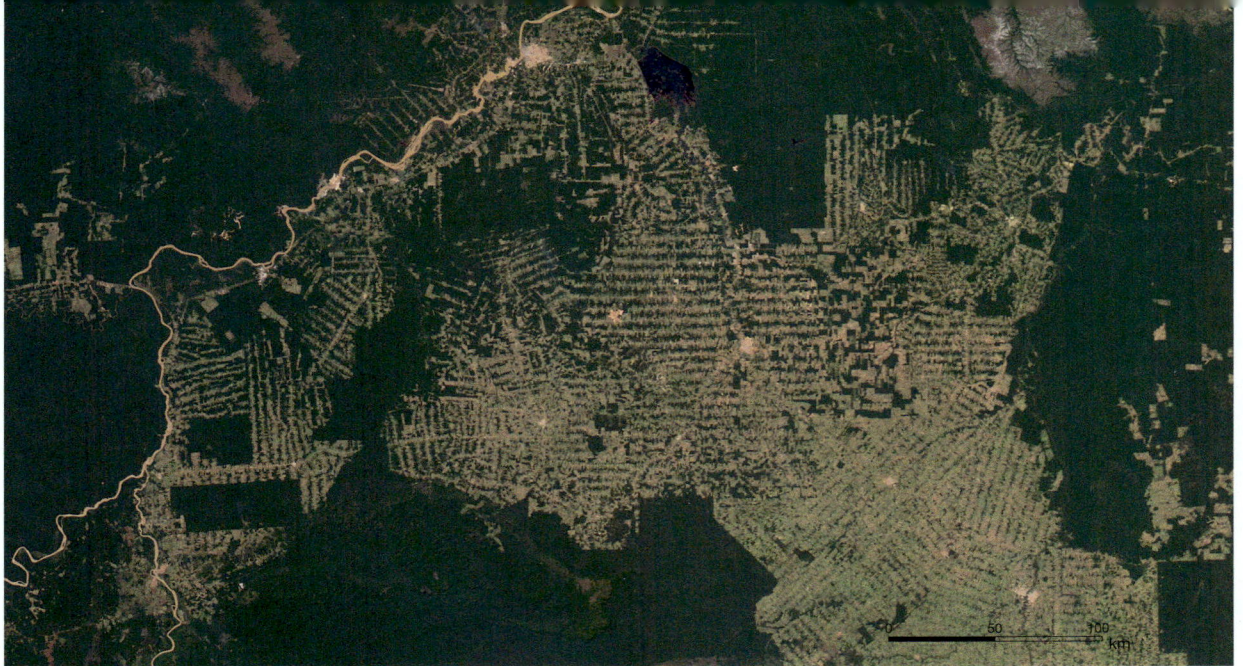

M4 *Rondônia 2012*

So wertest du ein Satellitenbild aus

1. Schritt: Allgemeine Angaben

Nenne den Titel des Satellitenbildes und ermittle nach Möglichkeit den Namen des Satelliten, der die Aufnahme gemacht hat. Gib das Aufnahmedatum, wenn vorhanden, an. Stelle anhand der Maßstabsleiste fest, wie groß der dargestellte Bildausschnitt in Wirklichkeit ist.

2. Schritt: Verortung

Ordne den Raumausschnitt topographisch ein. Informiere dich dazu im Atlas über abgebildete Meere, Flüsse, Seen, Reliefmerkmale, Landschaften, Siedlungen …
Beachte: Häufig enthält der Titel des Satellitenbildes Angaben zur Lage. Deine Ergebnisse kannst du in einer topographischen Skizze darstellen.

3. Schritt: Inhaltliche Erfassung

Stelle anhand von Farbe, Form, Muster und Anordnung fest, welche unterschiedlichen Elemente auf dem Bild erkennbar sind. Beschreibe die Lage und Form von Flächen mit gleicher Farbe (z. B. das fleischfarbene Fischgrätenmuster in M4), von linienförmigen Elementen (z. B. Straßen) und anderen Mustern. Falls vorhanden, kann dir die Legende dabei eine wertvolle Hilfe sein.

4. Schritt: Interpretation

Erkläre die im Satellitenbild dargestellten Inhalte. Berücksichtige Ursachen und Zusammenhänge zwischen den Bildelementen. Bei Bedarf kannst du dich mithilfe von Internet, Atlanten oder Nachschlagewerken über die dargestellte Thematik informieren. Sollten mehrere Satellitenbilder in zeitlicher Folge vorliegen, beschreibe die Veränderungen.

M5 *Lage des Bildausschnitts von M1 und M4*

METHODE

❶ Beschreibe und erkläre die Entwicklung des Rinderbestands in Brasilien. (M2, Text)

❷ Werte die beiden Satellitenbilder M1 und M4 mithilfe der Anleitung aus. (M5, Atlas)

❸ Bewerte die Anlage von Rinderfarmen in Rondônia. (M1–M4, Text)

Bananen für den Weltmarkt

M1 *Arbeiter auf einer Bananenplantage*

5% Löhne der Plantagenarbeiter
12% Kosten für Dünger, Pflanzenschutz
3% Transport
2% Gewinn der Plantagenbesitzer
3% Bananensteuer
16% Schiffsfracht, Versicherung
7% Großhändler
21% Reiferei
31% Einzelhändler

4368H_1 © *westermann*

M2 *Anteile am Erlös einer Banane*

Bananen gehören in Deutschland zum beliebtesten Frischobst: Laut Statistik verzehrt jeder Deutsche durchschnittlich 15 kg Bananen pro Jahr. Nach Kaffeebohnen liegen Bananen beim Welthandel mit Früchten an zweiter Stelle, wobei 80 Prozent der Exporte aus den Staaten Mittelamerikas und aus Ecuador stammen.

Die meisten Bananen werden auf Großplantagen angebaut. Eine **Plantage** ist ein landwirtschaftlicher Großbetrieb, der sich auf die Erzeugung eines einzigen Produktes für den Weltmarkt spezialisiert hat, man spricht von einer **Monokultur**. Die Bananenmonokulturen stören den tropischen Mineralstoffkreislauf nur wenig, da die Blätter der Bananenpflanzen den Aufprall des Regens dämpfen und die Wurzeln den Boden vor Erosion schützen, sodass oft eine jahrzehntelange Nutzung möglich ist. Allerdings sind die Böden trotz der Einbringung von Mineraldünger meist nach 20 Jahren erschöpft. Flächenreserven für Neupflanzungen bieten dann nur noch die bestehenden Regenwälder der Umgebung.

In den Bananenmonokulturen können sich Schädlinge und Pilzkrankheiten schnell ausbreiten. Um die Ernten zu sichern, werden die Bananenstauden mehrmals im Jahr mit Pflanzenschutzmitteln gespritzt, meist geschieht dies mit Flugzeugen. Die Folgen können u. a. Gesundheitsschäden bei Menschen sein, da bei dieser Art des Einsatzes der Mittel kein Schutz für die Arbeiter und die be-

nachbarte Wohnbevölkerung möglich ist. Zudem reichern sich die giftigen Rückstände der Pflanzenschutzmittel teilweise im Boden, in Flüssen und im Grundwasser an. Mittlerweile bemühen sich einige Bananenproduzenten jedoch verstärkt um den Schutz von Umwelt und Bevölkerung.

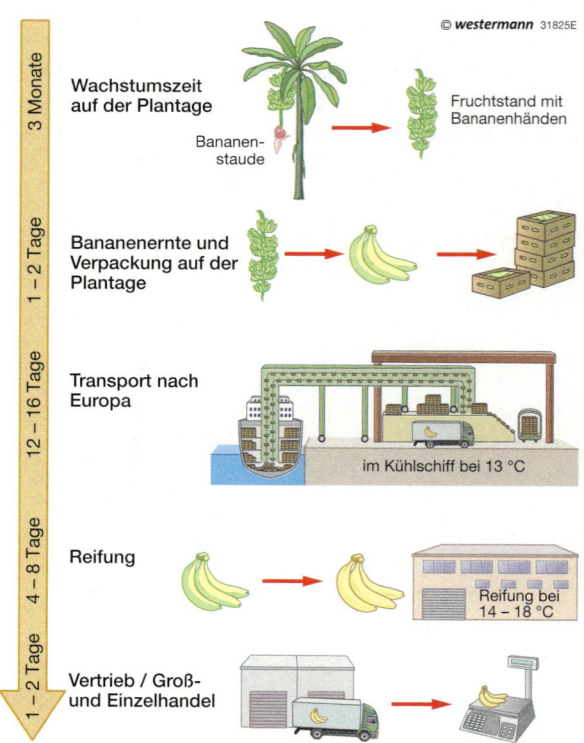

© *westermann* 31825E

3 Monate — Wachstumszeit auf der Plantage — Bananenstaude — Fruchtstand mit Bananenhänden

1 – 2 Tage — Bananenernte und Verpackung auf der Plantage

12 – 16 Tage — Transport nach Europa — im Kühlschiff bei 13 °C

4 – 8 Tage — Reifung — Reifung bei 14 – 18 °C

1 – 2 Tage — Vertrieb / Groß- und Einzelhandel

M3 *Bananen – von der Staude zum Verbraucher*

2 Leben und Wirtschaften in unterschiedlichen Klima- und Vegetationszonen

100800-227
www.diercke.de

① **Bericht eines Plantagenarbeiters**

„Ich bin froh, dass ich auf der Plantage Arbeit gefunden habe. Mein Lohn von 13 US-Dollar pro Tag entspricht dem Mindestlohn in Costa Rica. Dafür arbeite ich im Akkord bei 35 °C Hitze und einer Luftfeuchtigkeit von 80 Prozent bis zu 13 Stunden am Tag. Die Firma stellt mir kostenlos ein Haus mit Strom und sanitären Anlagen. Zudem haben wir einen firmeneigenen Kindergarten und eine Krankenstation. Meine Aufgabe ist es, mit der Machete den bis zu 50 kg schweren Fruchtstand von der Staude zu schneiden. Mein Freund Pedro schleppt ihn dann zur Seilwinde, mit der die Bananen zu den Wasch- und Verpackungsanlagen gezogen werden. Dort werden meist von Frauen die Fruchtbündel zerlegt, die Bananenhände gewaschen und die Bananen sortiert. Sind sie in Kartons von je 18,14 kg verpackt, müssen die noch unreifen Bananen binnen 36 Stunden zum Exporthafen transportiert werden, wo die Kühlschiffe bereits warten.“

② **Bericht eines Plantagenmanagers**

„Wir produzieren hier makellose Bananen, wie die Verbraucher sie wünschen. Um möglichst hohe Gewinne zu erzielen, müssen wir sehr rationell mit erheblichem technischen Aufwand arbeiten. Früher besaß unser Konzern noch das Plantagen- und Siedlungsland, die Aufbereitungs- und Verpackungsanlagen, die Eisenbahnlinien, die Exporthäfen und die Kühlschiffflotte. Heute pachten wir die Anbauflächen vom Staat, unsere Straßen und Transportmittel haben wir an Costa Rica übergeben. Auch große Teile des Anbaus haben wir an mittlere heimische Betriebe übertragen. Wir konzentrieren uns nur noch auf die lukrative Vermarktung und den Vertrieb der Bananen. Der Anbau ist in den letzten Jahren auch immer umweltfreundlicher geworden: Plastik wird gesammelt und verwertet, Wasser geklärt, Flächen wieder aufgeforstet.“

③ **Bericht eines Staatsbeamten**

„Costa Rica ist nach Ecuador der zweitgrößte Bananen-Exporteur der Welt. Insgesamt werden auf ca. 42 000 ha Bananen angebaut, das sind ungefähr 23 % der landwirtschaftlichen Nutzfläche und 1 % der Gesamtfläche. Zwei Drittel der Fläche werden von den drei größten, weltweit tätigen Bananenunternehmen genutzt. Rund 34 000 Menschen arbeiten auf den 180 Bananenplantagen, dazu kommen Beschäftigte in den vor- und nachgeordneten Produktionsbereichen. Insgesamt leben somit ca. 100 000 Menschen direkt oder indirekt vom Bananenanbau.
Der Bananenexport ist unser drittwichtigstes Exportgut und macht 7 % unserer Exporteinnahmen aus. Ernteausfälle oder Preisverfall machen sich sofort in unserem Staatshaushalt bemerkbar. Wir brauchen dieses wichtige Exportgut, das Devisen erwirtschaftet, Arbeitsplätze garantiert und mit seiner Infrastruktur zum Aufbau einer tragfähigen Wirtschaft beiträgt.“

④ **Bericht eines Kleinbauern**

„Wir leben vom Anbau und Verkauf von Bananen. Im Vergleich zu früher hat sich unser Leben sehr verbessert. Damals haben wir trotz harter Arbeit auf den Bananenfeldern nur wenig verdient und konnten uns das Schulgeld und teilweise auch Nahrung nicht leisten. Dann habe ich mich der Bauernorganisation APPTA angeschlossen. Diese sichert uns indigenen Einwohnern faire Arbeitsbedingungen und faire Preise. Außerdem wurde uns gezeigt, wie man Bananen ganz ohne chemische Mittel anbaut. Zudem wurden eine Apotheke und eine Schule für unsere Kinder eingerichtet.“

M4 *Bananenanbau in Costa Rica aus verschiedenen Perspektiven*

❶ Beschreibe den Weg der Banane von der Staude zum Verbraucher. (M3)

❷ a) Bewerte die Zusammensetzung des Preises einer Banane. (M2)
b) **Aktiv** Recherchiere im Supermarkt den aktuellen Kilopreis von Bananen und berechne, wie viel Geld pro Kilo im Erzeugerland verbleibt.

❸ Beschreibe das Foto M1 mithilfe des Berichts des Plantagenarbeiters in M4.

❹ a) Nenne ökonomische, ökologische und soziale Vor- und Nachteile einer Bananenplantage. (M4, Text)
b) Bewerte den Anbau von Bananen auf Plantagen mithilfe des Nachhaltigkeitsdreiecks. (M4, M3 auf S. 53)

❺ **Aktiv** Recherchiere über die Institution BanaFair. Stelle deren Ziele und Maßnahmen dar. (Internet)

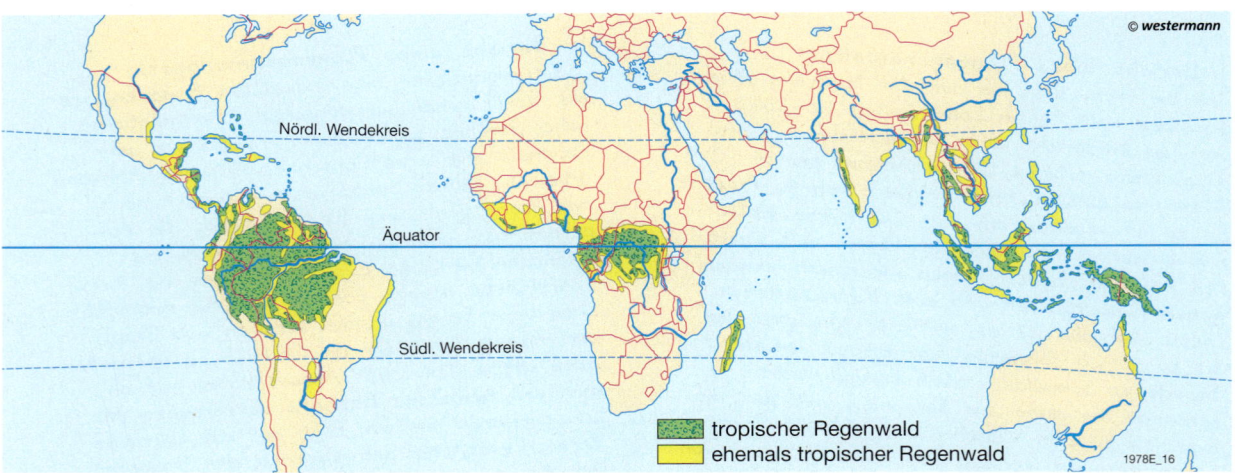

M1 *Verbreitung des tropischen Regenwaldes ursprünglich und heute*

tropischer Regenwald
ehemals tropischer Regenwald

Nördl. Wendekreis

Äquator

Südl. Wendekreis

Regenwaldzerstörung

Die mit tropischem Regenwald bedeckte Fläche auf der Erde wird von Jahr zu Jahr kleiner. In einigen Staaten Südostasiens sind die Regenwälder inzwischen auf weniger als ein Zehntel ihrer ursprünglichen Größe geschrumpft (M1). Zwischen 2000 und 2010 wurden allein im Amazonasgebiet jährlich durchschnittlich 1,65 Millionen Hektar Regenwald zerstört, das entspricht 4,4 Fußballfeldern pro Minute.

Eine wichtige Ursache für die Zerstörung des tropischen Regenwaldes ist das starke Bevölkerungswachstum und die damit einhergehende intensivere landwirtschaftliche Nutzung. Weitere Faktoren sind Plantagenwirtschaft, Holzeinschlag, Weidewirtschaft, Energie- und Rohstoffgewinnung sowie der Siedlungs- und Verkehrswegebau (M3).

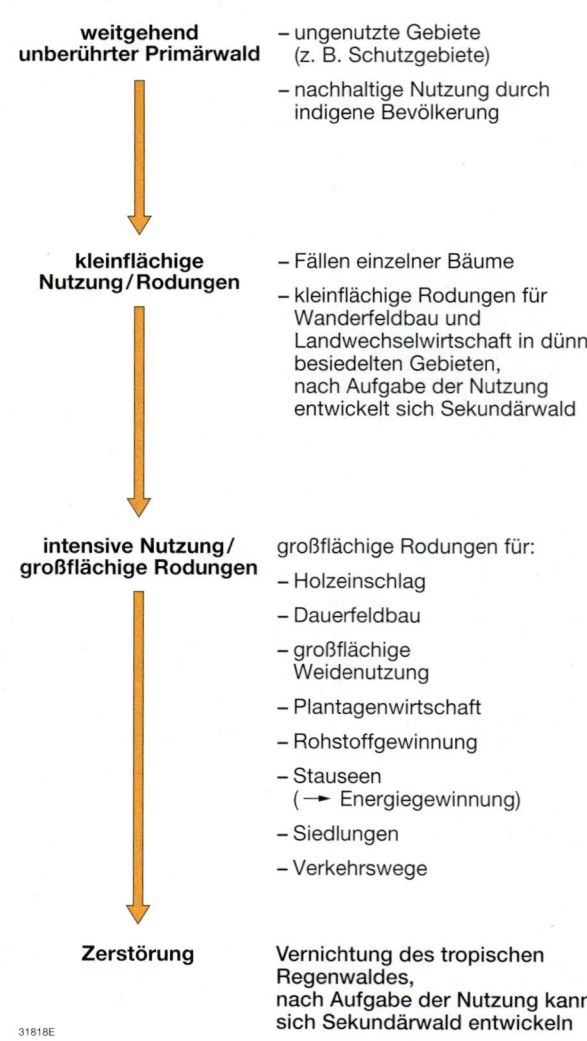

weitgehend unberührter Primärwald
– ungenutzte Gebiete (z. B. Schutzgebiete)
– nachhaltige Nutzung durch indigene Bevölkerung

kleinflächige Nutzung / Rodungen
– Fällen einzelner Bäume
– kleinflächige Rodungen für Wanderfeldbau und Landwechselwirtschaft in dünn besiedelten Gebieten, nach Aufgabe der Nutzung entwickelt sich Sekundärwald

intensive Nutzung / großflächige Rodungen
großflächige Rodungen für:
– Holzeinschlag
– Dauerfeldbau
– großflächige Weidenutzung
– Plantagenwirtschaft
– Rohstoffgewinnung
– Stauseen (→ Energiegewinnung)
– Siedlungen
– Verkehrswege

Zerstörung
Vernichtung des tropischen Regenwaldes, nach Aufgabe der Nutzung kann sich Sekundärwald entwickeln

M2 *Regenwaldzerstörung durch Holzeinschlag*

M3 *Zerstörung des tropischen Regenwaldes*

100800-237, 265
www.diercke.de

Fallbeispiel: Belo-Monte-Staudamm in Brasilien

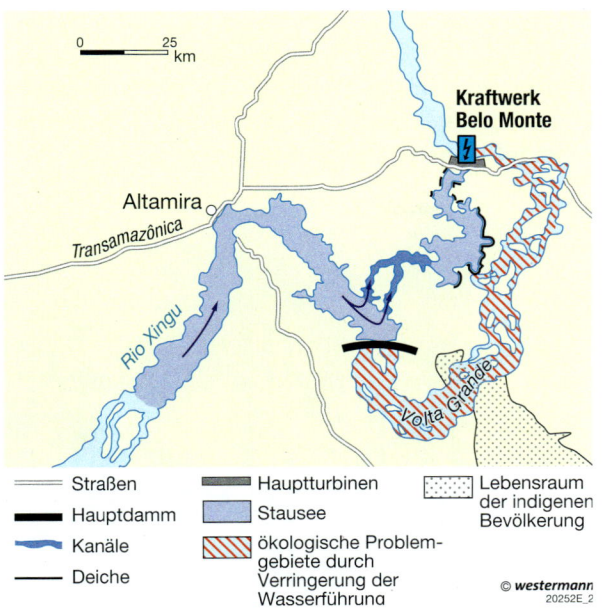

M4 *Das Belo-Monte-Projekt*

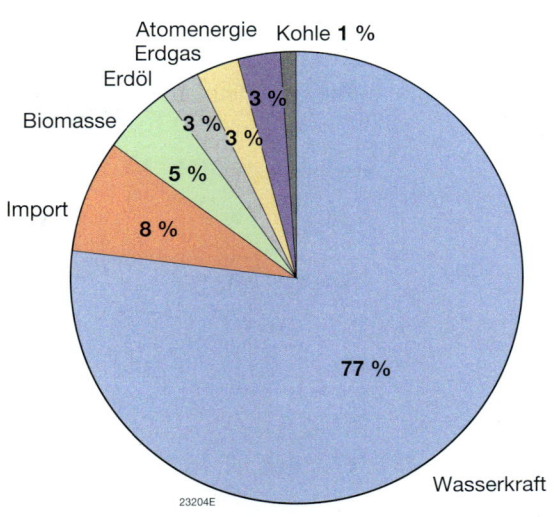

M6 *Stromangebot in Brasilien*

Belo Monte wäre mit einer Leistungskapazität von 11 233 Megawatt das drittgrößte Wasserkraftwerk der Welt [...]. Allerdings wird mit einer weitaus geringeren Durchschnittsleistung von 4419 Megawatt gerechnet. Die Regierung in Brasília hält das rund 40 Kilometer von der Stadt Altamira entfernt liegende Wasserkraftwerk zur Sicherung der Energieversorgung für notwendig.

Gegen das 11 Mrd. US-$ (8,1 Mrd. Euro) teure Projekt laufen Ureinwohner der Region und Umweltschützer seit langem Sturm. Sie fürchten, dass durch das Wasserkraftwerk zwischen 30 000 und 40 000 Menschen umgesiedelt werden müssen. Mehr als 500 km² Fläche müssen für die Staubecken überflutet werden. Damit würde der Bau des Damms, so die Kritiker, zur weiteren Zerstörung des Regenwaldes beitragen. Das staatliche brasilianische Umweltinstitut Ibama hatte im Januar 2011 die Rodung von fast 240 ha Wald für das Projekt genehmigt. Die Behörde erlaubte dem Konsortium Norte Energía außerdem, Zugangsstraßen zu bauen, Areale für die Lagerung von Asphalt und Holz anzulegen sowie Einebnungsarbeiten vorzunehmen. Im April 2011 hatte die Interamerikanische Menschenrechtskommission Brasilien aufgefordert, das Bauprojekt so lange auf Eis zu legen, bis die Ureinwohner konsultiert und über die Folgen des Baus aufgeklärt worden seien. Auch die Justiz des Bundesstaates Pará war gegen das Projekt vorgegangen und hatte es als „Affront gegen Umweltgesetze" bezeichnet. Doch im Juni hatte die Regierung dem Baukonsortium die Lizenz zum Bau des Belo-Monte-Staudamms erteilt.

Quelle: www.spiegel.de/wissenschaft/natur/amazonas-bauarbeiten-am-belo-monte-staudamm-erneut-gestoppt-a-850122.html

M5 *Auswirkungen des Staudammprojektes Belo Monte*

„Die Welt muss von den Geschehnissen hier erfahren, sie muss erkennen, wie vernichtend die Zerstörung der Wälder und indigenen Völker sich auf die ganze Welt auswirkt."

M7 *Aussage des Anführers der im Projektgebiet des Belo-Monte-Staudamms lebenden indigenen Bevölkerung*

❶ Beschreibe die ursprüngliche und die heutige Verbreitung der tropischen Regenwälder. (M1)

❷ Wähle eine der Ursachen für die Zerstörung des tropischen Regenwaldes und beschreibe ihre Ausprägung im Amazonastiefland anhand der Atlaskarte „Amazonien – Eingriff in den tropischen Regenwald".

❸ Gestalte ein Plakat, mit welchem du auf die Problematik der Regenwaldzerstörung hinweisen möchtest.

❹ a) Stelle die Vor- und Nachteile des Staudammprojektes Belo Monte gegenüber. (M4 – M7)
b) Bewerte die Nachhaltigkeit des Projekts anhand des Nachhaltigkeitsdreiecks. (M4 – M7, M3 auf S. 53)

59

Höhenstufen in den Anden

Die Anden sind mit bis zu 6962 Metern das höchste Gebirge Südamerikas. Die Berggipfel, die in der Nähe des Äquators liegen, sind von Schnee, Eis und Gletschern bedeckt – obwohl sie zur äquatorialen Klimazone gehören. Mit zunehmender Höhe verändern sich nämlich auch im Gebirge Temperaturen, Niederschläge und Sonneneinstrahlung. Da diese Faktoren die Vegetation beeinflussen, findet man in unterschiedlichen Höhen unterschiedliche Vegetation. Man unterscheidet **Höhenstufen der Vegetation**.

2 Leben und Wirtschaften in unterschiedlichen Klima- und Vegetationszonen

Angefügt | Peru 1.jpg (421 KB); Peru 2.jpg (302 KB); Peru 3.jpg (168 KB); Peru 4.jpg (231 KB)

Hallo zusammen,

seit einem halben Jahr lebe ich nun schon als Austauschschüler in Cuzco in Peru. Als ich damals hierherkam, freute ich mich natürlich auch auf die tropische Wärme und darauf, dem deutschen Wetter zu entfliehen. Zwar gibt es im Westen des Landes sogar Wüsten, aber für weite Teile Perus kann ich nur sagen: von wegen tropische Wärme! Schnell musste ich erfahren, dass es hier sogar ziemlich kalt werden kann. Jetzt gerade sind es zum Beispiel nur 14 °C, und es ist 14 Uhr. Viel wärmer wird es heute auch nicht mehr werden, gestern Nacht hatten wir sogar Frost bei -2 °C. Meine Gasteltern sagen, dass das an der Höhe liegt – Cuzco befindet sich 3380 m über dem Meeresspiegel.

Um mir die Vielfalt ihres Landes zu zeigen, haben meine Gasteltern mit mir eine Reise quer durch Peru unternommen. Auf unserer Fahrt nach Osten mussten wir 4000 m hohe Pässe überwinden. Die schneebedeckten Berge waren sehr eindrucksvoll. Immer wieder trafen wir auf Lamaherden. Mein Gastvater erklärte mir, dass die Lamas nur bis 5000 m Höhe anzutreffen sind, da es darüber keine Weiden und damit kein Futter mehr für sie gibt.
Auf der Weiterfahrt ging es ständig bergab. Es wurde immer wärmer und feuchter und die Landschaft änderte sich. Nun konnte man überall Kartoffel- und Getreidefelder sehen. Als wir auf ca. 2500 Metern Höhe waren, standen bereits verschiedene Obstbäume am Wegesrand und die Wälder wurden immer dichter. Dann tauchten Kaffeeplantagen auf und im Tiefland sah ich schließlich tropische Regenwälder, Bananenstauden und viele andere tropische Pflanzen.
Ich bin echt beeindruckt von der Vielfalt dieses Landes.

Soviel für heute, bis bald!
Euer Lukas

P. S. Ich schicke noch ein paar Fotos mit, damit Ihr Euch einen Eindruck machen könnt.

M1 *Eine E-Mail aus Peru*

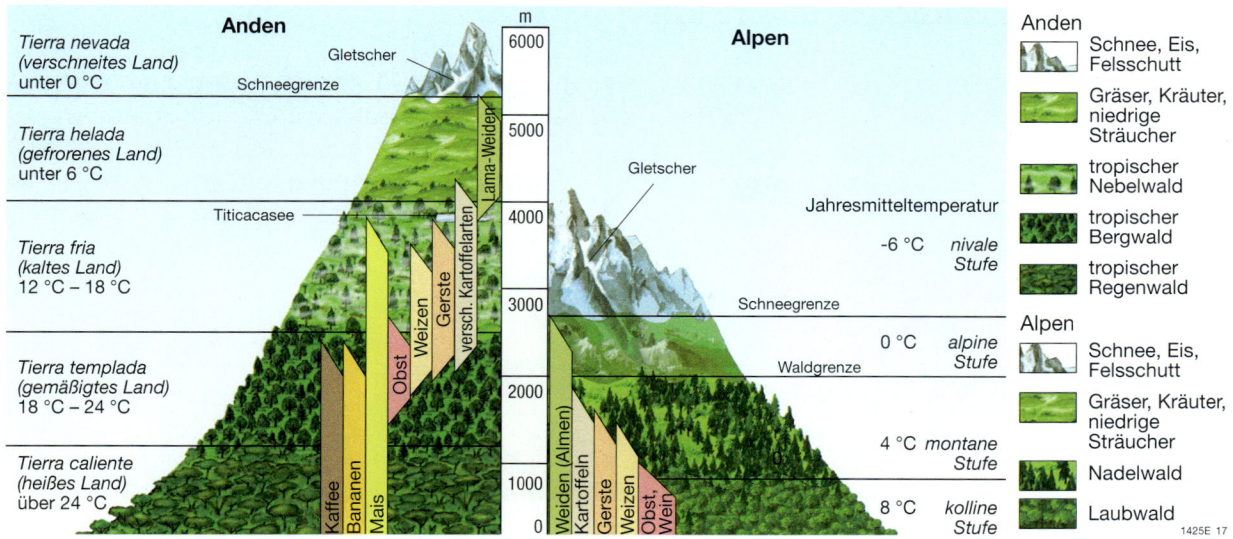

M2 *Höhenstufen der Vegetation – Anden und Alpen im Vergleich*

Jeden Morgen arbeitet Pedro Larada auf seinen Feldern, wo er Kartoffeln, Gemüse und Futterpflanzen für seine zwölf Rinder und Schafe anbaut. Rund um die Felder hat er Bäume und Sträucher gepflanzt, die den Boden vor Austrocknung durch den Wind und vor Erosion schützen. Der Kleinbauer lebt mit seiner Frau und seinen drei Kindern im bolivianischen Andenhochland. Sein Dorf liegt auf fast 4000 Meter Höhe im Bezirk Cochabamba. Wie überall in den Tropen gibt es auch hier keine Jahreszeiten, aber große Temperaturunterschiede zwischen Tag und Nacht. Die Kleinbauern haben sich den natürlichen Bedingungen angepasst. „Tagsüber legen wir die Kartoffelknollen in die Sonne, sodass das darin enthaltene Wasser verdunstet. Nachtfrost macht die Früchte dann haltbar. Nach ein paar Tagen werden die trockenen Kartoffeln gestampft, so können wir sie mehrere Monate lagern."

Mithilfe der Fachleute von der Pfarrei Cristo de Ramadas haben Larada und andere Kleinbauern ihre Landwirtschaft dem Klima angepasst. Sie produzieren ihr eigenes Saatgut sowie natürlichen Dünger und bauen Regenauffangbecken, um Felder und selbst gebaute Gewächshäuser zu bewässern. „Das Hauptproblem ist eine ausreichende, regelmäßige Bewässerung. Deshalb haben wir in einer gemeinsamen Anstrengung und mithilfe der Pfarrei ein Wasserreservoir gebaut und Kanäle angelegt – das Wasser reicht jetzt für alle, auch während der Trockenzeit", erläutert Pedro und zeigt mit sichtlichem Stolz die Anlage. Gleich daneben steht ein neues, großes Gewächshaus. Hier bauen die Menschen nun Obst und Gemüse an, das in der freien Natur in über 3500 Meter Höhe nicht gedeihen würde. „Sogar einen kleinen Pfirsichbaum haben wir in unserem Gewächshaus – von Pfirsichen konnte ich früher nur träumen", sagt Pedro. In kleinen Silos bewahren sie ihre Ernteerträge sicher auf. „Wir fühlen uns jetzt wirklich gut: Wir haben das ganze Jahr zu essen und verkaufen sogar noch Überschüsse auf dem Markt", sagt Pedro.

Quelle: www.misereor.de/projekte/projektpartnerschaften/nachhaltige-landnutzung0.html

M3 *Landwirtschaft in 4000 m Höhe*

❶ Lukas hat seiner E-Mail vier Fotos angehängt.
a) Ordne die Fotos 1–4 seinem Reisebericht zu. (M1)
b) Ordne die Fotos, soweit möglich, den Höhenstufen der Anden zu. (M1, M2)

❷ Vergleiche die Höhenstufen der Vegetation in den Alpen und den Anden. (M2)

❸ Erkläre, inwiefern Bauer Pedro sich den natürlichen Bedingungen auf 4000 m Höhe angepasst hat. (M3)

❹ Erläutere die Aussage eines Reiseunternehmens: „In den Anden können Sie an einem Tag fast alle Klimazonen der Erde erleben."

🔄 **Transfer**

❺ a) Beschreibe die Landnutzung am Kilimandscharo in den verschiedenen Höhenstufen. (Atlas)
b) Nenne wesentliche Gemeinsamkeiten und Unterschiede im Vergleich zur Nutzung in den Anden. (M1, M2, Atlas)

Die Tropen – teils trocken, teils feucht

M1 *Vegetationszonen in den Tropen*

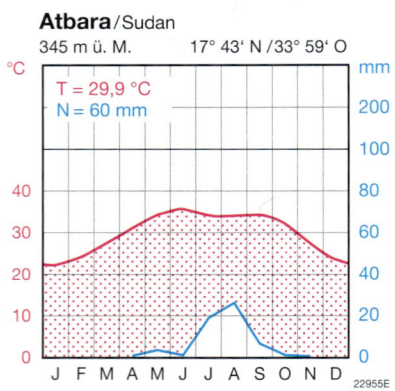
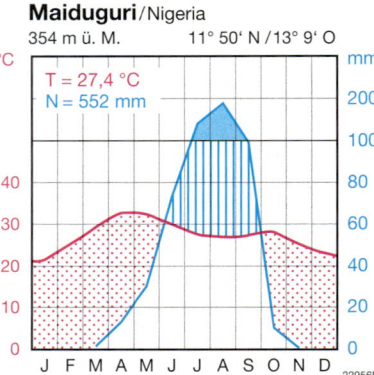
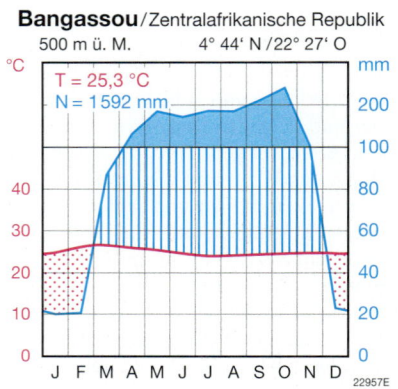

Atbara/Sudan
345 m ü. M. 17° 43' N /33° 59' O
T = 29,9 °C
N = 60 mm
22955E

Maiduguri/Nigeria
354 m ü. M. 11° 50' N /13° 9' O
T = 27,4 °C
N = 552 mm
22956E

Bangassou/Zentralafrikanische Republik
500 m ü. M. 4° 44' N /22° 27' O
T = 25,3 °C
N = 1592 mm
22957E

M2 *Klimadiagramme aus den Tropen*

Die Zone der Tropen erstreckt sich beiderseits des Äquators, zwischen dem nördlichen und dem südlichen Wendekreis (23,5° n. Br. bzw. 23,5° s. Br.). In Äquatornähe fallen ganzjährig hohe Niederschläge. Dagegen weisen die äußeren Tropen große Unterschiede in der Niederschlagsverteilung im Jahresverlauf auf. Hier sind deutliche Regen- und Trockenzeiten ausgeprägt, man spricht daher auch von **hygrischen Jahreszeiten**.

Die Ursache für diese Unterschiede liegt in der Wanderung des Zenitstandes der Sonne zwischen den Wendekreisen begründet. Zweimal im Jahr steht sie zwischen den Wendekreisen im Zenit und jeweils einmal über dem nördlichen sowie südlichen Wendekreis. Dann erreicht die Intensität der Sonneneinstrahlung ihr Maximum. Die Luft in Bodennähe erwärmt sich besonders stark, steigt auf und es entstehen Tiefdruckgebiete in Bodennähe mit ergiebigen Niederschlägen, den

Zenitalregen. Die Zone dieses Tiefdruckgürtels bezeichnet man als innertropische Konvergenzzone (ITC).

In der Höhe strömt die Luft nach Norden und Süden, wo sie wieder absinkt und sich erwärmt. Die Wolken lösen sich hierbei auf und es entstehen Hochdruckgebiete in Bodennähe. Von diesen bewegt sich die Luft zum Tiefdruckgürtel im Bereich der ITC. Dieser Kreislauf wird Passatkreislauf genannt. Der Passatkreislauf verlagert sich im Jahresverlauf nach Norden bzw. Süden, je nachdem, wo die Sonne im Zenit steht.

Auch die Gebiete mit den höchsten Niederschlägen verlagern sich mit der ITC, allerdings leicht zeitlich verzögert. Im Sommer der Nordhalbkugel liegen diese Regengebiete nördlich des Äquators, in den Wintermonaten hingegen südlich des Äquators.

Hartlaubgehölze der
Subtropen

Steppe und
Hochgebirgsgrasland

Halbwüste
und Wüste

Savanne

tropischer
Regenwald

M4 *Vegetationszonen
in den Tropen Afrikas
mit Verortung der
Fotos 1–5*

Mongu/Sambia
1 053 m ü. M.   15° 25′ S /23° 17′ O

T = 21,9 °C
N = 918 mm

Walvis Bay/Namibia
3 m ü. M.   22° 57′ N /14° 30′ O

T = 15,6 °C
N = 13 mm

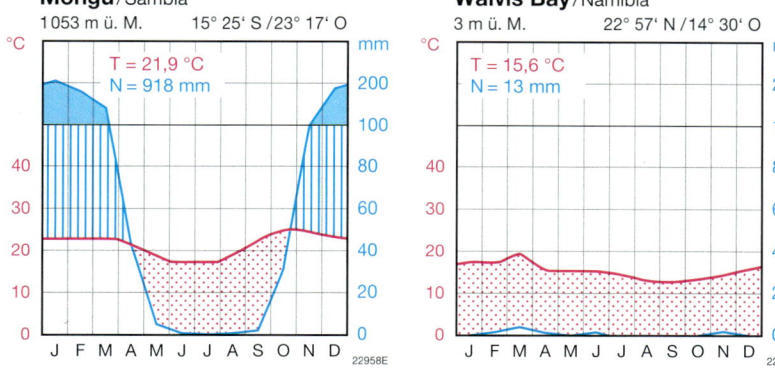

Zenitstand der
Sonne

Zenitalregenzone

Wärmegewitter
(täglich)

Luftbewegung
warm/heiß

kühler

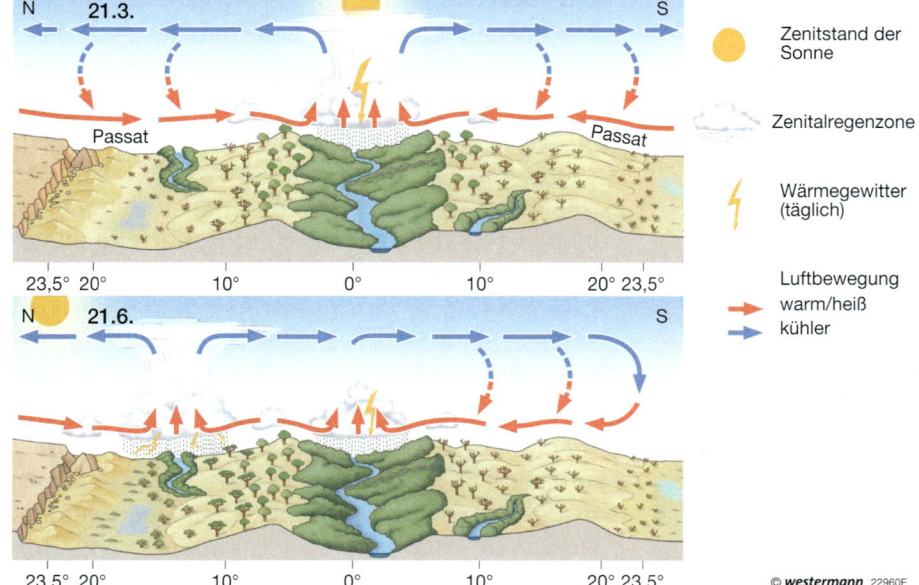

M3 *Passatkreislauf am 21. März und 21. Juni*

❶ Beschreibe die ver-
schiedenen Vegetations-
zonen der Tropen
anhand der Fotos 1–5
in M1. (M4)

❷ M3 zeigt den Passat-
kreislauf für den 21.3.
und 21.6. Erstelle eine
Skizze für den 21.12.

❸ Erläutere Folgen des
Passatkreislaufs für die
Vegetation und das
Klima Afrikas. (M1, M2,
M4)

❹ „Die Sonne lässt den
Regen wandern." Erkläre
diese Aussage. (M2, M3,
Text)

Wechselfeuchte Tropen

M1 *Trockensavanne in der Trockenzeit*

M4 *Trockensavanne in der Regenzeit*

M2 *Feuchtsavanne*

M3 *Dornstrauchsavanne*

Die Savannen

Die Savanne ist die vorherrschende Vegetationsform der wechselfeuchten Tropen. Sie wird geprägt durch den Wechsel von Regen- und Trockenzeit (M1, M4). Die Vegetation besteht aus Gräsern, Büschen und Bäumen, wobei mit abnehmendem Niederschlag Gräser dominieren. Da die Niederschläge nach Norden (auf der Nordhalbkugel) bzw. Süden (auf der Südhalbkugel) abnehmen, haben sich verschiedene Savannentypen herausgebildet.
Die **Feuchtsavanne** zeichnet sich durch flächendeckenden, mannshohen Graswuchs und überwiegend immergrüne Bäume bzw. Baumgruppen sowie **Galeriewälder** entlang der Flüsse (M2) aus. Daran schließt sich die **Trockensavanne** mit ihrem brusthohen Graswuchs und nur noch vereinzelten, wasserspeichernden Bäumen, die in der Trockenzeit das Laub abwerfen, an (M1, M4). Wird es noch trockener, befindet man sich im Bereich der **Dornstrauchsavanne**, die nur noch einen lückenhaften, kniehohen Grasbewuchs und einzelne Sträucher mit Dornen aufweist (M3).
Die Menschen haben sich mit ihrer traditionellen landwirtschaftlichen Nutzung gut an die klimatischen Bedingungen angepasst: In der Feuchtsavanne und in den feuchteren Teilen der Trockensavanne reichen die Niederschläge für **Regenfeldbau** in Landwechselwirtschaft aus. Hier leben sesshafte Ackerbauern, die vorwiegend Maniok, Hirse und Mais für den Eigenbedarf anbauen, aber auch z. B. Erdnüsse als **Cash Crops**. In der Dornstrauchsavanne leben überwiegend **Nomaden**, die mit ihren Viehherden (Rinder, Kamele, Ziegen, Schafe) entsprechend der Regenzeit wandern (M6, M7).

100800-149
www.diercke.de

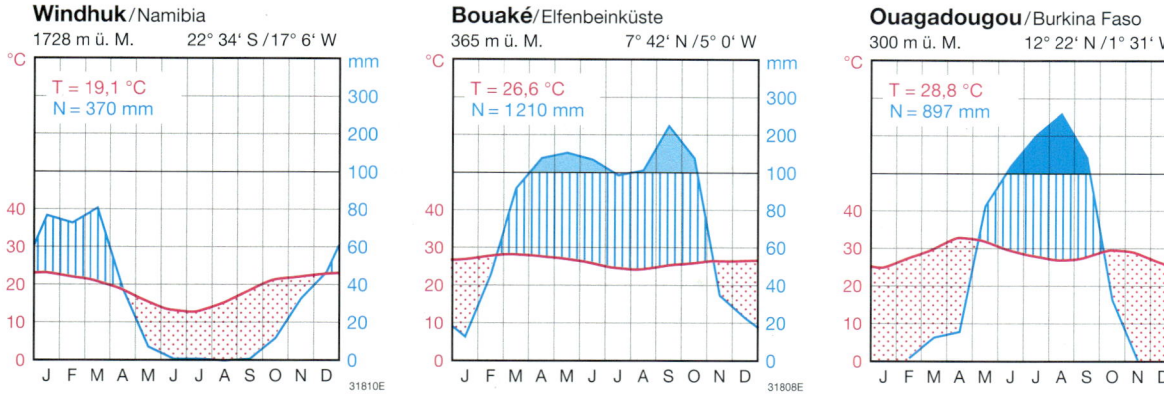

Windhuk/Namibia
1728 m ü. M.   22° 34' S /17° 6' W

Bouaké/Elfenbeinküste
365 m ü. M.   7° 42' N /5° 0' W

Ouagadougou/Burkina Faso
300 m ü. M.   12° 22' N /1° 31' W

Windhuk: T = 19,1 °C, N = 370 mm — 31810E
Bouaké: T = 26,6 °C, N = 1210 mm — 31808E
Ouagadougou: T = 28,8 °C, N = 897 mm — 31809E

M5 *Klimadiagramme aus den verschiedenen Savannentypen*

M6 *Massai in der Trockensavanne Kenias*

❶ Beschreibe die Vegetation in den drei Savannentypen. (M1–M4)

❷ Die Dauer der Regenzeit nimmt in Richtung Äquator zu. Erkläre. (S. 24/25, 62/63)

❸ Erkläre den Vorteil der Gräser gegenüber den Bäumen bei geringerem Niederschlag.
↗ **Starthilfe**

❹ Ordne die drei Klimadiagramme (M5) jeweils einem Savannentyp zu.

❺ Erkläre die zwei Niederschlagsspitzen im Klimadiagramm von Bouake mithilfe der Passatzirkulation. (S. 24/25, 62/63)

❻ Beschreibe und erkläre die jährliche Wanderungsbewegung der Kababish. (M7)

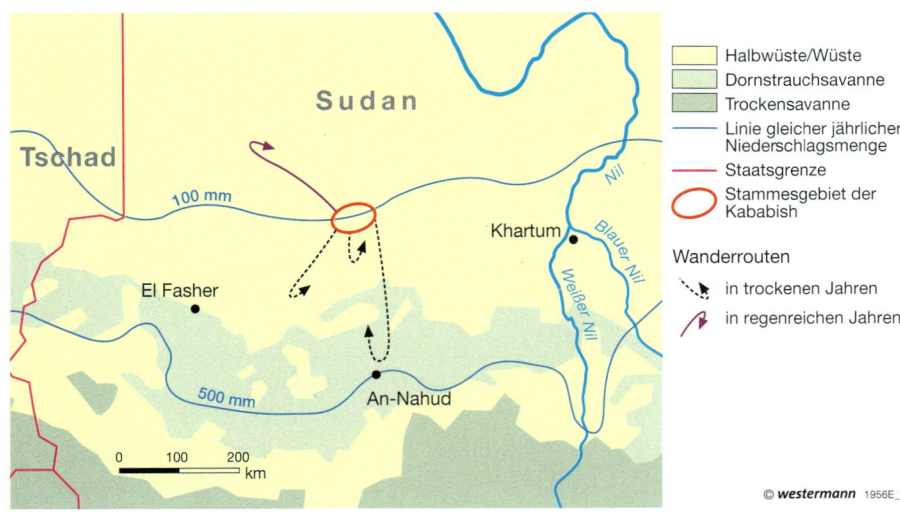

Halbwüste/Wüste
Dornstrauchsavanne
Trockensavanne
Linie gleicher jährlicher Niederschlagsmenge
Staatsgrenze
Stammesgebiet der Kababish

Wanderrouten
in trockenen Jahren
in regenreichen Jahren

© *westermann* 1956E_12

M7 *Wanderungen der Kababish im Sudan*

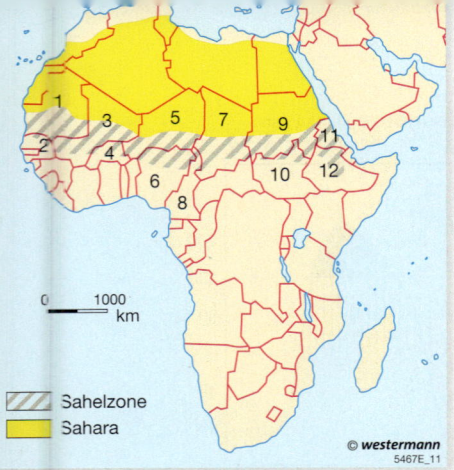

M1 *Lage der Sahelzone*

M2 *Viehherde an einer Wasserstelle*

Herausforderung Sahelzone

Die Sahelzone liegt am südlichen Rand der Sahara und ist geprägt durch Halbwüste, Dornstrauchsavanne und den trockeneren Teil der Trockensavanne. „Sahel" bedeutet im Arabischen „Ufer/ Küste". Den Namen erhielt dieser Raum dadurch, dass den Menschen früher nach Durchquerung der Wüste die Sahelzone als das „rettende Ufer" erschien.

In der Sahelzone ist die Regenzeit kurz und die Niederschlagsmenge schwankt von Jahr zu Jahr sehr stark, d. h, die **Niederschlagsvariabilität** ist sehr hoch (M3). Die dort lebenden Menschen wissen also nie, wie die Niederschläge in einem Jahr ausfallen werden.

Mit ihrer traditionellen, eher extensiven Wirtschaftsweise haben sie sich gut an dieses empfindliche Ökosystem angepasst und damit das Risiko für die Landwirtschaft minimiert. So nutzen die Nomaden bei ihrer Wanderung im Jahresverlauf das Futter- und Wasserangebot optimal aus (siehe M7 auf S. 65). Durch die Verlagerung der Weideplätze kann sich die Vegetation wieder erholen und die Nutzung ist damit nachhaltig. In Dürrejahren können die Nomaden einen Teil ihrer Tiere verkaufen und in niederschlagsreicheren Jahren können sie ihre Herden wieder aufstocken. Die Ackerbauern legen in guten Jahren Vorräte an. Die Bodenfruchtbarkeit erhalten sie durch mehrere Brachejahre. Bleibt allerdings die Niederschlagsmenge, wie in den 1970er- und 1980er-Jahren, für mehrere Jahre nacheinander unter dem langjährigen Mittelwert (M3), so wird die Sahelzone von Dürren mit katastrophalen Auswirkungen heimgesucht.

Durch das starke Bevölkerungswachstum seit den 1960er-Jahren und verbesserte technische Möglichkeiten haben sich vielfältige Veränderungen in der Sahelzone vollzogen. So konnten Tiefbrunnen gebaut werden, die es den Nomaden ermöglichen, ihre Herden zu vergrößern und längere Zeit an einer Wasserstelle zu bleiben. Viele Nomaden sind deshalb sesshaft geworden.

Zur Versorgung der wachsenden Bevölkerung mussten die Ackerbauern ihren Anbau nach Norden über die agronomische Trockengrenze hinaus ausdehnen. Das Risiko von Missernten ist in diesen eigentlich für den Ackerbau nicht geeigneten Gebieten besonders groß.

INFO

Agronomische Trockengrenze
Die agronomische Trockengrenze ist die Grenze des Regenfeldbaus, d. h., jenseits dieser Grenze reichen die Niederschläge für den Ackerbau ohne künstliche Bewässerung nicht mehr aus.

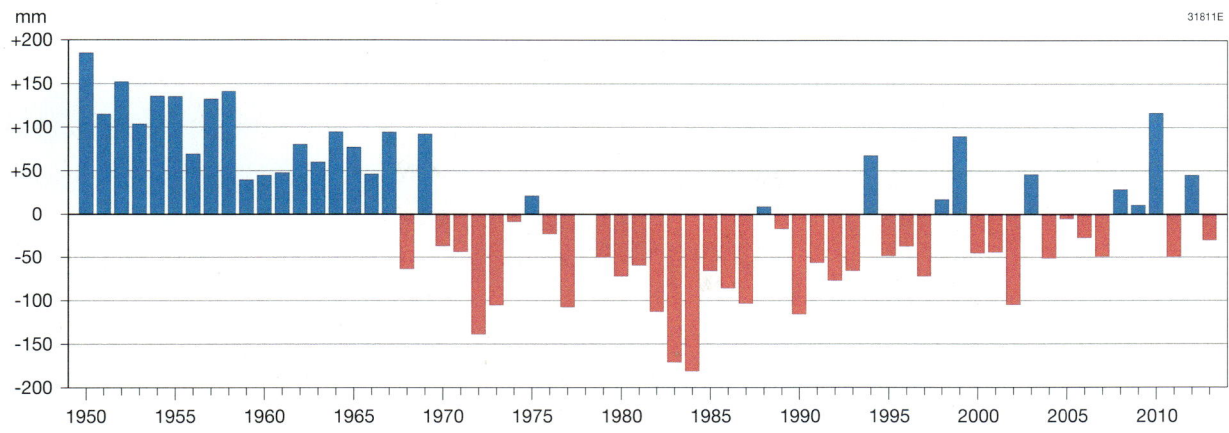

M3 *Abweichung der Niederschläge vom langjährigen Mittel im Zeitraum Juni bis Oktober (Regenzeit) in der Sahelzone 1950–2013*

„In den letzten Jahren hat es reichlich geregnet. Deshalb haben wir die Herde vergrößert. Wir haben jetzt 20 Kamele, 28 Rinder, 36 Ziegen, 20 Schafe und zwölf Esel. Diese Herde verschafft unserem Clan Ansehen. Außerdem bekommen wir für unsere Milch und das Fleisch heute mehr Hirse im Austausch.

Glücklicherweise hat die Regierung Brunnen mit Motorpumpen gebaut. Sie liefern regelmäßig Wasser. Deshalb können wir jetzt länger an einem Ort bleiben. Aber in ein paar Tagen finden die Tiere keine Nahrung mehr. Dann ziehen wir in den Süden. Früher konnten wir das Vieh auf die abgeernteten Felder der Hirsebauern treiben. Doch heute lassen die Bauern kein Land brach liegen. Im Gegenteil: Sie haben ihre Felder nach Norden ausgedehnt – in unsere angestammten Gebiete!"

M4 *Ein Hirte aus dem Tschad berichtet*

❶ Benenne die Staaten (1–12), die Anteil an der Sahelzone haben. (M1)

❷ Erläutere anhand von M3 den Begriff „Niederschlagsvariabilität".

„Früher habe ich Hirse ausgesät und auf den Regen gewartet. Aber heute reicht das nicht mehr aus, um meine Familie zu ernähren. Deshalb habe ich die Flächen für den Anbau von Hirse ausgeweitet. Und zusätzlich baue ich heute Baumwolle und Erdnüsse an. Händler kaufen sie auf. Nur so kann ich meine Familie ernähren."

M5 *Ein Hirsebauer aus dem Niger berichtet*

❸ a) Erläutere die Veränderungen, die sich in der Sahelzone seit den 1960er-/1970er-Jahren vollzogen haben. (M3 – M5, Text)
b) Bewerte den Einfluss des zunehmenden Baus von Tiefbrunnen auf die dargelegten Entwicklun-gen.

❹ Zwischen Nomaden und Ackerbauern kommt es immer häufiger zu Konflikten. Erkläre. (M4, M5)

Desertifikation

M1 *Anbau jenseits der agronomischen Trockengrenze bei El Fasher (Sudan)*

Durch das hohe Bevölkerungswachstum in der Sahelzone (M2) kommt es zu einer Übernutzung der natürlichen Ressourcen mit gravierenden Folgen. Im Bereich der Viehwirtschaft ermöglichen die vielen Tiefbrunnen eine Vergrößerung der Herden. Das führt neben einer Absenkung des Grundwasserspiegels besonders in trockeneren Jahren zu einer Überweidung, also zu einer Zerstörung der Grasnarbe. In der Folge ist der Boden Wind und Wasser ungeschützt ausgeliefert und der fruchtbare Oberboden kann ausgeweht oder weggeschwemmt werden. Dieselbe Folge hat die Ausdehnung des Ackerbaus nach Norden (M1). Dem Boden fehlt jetzt die schützende Grasdecke, sodass es auch hier zur Bodenerosion kommt. Die höhere Bevölkerungszahl führt zudem zu einem größeren Bedarf an Brennholz – einem Rohstoff, der ohnehin in den Wüstenrandgebieten Mangelware ist (M4). Also werden zu viele kleinere Bäume und Büsche abgeschlagen, die anschließend als Schutz gegen Wind und Wasser fehlen.

Insgesamt führt diese nicht nachhaltige, zu intensive Nutzung des labilen Ökosystems zur Desertifikation. Die Lebensgrundlage für die dort lebenden Menschen wird also immer weiter eingeschränkt. Die Desertifikation ist nicht beschränkt auf die Sahelzone, sondern sie ist eines der größten globalen Umweltprobleme des 21. Jahrhunderts (M3). Inwieweit die Desertifikation im Sahel durch den Klimawandel zusätzlich verstärkt wird, ist noch offen.

INFO

Desertifikation

Der Begriff „Desertifikation" kommt aus dem Lateinischen: desertus facere = wüst machen. Er bezeichnet eine Schädigung der natürlichen Ressourcen (Boden, Wasser, Vegetation) in Wüstenrandgebieten, die durch eine nicht angepasste, zu intensive Nutzung verursacht wird.

100800-151, 257
www.diercke.de

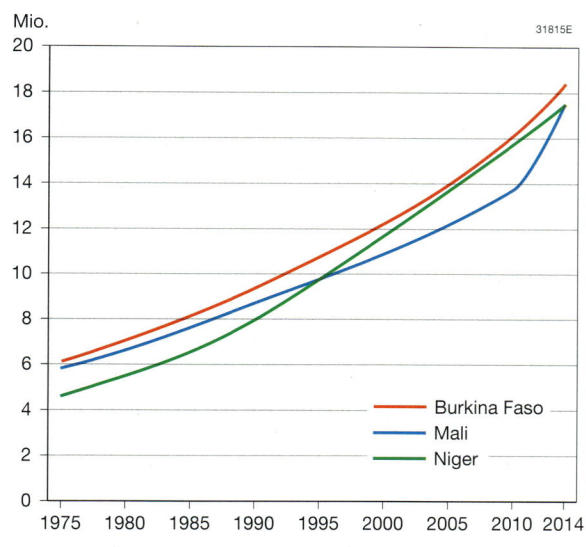

M2 *Bevölkerungsentwicklung in ausgewählten Ländern der Sahelzone*

M4 *Bauern im Sahel (Senegal)*

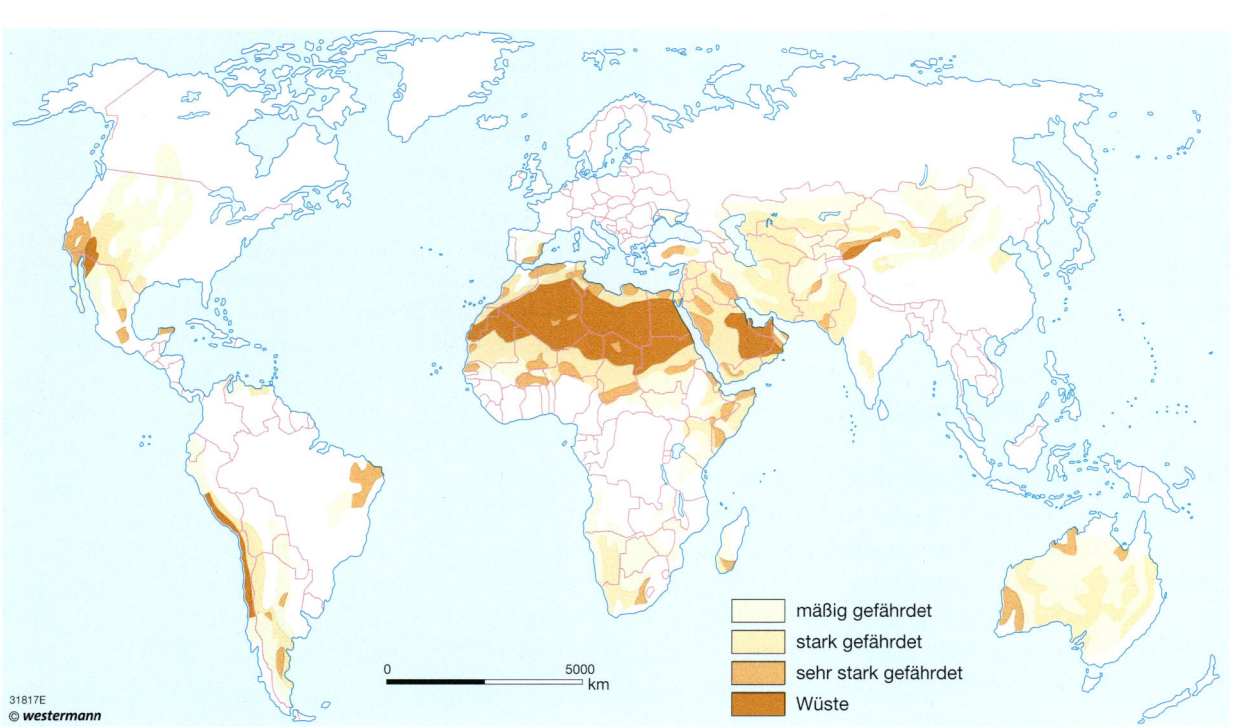

mäßig gefährdet
stark gefährdet
sehr stark gefährdet
Wüste

M3 *Gefährdung durch Desertifikation*

① Nenne Ursachen der Desertifikation. (Text, Infokasten)

② Erkläre die zunehmende Bodenerosion in übernutzten Gebieten. (Text)

③ a) Nenne zwei von der Desertifikation betroffene Gebiete, die außerhalb der Sahelzone liegen. (M3, Atlas)

b) Vergleiche die klimatischen Bedingungen in diesen Regionen mit denen in der Sahelzone. (Atlas)

④ Erkläre, warum es in Deutschland keine Desertifikation gibt.

Methode: Ein Wirkungsgefüge erstellen

Auf den vorherigen Seiten hast du viel erfahren über die Ursachen und Folgen der Desertifikation. Um den Sachverhalt mit seinen vielen Beziehungen anschaulich darstellen zu können, eignet sich ein Wirkungsgefüge. In einem Wirkungsgefüge sind Ursache und Folge mit einem Pfeil verbunden, der bedeutet „daraus folgt", „hat zur Folge" oder „führt zu". Da nicht jede Ursache nur eine Folge hat, ergibt sich keine einfache Kausalkette, sondern ein Gefüge mit Verzweigungen, manchmal auch mit sogenannten Rückkopplungen, d.h., dass eine Folge die eigene Ursache sogar verstärkt. So ist zum Beispiel die Vergrößerung der Viehherden gleichzeitig eine Folge und eine Ursache des Bevölkerungswachstums: Mehr Menschen halten mehr Vieh, mehr Vieh lässt mehr Menschen überleben.

Vernetztes Denken

Zum Verständnis komplexer Sachverhalte ist es wichtig, die Zusammenhänge zwischen einzelnen Begriffen oder Aussagen sachgerecht zu ordnen und zu strukturieren. Begriffe können in verschiedenen Beziehungen zueinander stehen:

- assoziativ: ungeordnete Sammlung von Begriffen, die zum Thema gehören
  Beispiel: Tiefbrunnen, Nomadismus, Überweidung …
- hierarchisch: Oberbegriffe und Unterbegriffe
  Beispiel: landwirtschaftliche Nutzung (Oberbegriff), Viehwirtschaft, Ackerbau (Unterbegriffe)
- kausal: Ursache-Folge-Beziehung
  Beispiel: Die Überweidung führt zur Zerstörung der Grasnarbe, diese führt zur Winderosion. Daraus ergibt sich die Kausalkette: Überweidung → Zerstörung der Grasnarbe → Erosion durch Wind.

Die verschiedenen Arten des vernetzten Denkens sind für viele geographische Themen wichtig.

So erstellst du ein Wirkungsgefüge

1. Schritt
Notiere wichtige Begriffe/Aussagen auf jeweils einem Zettel.

2. Schritt
Ordne die Zettel nach Teilthemen (Beispiel: M1). Das ist besonders bei komplexen Themen sinnvoll, um nicht vor lauter Zetteln den Überblick zu verlieren.

3. Schritt
Überlege zunächst, welche Aussagen primär Ursache sind, und welche eher als Folge eingeordnet werden müssen. Ordne dann die Begriffe so an, dass die kausalen Beziehungen deutlich werden (Beispiel: M2).

4. Schritt
Fixiere die Zettel auf einem großen Blatt Papier oder schreibe sie entsprechend ihrer Anordnung ab. Verbinde nun die Einzelbegriffe entsprechend ihrer kausalen Beziehung mit Pfeilen.

5. Schritt
Verfahre entsprechend mit den anderen Teilthemen.

6. Schritt
Überprüfe, ob sich Überschneidungen zwischen den einzelnen Teilthemen ergeben, z. B. eine gemeinsame Folge oder eine gemeinsame Ursache. Füge entsprechend alles zu einem großen Wirkungsgefüge zusammen.

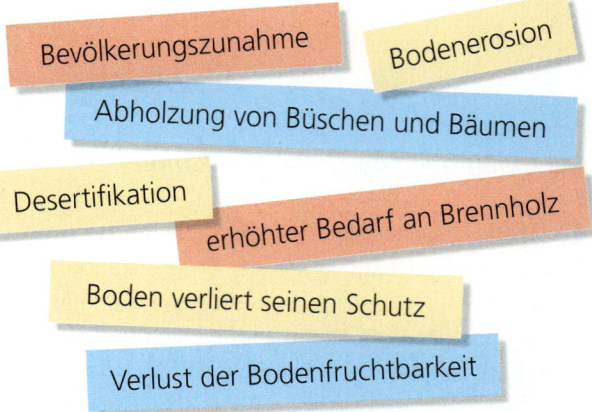

M1 *Begriffssammlung zum Teilthema „Brennholz"*

METHODE

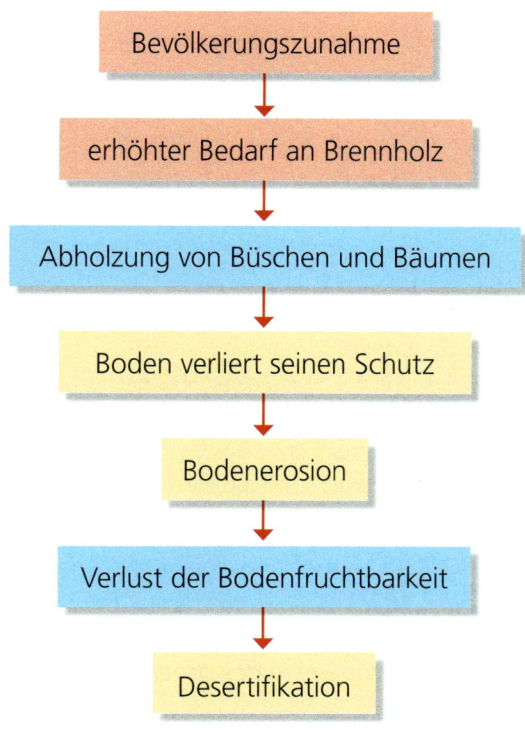

M2 *Kausalkette zum Teilthema „Brennholz"*

❶ Entscheide, durch welche Art der Vernetzung die folgenden Begriffe zusammenhängen: Savanne, Dornstrauchsavanne, Vegetationszone.

❷ Die folgenden Zettel zum Teilthema „Tiefbrunnen" sind durcheinandergeraten. Ordne sie zu einer Kausalkette.

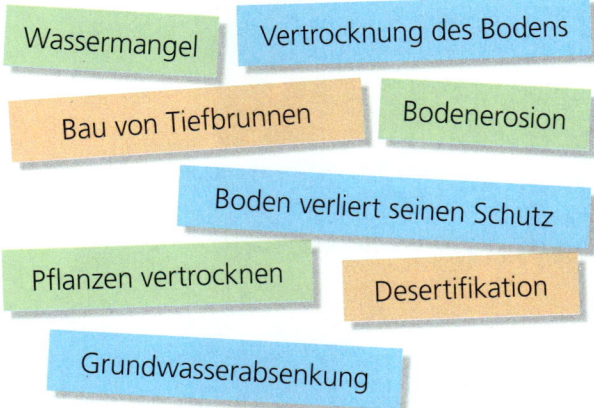

❸ Vervollständige das Wirkungsgefüge zur Desertifikation (M3). Ihr könnt dabei auch arbeitsteilig in Gruppen arbeiten.

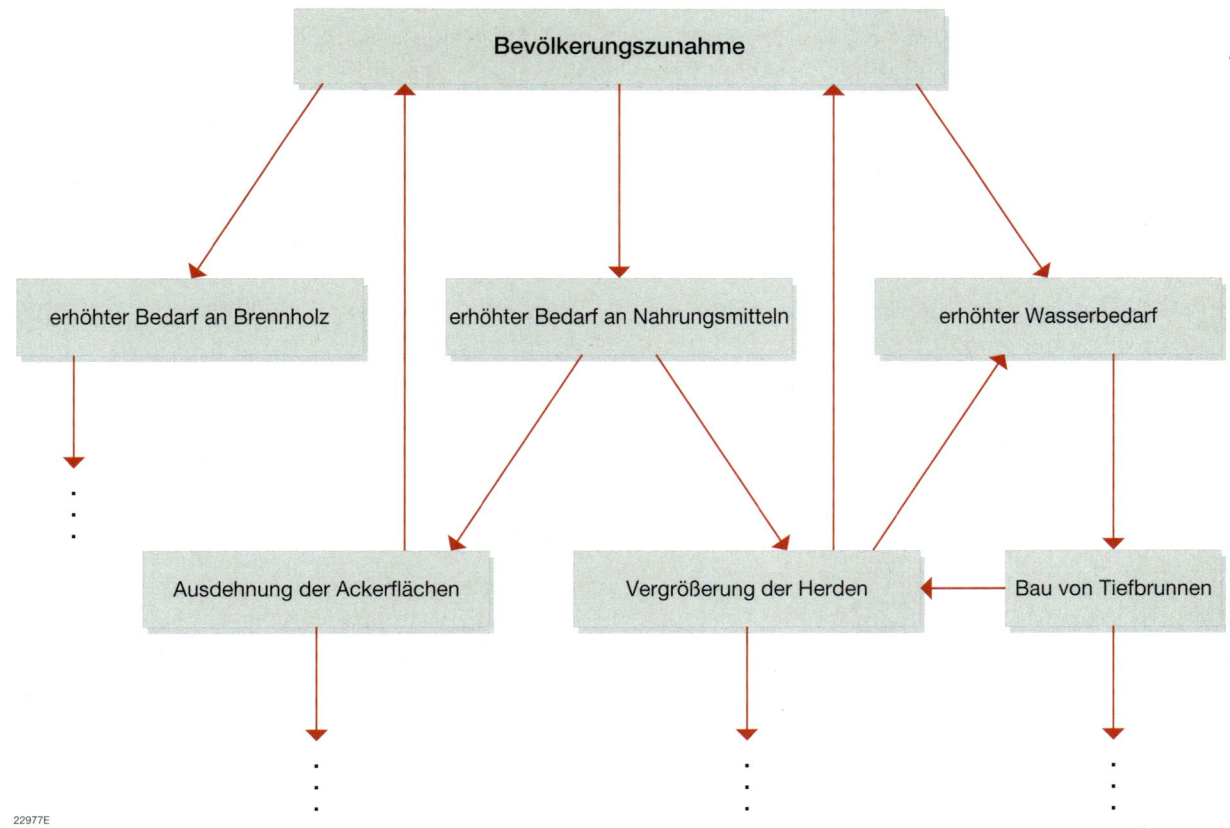

22977E

M3 *Teil eines möglichen Wirkungsgefüges zum Thema „Desertifikation in der Sahelzone"*

Bäume sind ein lebendes Symbol für Frieden und Hoffnung. Ein Baum schlägt Wurzeln im Boden und wächst doch dem Himmel entgegen. Er lehrt uns, dass wir, um emporzustreben, im Boden verhaftet sein müssen. Gleichgültig, in welche Höhen wir aufsteigen, unsere Kraft beziehen wir aus unseren Wurzeln.

Quelle: Maathai, W. (2011): Afrika, mein Leben. Köln, S. 355

- Liebe zur Umwelt
- Dankbarkeit und Achtung gegenüber den Ressourcen der Erde
- Selbstverantwortung und Selbstvertrauen
- der Geist des Dienens und des ehrenamtlichen Engagements

Quelle: Maathai, W. (2012): Die Wunden der Schöpfung heilen. Wie wir zu uns selbst finden, wenn wir unsere Erde erneuern. Freiburg i. B., S. 9 ff.

M2 *Die vier Grundwerte des Green Belt Movement*

M1 *Wangari Maathai*

Desertifikation bekämpfen – die Vision der Wangari Maathai

Wangari Maathai (1940–2011) hatte viele Namen, unter anderem „Mama Miti", die Mutter der Bäume (M1), und „die Unbeugsame", in Anlehnung an den englischen Titel ihrer Biographie „Unbowed". Unbeugsam war sie, weil sie sich mit ihren persönlichen Erfahrungen und ihrem wissenschaftlichen Werdegang – sie war unter anderem Professorin in Kenia – unbeirrt für ihre Vision einsetzte, den Raubbau an der Erde wieder zu heilen und gleichzeitig Frauen zu fördern, die in ihrer sozialen Rolle benachteiligt waren. Dadurch entsprach sie nicht den traditionellen Vorstellungen einer kenianischen Frau, was ihr neben Bewunderung auch viel Widerstand entgegenbrachte. Für ihr Lebenswerk, ihren Einsatz für nachhaltige Entwicklung, Demokratie und Frieden, wurde sie 2004 in Oslo mit dem Friedensnobelpreis ausgezeichnet.

Wangari Maathai kam in einem kleinen Dorf (Ihithe) im zentralen Hochland Kenias zur Welt. Ihre Kindheitserfahrungen haben ihre Natur- und Traditionsverbundenheit nachhaltig geprägt. Sie studierte in den 1960er-Jahren Biologie in den USA und lebte für die Studien ihrer Doktorarbeit zeitweilig in Deutschland. Ihre heutige, weltweite Berühmtheit begann damit, dass sie in den 1970er-

Jahren erkannte, dass die zunehmende Desertifikation in Kenia aktiv bekämpft werden muss. Aus den ersten Baumpflanzaktionen mit einheimischen Baumarten entwickelte sich schließlich das Green Belt Movement (GBM), eine **Nichtregierungsorganisation**, die an Umweltschutz und Entwicklung ausgerichtet ist und Wiederaufforstung betreibt (M2). Aktiv waren und sind vor allem Frauen, die als „Förster ohne Diplom" – und zumeist mit nur wenig Schulbildung – vom GBM hierfür ausgebildet wurden und werden.

Mittlerweile hat sich das GBM auch in andere afrikanische Länder ausgebreitet. Im Zuge der Kampagne wurden seit 1977 über 75 Millionen Bäume in verschiedenen Staaten Afrikas gepflanzt (Stand 2013). Wangari Maathais Vision hat auch nach Deutschland hin gewirkt: 2007 gründete der damals neunjährige Schüler Felix Finkbeiner, beeindruckt von Wangari Maathai und den Erfolgen des GBM, die Schülerinitiative „Plant-for-the-Planet", um den Klimawandel mit Baumpflanzaktionen zu bekämpfen. So wurde aus einer Bewegung zur Bekämpfung der Desertifikation in Kenia Wangari Maathais Vision von einer weltweiten nachhaltigen Entwicklung (M4).

Ⓐ „Das Green Belt Movement hat sich die Umweltgerechtigkeit und die Überzeugung auf die Fahnen geschrieben, dass alle Menschen ein Recht auf eine saubere und gesunde Umwelt haben."

Ⓑ „Das Green Belt Movement und die kenianische Armee haben beispielsweise Seminare zur politischen Bildung und Umweltbildung abgehalten, die zu außergewöhnlichen Aktionen geführt haben. [...] Die Soldaten pflanzten Bäume bei ihren Kasernen und in staatlichen Wäldern. Sie begriffen rasch, dass die sich zu ihren Füßen ausdehnende Wüste genauso gefährlich ist wie ein Fremder, der mit gezogener Waffe einen Anspruch auf kenianisches Land erhebt."

Ⓒ „Wenn in Kenia Millionen von Tragekörben – die in der Sprache der Kikuyu Kiondo heißen – von Frauen aus nachhaltig angebauten Sisalpflanzen geflochten und zu einem fairen Preis in die Industrieländer exportiert würden, um die dünnen Plastiktüten zu ersetzen, dann würde die Industrie einen erheblichen Beitrag zum Schutz der Ressourcen der Erde leisten und gleichzeitig den Broterwerb auf dem Land und den fairen Handel stützen."

Ⓓ „Bald zeigten sich die Frauen gegenseitig, wie man Samen am besten in den Boden setzt, und innerhalb kurzer Zeit entstanden überall auf Farmen und öffentlichem Land Baumschulen. [...] Außerdem gaben wir den Frauen einen Anreiz: ‚Jedes Mal, wenn ihr einen Setzling aus eurer eigenen Zucht pflanzt, bezahlt die Bewegung euch dafür', sagte ich. Die Summe war zwar klein – damals der Gegenwert von vier amerikanischen Cent pro Baum –, aber doch eine Motivation. Schließlich waren sie alle recht arm, obwohl sie den ganzen Tag arbeiteten [...]."

Ⓔ „Wenn meine Mutter mich zum Holzsammeln schickte, fügte sie immer warnend hinzu: ‚Aber nimm kein trockenes Holz unter dem Feigenbaum weg, auch nicht in der Nähe.' – ‚Warum nicht?' fragte ich. ‚Weil er ein Baum Gottes ist', erklärte sie dann. [...] Später erfuhr ich, dass zwischen dem Wurzelsystem des Feigenbaums und dem unterirdischen Wasserspeicher eine Verbindung besteht: Die Wurzeln wachsen tief in die Erde hinein, brechen das Gestein unter der Erdkrume auf und dringen bis ins Grundwasser vor. [...] Außerdem halten die Wurzeln das Erdreich zusammen und verhindern Erosion und Erdrutsche."

M3 *Zitate aus Schriften von Wangari Maathai*
(Quellen: siehe M1 und M2)

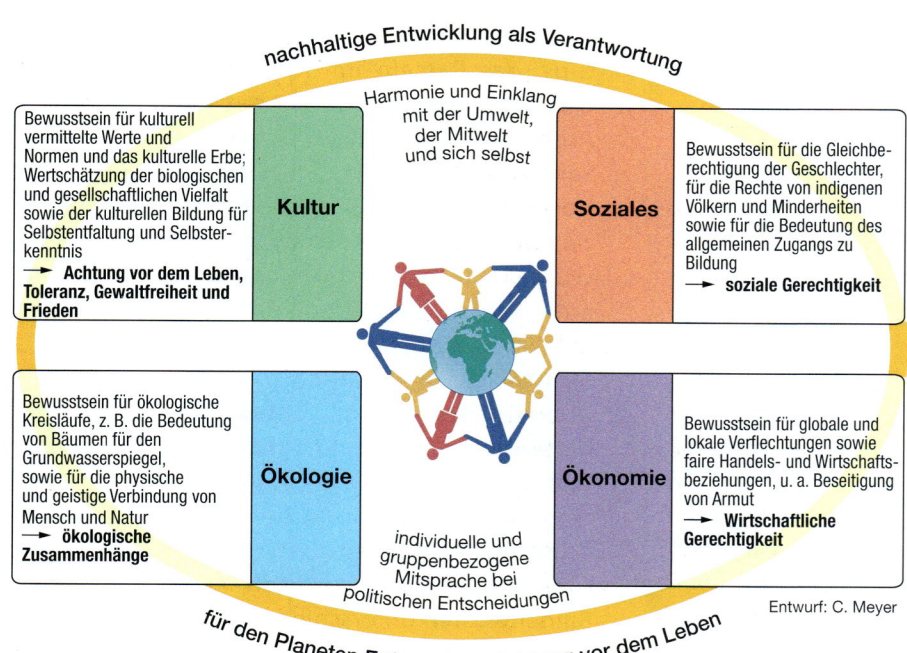

M4 *Wangari Maathais Vision einer nachhaltigen Entwicklung*

❶ Erläutere die Bedeutung von Bäumen zur Bekämpfung der Desertifikation.

❷ Ordne die Aussagen Wangari Maathais (M3) begründet dem Schaubild zu ihrer Vision einer nachhaltigen Entwicklung (M4) zu.

❸ **Aktiv** Recherchiere im Internet nach den Aktionen und Zielen der Schülerinitiative „Plant-for-the-Planet" und ordne diese den Aspekten im Schaubild (M4) zu.

Trockene Tropen und Subtropen

Gebirge mit Wadi **Stein- und Felswüste (Hamada)** **Kieswüste (Serir)** **Sandwüste (Erg)**

70 % aller Wüsten 10 % aller Wüsten 20 % aller Wüsten

M1 *Wüstentypen nach ihrem Erscheinungsbild*

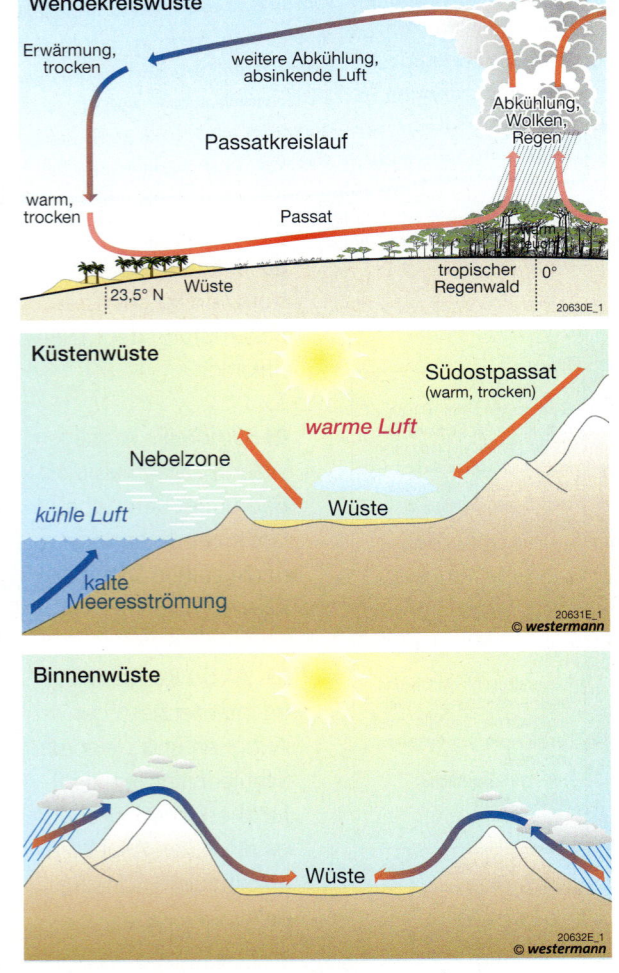

M2 *Wüstentypen nach ihrer Entstehung*

Wüsten

„Der Westwind weht, der den Menschen in neunzehn Stunden ausdörrt. [...] Ich fühle keinen Hunger, nur Durst. Dabei hatte ich so gut wie nichts zu essen gehabt, am ersten Tag einige Trauben, seitdem eine halbe Apfelsine und etwas Kuchen. Für mehr Nahrung hatten wir keinen Speichel gehabt. Der Durst aber ist allmächtig, eher noch die Folge des Durstes: die harte Kehle, die Zunge aus Gips, das Rasseln im Schlund und ein ekliger Geschmack im Mund." So hat der Schriftsteller Antoine de Saint-Exupéry in seinem Buch „Wind, Sand und Sterne" (im Original „Terre des Hommes") von 1939 die Zeit nach seinem Flugzeugabsturz 1935 in der Wüste beschrieben.

Wüsten sind vegetationslose bzw. vegetationsarme Räume. Die Gründe dafür sind Wassermangel (Trockenwüsten) oder große Kälte (Kältewüsten). Wüsten werden nach ihrem Erscheinungsbild in **Stein- un**d **Felswüsten** (Hamada), **Kieswüsten** (Serir) und **Sandwüsten** (Erg) unterteilt (M1).

Eine weitere Einteilung der Wüsten beruht auf den Ursachen ihrer Entstehung. Dabei wird zwischen **Wendekreiswüsten**, **Küstenwüsten** und **Binnenwüsten** unterschieden (M2).

100800-260
www.diercke.de

INFO

Wadi

Das Wadi ist ein Trockental in den Wüstengebieten, das nur sehr selten nach starken Regenfällen Wasser führt. Die Wassermengen sind dann jedoch häufig sehr groß. Das Regenwasser kann aus Gebirgen stammen, die sich im weit entfernten Ursprungsgebiet des Wadis befinden. Weil das Wasser sehr schnell und plötzlich kommt, ist der Aufenthalt in einem Wadi gefährlich.

INFO

Temperaturverwitterung

Wenn Gesteine tagsüber durch intensive Sonneneinstrahlung stark erwärmt werden und nachts stark abkühlen, kommt es durch die großen Temperaturunterschiede zu Spannungen. Diese führen dazu, dass das Gesteinsgefüge gelockert wird und das Gestein zerspringt.

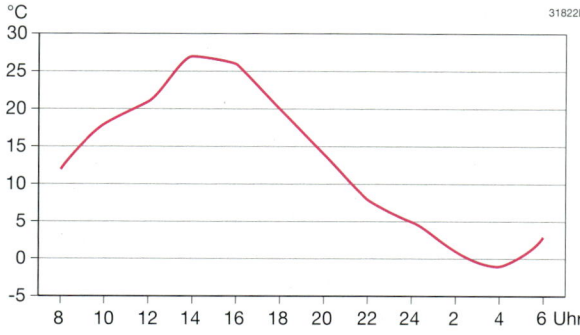

M3 *Temperaturen im Tagesverlauf von Tamanrasset/Algerien (Beispieltag im Februar, gemessen in 2 m Höhe im Schatten)*

- Die tellergroßen Füße verhindern ein Einsinken im weichen Sand.

- Dicke Hornschwielen schützen die Füße vor dem heißen Sand.

- Beim Einatmen wird die Luft in den Nasengängen um 10 °C abgekühlt. Beim Ausatmen kondensiert die Atemluft an den Nasenwänden. Etwa ein Drittel ihrer Feuchtigkeit bleibt so im Körper.

- Das Dromedar kann Körperwasser bilden, ohne zu trinken: Durch die Verbrennung von 100 g Fett aus dem Höcker erhält der Körper des Tieres 107 g Wasser.

M4 *Das Dromedar, ein Überlebenskünstler in der Wüste*

❶ a) Nenne Merkmale, die eine Wüste kennzeichnen. (Text, M1, Infokästen, M3)
b) Welche dieser Merkmale sind als lebensfeindlich anzusehen? Begründe.

❷ Vor allem Wind, Wasser und Temperatur sind für das Erscheinungsbild verschiedener Wüstentypen verantwortlich. Erkläre. (M1, Infokästen)

❸ a) Gib zu den Wüstentypen „Wendekreiswüste", „Küstenwüste" und „Binnenwüste" jeweils zwei Beispiele an. (M2, Atlas)

b) Bildet Gruppen von jeweils drei Schülern. Jedes Gruppenmitglied erklärt den beiden anderen einen Wüstentyp. (M2)

↗ **Starthilfe**

❹ a) Stelle die Anpassungen des Dromedars an die Lebensbedingungen in der Wüste dar. (M4)
b) **Aktiv** Recherchiere, wie sich andere Tier- und Pflanzenarten an die Lebensbedingungen in der Wüste angepasst haben. (Internet)

❺ In der Wüste ertrinken mehr Menschen als verdursten. Erkläre.

M1 *Die Oase Tinerhir in Marokko (ca. 45 000 Einwohner)*

Oasen

Als „grüne Inseln" in der Wüste sind die **Oasen** bekannt. Hier können Menschen dauerhaft leben, da es Wasser gibt.

Das Wasser stammt in der Regel aus Niederschlägen, die in entfernten, höher gelegenen und niederschlagsreichen Gebieten gefallen sind. Diese Niederschläge versickern, bis sie auf eine wasserundurchlässige Schicht treffen. Als Grundwasser gelangen sie dann unterirdisch bis weit in die Wüste hinein (M3). In besonderen Fällen, wie dem Nil, kann das Wasser auch als **Fremdlingsfluss** durch die Wüste fließen und so Millionen von Menschen versorgen. Moderne Technik erlaubt es heute zudem, große Wasservorräte aus bis zu 4000 Metern Tiefe zu fördern. Dieses **fossile Wasser** stammt aus einer Zeit, als es in der Sahara mehr Niederschläge gab. Da es sich nicht erneuert, wird es irgendwann verbraucht sein. Eine besondere Form der Wassergewinnung sind die Qanate (in Nordafrika: Foggara) (M4), deren Verbreitung jedoch rückläufig ist.

Oasen können in der Größe und im Charakter erheblich variieren: vom kleinen, von Dattelpalmen umgebenen Teich bis hin zu ganzen Städten mit Industrie- und Landwirtschaftsbetrieben wie in M1. Weil die Bewässerungsflächen kostbar sind, stehen die traditionellen Bauten sehr dicht aneinander. Als Schutz vor der Sonne besitzen die Häuser nur wenige Fenster.

Die traditionelle Oasenwirtschaft kombiniert verschiedene Anbaukulturen im Stockwerkbau (M2). Kennzeichen der Oasen sind die Dattelpalmen. Sie sind vielseitig verwendbar und spenden Schatten. So trocknet der Boden nicht so stark aus.

Für Reisende und Nomaden sind die Oasen seit Tausenden von Jahren bedeutende Rast- und Handelsplätze. Mittlerweile werden sie auch touristisch genutzt (M6).

Dattelpalmen als Schattenspender, werden über 100 Jahre alt, vertragen leichten Frost und salzhaltiges Wasser

Obstbäume: Pfirsich, Orange, Zitrone, Apfel, Mandel, Feige

Getreide, Futterpflanzen

Gemüse, Salat

1948E_10

M2 *Stockwerkbau in der Oase*

100800-150, 154, 158, 181
www.diercke.de

Grundwasseroase

Ziehbrunnen

wasserführende Schicht

Das Grundwasser dient als Wasserlieferant.

7618E_15 © **westermann**

Artesische Brunnenoase

wasserführende Schicht

wasserundurchlässige Schicht

Aufgrund des natürlichen Druckes gelangt das Wasser an die Oberfläche oder kann leicht heraufgepumpt werden.

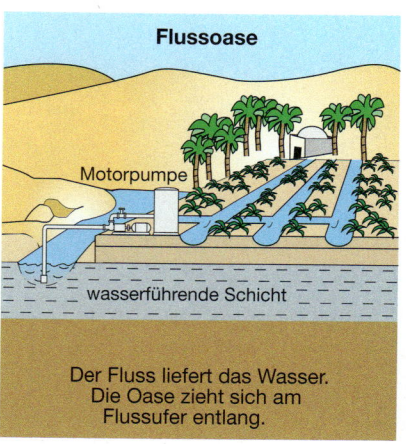

Flussoase

Motorpumpe

wasserführende Schicht

Der Fluss liefert das Wasser. Die Oase zieht sich am Flussufer entlang.

M3 *Oasentypen*

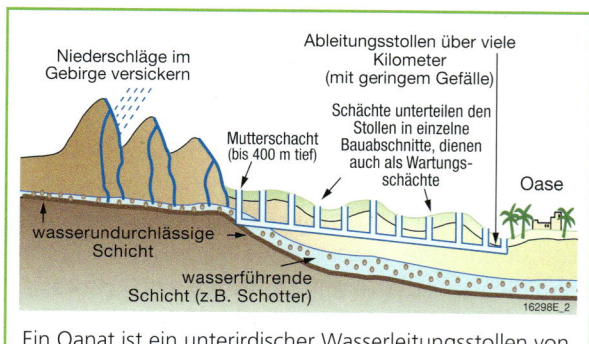

Niederschläge im Gebirge versickern

Ableitungsstollen über viele Kilometer (mit geringem Gefälle)

Mutterschacht (bis 400 m tief)

Schächte unterteilen den Stollen in einzelne Bauabschnitte, dienen auch als Wartungsschächte

Oase

wasserundurchlässige Schicht

wasserführende Schicht (z.B. Schotter)

16298E_2

Ein Qanat ist ein unterirdischer Wasserleitungsstollen von mehreren Kilometern Länge, der Grundwasser vom Fuß eines Berges zu einer Oase leitet. Am Berg liegt der Grundwasserspiegel deutlich höher als in der Oase, Daher wird dort das Wasser abgefangen, bevor es in größere Tiefen sickert.

M4 *Qanatbewässerung*

M6 *Hotel in der Oase Tamerza (Tunesien)*

Günstige Nahrungsmittel werden per Lkw in die Oasen gebracht, sodass sich ein Anbau vor Ort kaum noch lohnt.

Traditionelle Wirtschaftsweisen wie Selbstversorgung, Tauschhandel und Karawanenhandel haben kaum noch Zukunft.

Die Wasserversorgung wird immer schwieriger und ist oft nur mit teuren Brunnenbohrungen zu gewährleisten.

Autos und Handys sind gerade bei der jungen Bevölkerung stärker gefragt als Kamele, Schafe oder Ziegen.

M5 *Lebensweisen ändern sich*

❶ Beschreibe die Oase in M1.

❷ Erkläre den Stockwerkbau in der Oase. (M2)

❸ Vergleiche die unterschiedlichen Formen der Wasserversorgung in den Oasen. (M3, M4, Text)
↗ **Starthilfe**

❹ a) Nenne Unterschiede zwischen der traditionellen und der heutigen Nutzung der Oasen. (M5, M6, Text)
b) Nimm Stellung zu der Aussage: „Die Zukunft der Oasen ist gefährdet."

M1 *Der Murray bei Mannum*

Bewässerung in den Subtropen –
Fallbeispiel: Das Murray-Darling-Becken in Australien

Das Murray-Darling-Becken ist das größte Fluss-system Australiens mit einem Einzugsgebiet von knapp über einer Million Quadratkilometern (zum Vergleich: Rhein 185 000 km²). Es gliedert sich in das nördliche Flusssystem des Darling und das südliche des Murray. Viele der Flussläufe mäandrieren, die Fließgeschwindigkeiten sind ge-ring und es gibt weite, flache Auenlandschaften. Etwa 94 % der Niederschläge in der Region ver-dunsten, bevor sie in einen Bach oder Fluss gelan-gen. Das Murray-Darling-System führt für seine Größe deshalb sehr wenig Oberflächenwasser ab. Die durchschnittliche Abflussmenge beträgt 400 m³/sec, der Rhein bei Köln führt durchschnitt-lich 2090 m³/sec.

Landwirtschaftliche Bewässerungswirtschaft

Die landwirtschaftliche Produktion im Murray-Darling-Becken sichert rund ein Drittel der Nah-rungsversorgung Australiens, zudem gehen viele Produkte in den Export. Etwa 50 % der bewässer-ten Flächen Australiens befinden sich in diesem Becken.

Als Bewässerungsmethoden werden unter ande-rem Flutungen der Weideflächen, Beregnungen bei Futter- und Gemüsebau oder Furchenbewässe-rung bei Wein, Baumwolle und Obst angewendet. Die Verantwortung für die Bewirtschaftung der Wasserressourcen des Beckens liegt bei der Mur-ray-Darling Basin Authority. Diese Behörde soll eine Balance zwischen Umwelt, Wirtschaft und den jeweiligen Nutzern finden.

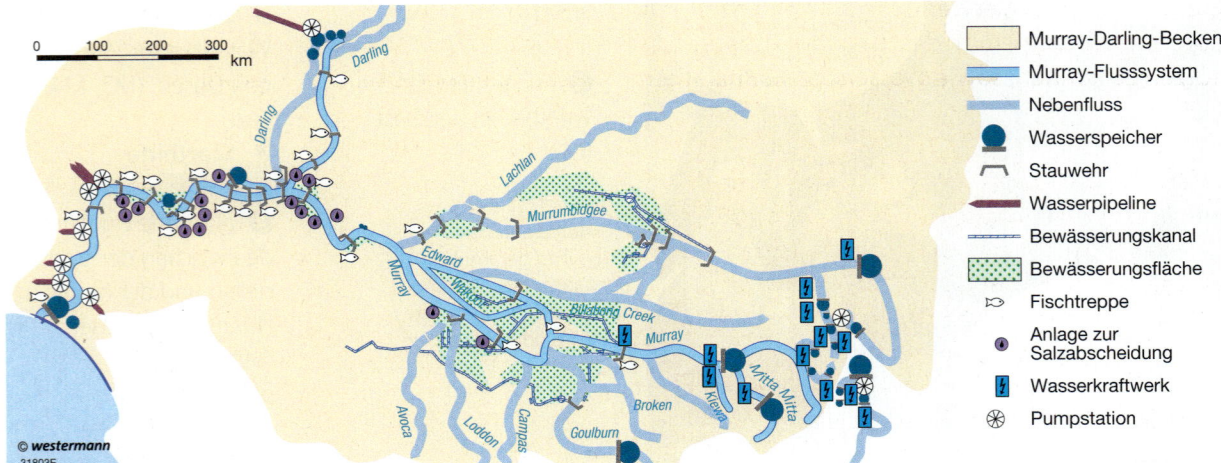

M2 *Das Murray-Flusssystem*

100800-141, 200, 202
www.diercke.de

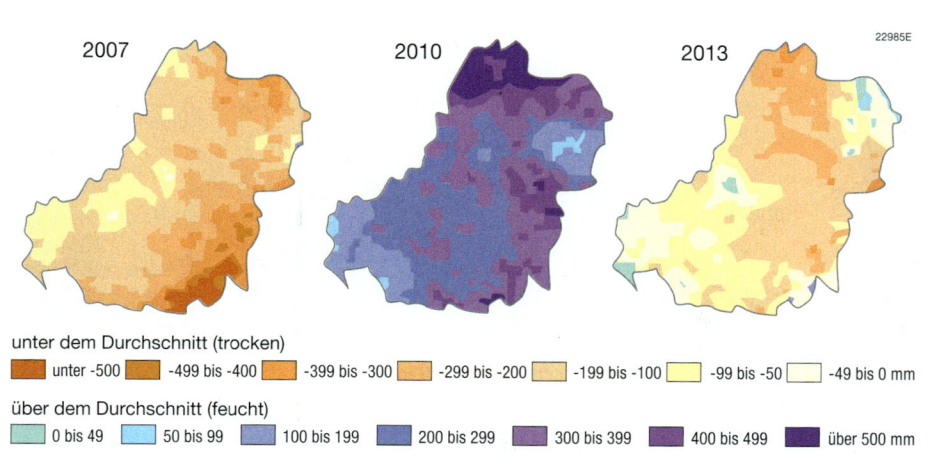

2007   2010   2013

22985E

unter dem Durchschnitt (trocken)

| unter -500 | -499 bis -400 | -399 bis -300 | -299 bis -200 | -199 bis -100 | -99 bis -50 | -49 bis 0 mm |

über dem Durchschnitt (feucht)

| 0 bis 49 | 50 bis 99 | 100 bis 199 | 200 bis 299 | 300 bis 399 | 400 bis 499 | über 500 mm |

M3 *Abweichungen der Niederschläge im Murray-Darling-Becken vom langjährigen Jahresmittelwert*

M6 *Lage des Murray-Darling-Beckens*

Dies bedeutet unter anderem, dass es genügend Trinkwasser gibt, Flüsse, Wasserlöcher und Auen verbunden sind, ausreichend Wasser fließt (damit Mineralstoffe und Salze durch den Fluss abtranspotiert werden) und ein nachhaltiges Wachstum in der Landwirtschaft gesichert ist.

Um diese Aufgaben erfüllen zu können, wird viel in moderne Technik investiert. So gibt es z. B. Anlagen zur Salzabscheidung, um den teils hohen, für Pflanzen und Tiere schädlichen Salzgehalt im Fluss zu verringern. Bei der Zuleitung des Bewässerungswassers kann eine Menge durch Versickern oder Verdunsten verlorengehen. Bei veralteten, offenen Systemen sind das bis zu 85 % des Wassers, bei modernen, komplett geschlossenen Rohrsystemen nur etwa 5 %. Wichtig sind aber auch wassersparende Bewässerungssysteme wie die Tröpfchenbewässerung, verbesserte Wasserspeichersysteme, Verwendung von Pflanzen mit tieferen Wurzeln, um das Grundwasser besser nutzen zu können, sowie Wassersparmaßnahmen.

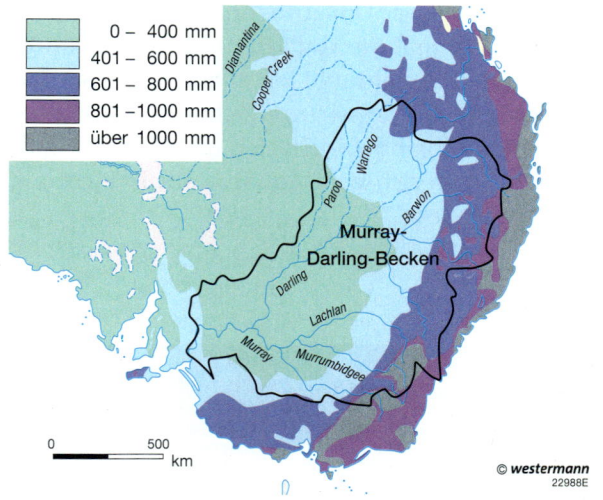

	0 – 400 mm
	401 – 600 mm
	601 – 800 mm
	801 –1000 mm
	über 1000 mm

© westermann
22988E

M5 *Jahresniederschläge im Murray-Darling-Becken*

Während „The Big Dry", einer extrem langen Dürreperiode im Murray-Darling-Becken von 1997 bis 2009, verloren die Farmer Zehntausende von Tieren. Seit 2010 hat es nun drei Sommer lang umso mehr geregnet – auch das mit negativen Folgen: Durch Überschwemmungen wurden Häuser, Ställe und Strommasten beschädigt, die Ernte teils zerstört. Aber der Regen macht die Kornkammer Australiens auch wieder fruchtbar.

M4 *Zwischen Dürre und Überschwemmung*

❶ Beschreibe das Schrägluftbild in M1. Hebe inbesondere Landschaftsmerkmale hervor, die mit Bewässerung in Zusammenhang stehen.

❷ Erläutere die Funktion der Baumaßnahmen zur Wasserversorgung im Murray-Flusssystem. (M2)

❸ Nenne die im Murray-Darling-Becken angebauten landwirtschaftlichen Produkte. (Atlas)

❹ Beschreibe Probleme bei der Wasserversorgung im Murray-Darling-Becken. (M2–M5, Text)

❺ Beurteile die Eingriffe des Menschen in die Landschaft des Murray-Darling-Beckens. (M1–M5, Text)

Polare und subpolare Zone

M1 *Tagesverlauf der Sonne Ende Juni nördlich des nördlichen Polarkreises*

Extreme Lebensbedingungen in den Polargebieten

Die Erde dreht sich einmal täglich um ihre eigene Achse, die Erdachse. Diese ist aber nicht senkrecht, sondern um 23,5° geneigt. Je nach Position der Erde auf ihrer Umlaufbahn um die Sonne erhält deshalb mal die südliche und mal die nördliche Erdhälfte mehr und vor allem länger am Tag Sonnenlicht. Diese jahreszeitlichen Unterschiede in der Bestrahlung wirken sich umso stärker aus, je weiter man sich vom Äquator aus in Richtung der Pole bewegt.

Für die polare und subpolare Zone bedeutet dies große Unterschiede in der Tageslänge. Ab dem Polarkreis bei 66,5° Breite gibt es den **Polartag** und die **Polarnacht**. Beim Polartag bleibt die Sonne für mindestens 24 Stunden sichtbar und geht nicht unter (M1). Als Polarnacht bezeichnet man alle Tage, an denen die Sonne 24 Stunden lang nicht am Horizont aufgeht. Mit zunehmender geographischer Breite werden Polartag bzw. Polarnacht länger. Am geographischen Nordpol und Südpol dauern sie jeweils ein halbes Jahr.

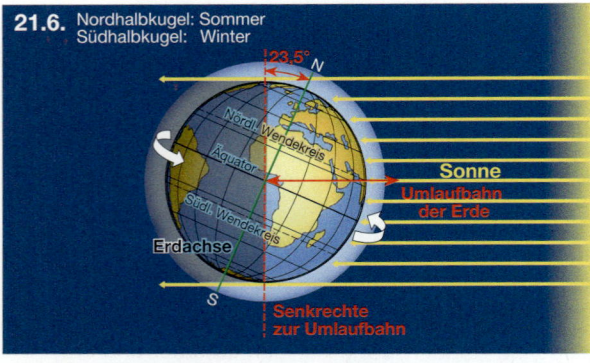

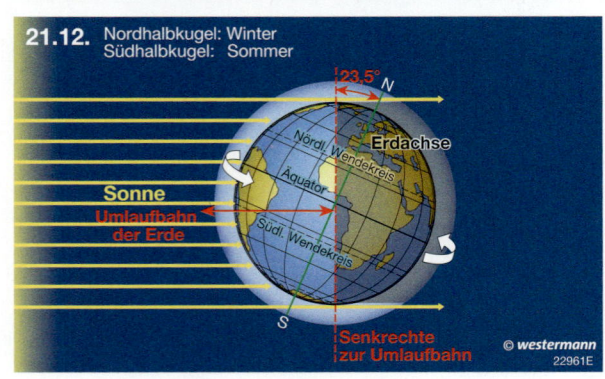

M2 *Entstehung von Polartag und Polarnacht*

„Ich hätte nie gedacht, dass es in Spitzbergen so warm sein kann. Während unserer Expedition von Ende Juli bis Anfang September haben wir sogar oft im T-Shirt gearbeitet. Besonders faszinierte mich, dass es immer hell war und die meiste Zeit die Sonne schien. Andere Forscher, die über ein Jahr auf Spitzbergen verbrachten, erzählten mir allerdings, dass diese kurzen Sommer nur die eine Seite sind. Bereits ab September geht die Sonne erstmals wieder unter. Ab dann ist jeder Tag rund 20 Minuten kürzer. Ende Oktober bis Mitte Februar herrscht Polarnacht. Zunächst gibt es noch Dämmerungslicht, zwischen Mitte November bis Mitte Januar herrscht absolute Dunkelheit. In dieser Zeit ist es auch sehr kalt. Wenn dann zudem noch starke Winde wehen, muss man sehr aufpassen, dass man keine Erfrierungen bekommt. Am 3. März 1986 wurden am Flughafen -43,6 °C gemessen. Tage mit Temperaturen um -30 °C sind in den Wintermonaten nicht ungewöhnlich."

M3 *Bericht eines Expeditionsteilnehmers*

100800-238, 239, 322
www.diercke.de

24 Uhr

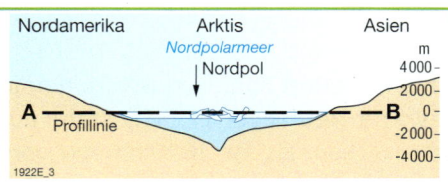

Nordamerika	Arktis	Asien

Nordpolarmeer
Nordpol

Profillinie

1922E_3

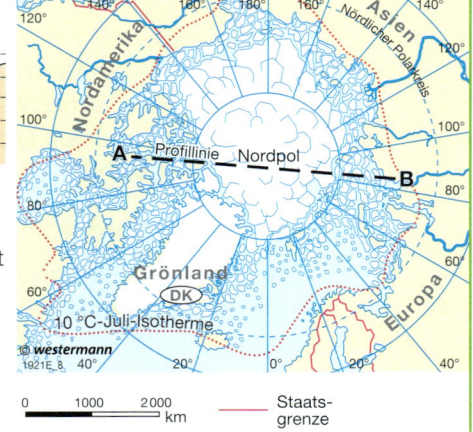

Profillinie   Nordpol

Grönland (DK)

10 °C-Juli-Isotherme

© westermann
1921E_8

0   1000   2000 km

Staats-
grenze

Rund um den Nordpol befindet sich das Nordpolarmeer, das auch als Arktischer Ozean bezeichnet wird. Stellenweise erreicht es Tiefen von 5500 m. Es ist in weiten Teilen von einer bis zu vier Meter dicken Eisschicht bedeckt, die im Jahresverlauf teils auftaut und dann wieder gefriert. Die Größe der Meereisausdehnung variiert zwischen 5 und 15 Mio. km². Die Arktis wird durch die 10 °C-Juli-**Isotherme** begrenzt, d. h., zur Arktis gehören alle

Gebiete nördlich davon, in denen die Monatsmitteltemperatur im Juli unter 10 °C liegt.

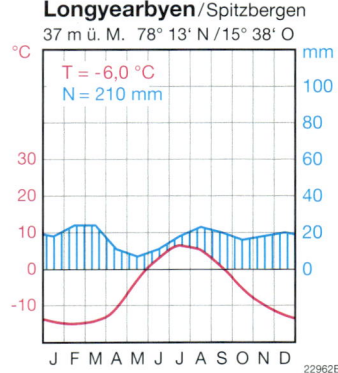

Longyearbyen/Spitzbergen
37 m ü. M. 78° 13' N / 15° 38' O

°C   mm
T = -6,0 °C
N = 210 mm

J F M A M J J A S O N D
22962E

M5 *Klimadiagramm von Longyearbyen/ Spitzbergen*

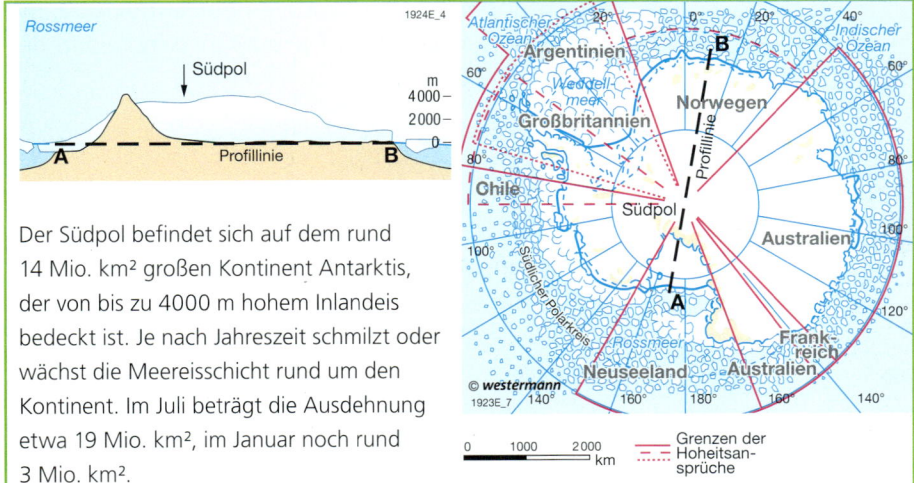

Rossmeer
Südpol
Profillinie
1924E_4

Atlantischer Ozean
Argentinien
Weddell-meer
Großbritannien
Chile
Norwegen
Profillinie
Südpol
Australien
Südlicher Polarkreis
Rossmeer
Neuseeland
Frank-reich
Australien
Indischer Ozean

© westermann
1923E_7

0   1000   2000 km

Grenzen der
Hoheitsan-
sprüche

Der Südpol befindet sich auf dem rund 14 Mio. km² großen Kontinent Antarktis, der von bis zu 4000 m hohem Inlandeis bedeckt ist. Je nach Jahreszeit schmilzt oder wächst die Meereisschicht rund um den Kontinent. Im Juli beträgt die Ausdehnung etwa 19 Mio. km², im Januar noch rund 3 Mio. km².

M4 *Karte und Profil (Querschnitt) durch die Arktis (oben) und die Antarktis (unten)*

❶ Erkläre den Tageslauf der Sonne Ende Juni nördlich des nördlichen Polarkreises. (M1, M2)

❷ a) Vergleiche die natürlichen Bedingungen im Sommer und im Winter in Spitzbergen und bei uns. (M1–M3, M5)
b) Viele Menschen betrachten die natürlichen Bedingungen in Spitzbergen als lebensfeindlich. Erkläre.

❸ Vergleiche Arktis und Antarktis. (M4, Atlas)
↗ **Starthilfe**

Nutzung der Polargebiete

M1 *Forschungsstation Neumayer III*

Die Polargebiete gehören zu den sensibelsten Regionen der Erde. Aufgrund der niedrigen Temperaturen dauern biologische Prozesse (z. B. der Abbau von Schadstoffen oder Abfällen) extrem lange.

Südliches Polargebiet

Im südlichen Polargebiet, in dem sich fast die gesamte Antarktis befindet, gibt es keine dauerhafte Besiedlung. In den Wintermonaten leben dort etwa 1000 Wissenschaftler in verschiedenen Forschungsstationen, in den Sommermonaten sind es bis zu 4000.

Auch Deutschland besitzt Forschungsstationen in der Antarktis. Die Neumayer III (M1) steht auf rund 200 Meter dickem Eis, ca. 16 Kilometer vom Meer entfernt.

Nördliches Polargebiet

Im nördlichen Polargebiet gibt es dauerhafte Siedlungen. Diese finden sich vor allem am Rand des grönländischen Eisschildes und werden von Inuit bewohnt. Insgesamt leben auf Grönland 56 000 Menschen, davon 16 000 in der Hauptstadt Nuuk. Auf der Inselgruppe von Spitzbergen wohnen 2500 Menschen. Hauptort ist Longyearbyen mit 2000 Einwohnern, einem Flughafen und einem Seehafen. Die Zahl der touristischen Übernachtungen in Longyearbyen beträgt 90 000, die Zahl der Passagiere auf Kreuzfahrtschiffen in der Region 42 000.

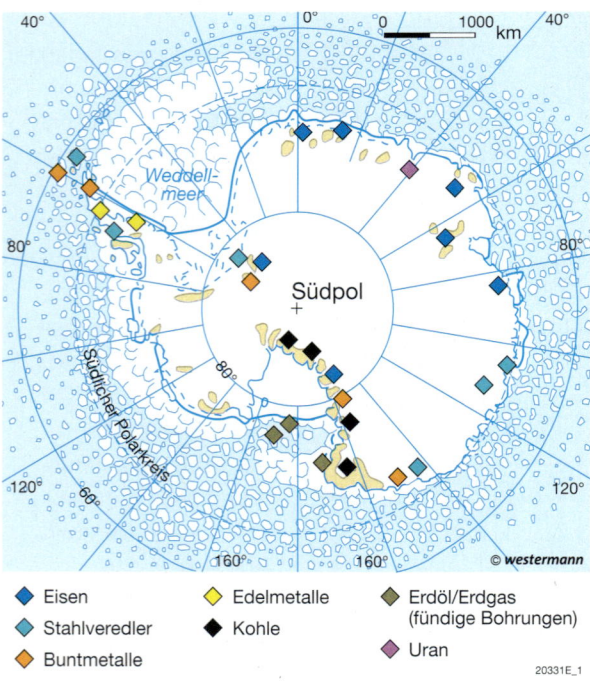

Eisen (blue diamond)
Stahlveredler (light blue diamond)
Buntmetalle (orange diamond)
Edelmetalle (yellow diamond)
Kohle (black diamond)
Erdöl/Erdgas (fündige Bohrungen) (olive diamond)
Uran (purple diamond)

M2 *Bodenschätze in der Antarktis*

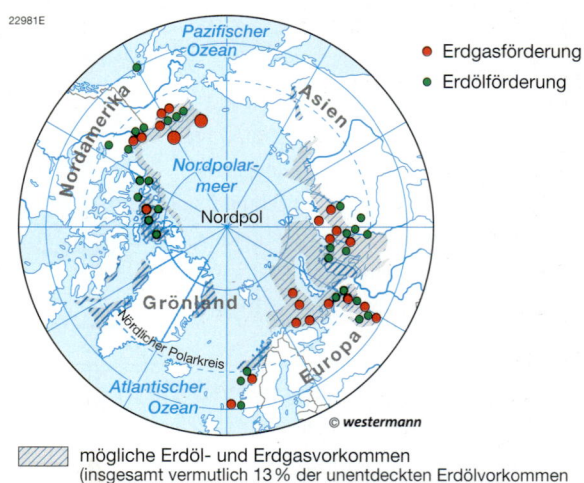

● Erdgasförderung
● Erdölförderung

mögliche Erdöl- und Erdgasvorkommen (insgesamt vermutlich 13 % der unentdeckten Erdölvorkommen und 30 % der unentdeckten Erdgasvorkommen weltweit)

M3 *Erdöl- und Erdgasförderung in der Arktis*

100800-238, 239
www.diercke.de

M4 *Pinguine mit Jungtier – ein beliebtes Fotomotiv bei Antarktis-Touristen*

Zur Saison 2011/12 wurde das Verbot des besonders umweltschädlichen Schweröls als Schiffstreibstoff eingeführt. Einige größere Schiffe dürfen daher nicht mehr in die Antarktis fahren. Rund 70 % der Passagiere fahren auf kleinen und mittelgroßen Schiffen, die ihren Gästen Landgänge anbieten. An Land dürfen sich aber nur bis zu 100 Touristen gleichzeitig aufhalten. Schiffe mit mehr als 500 Passagieren dürfen keine Landgänge anbieten.

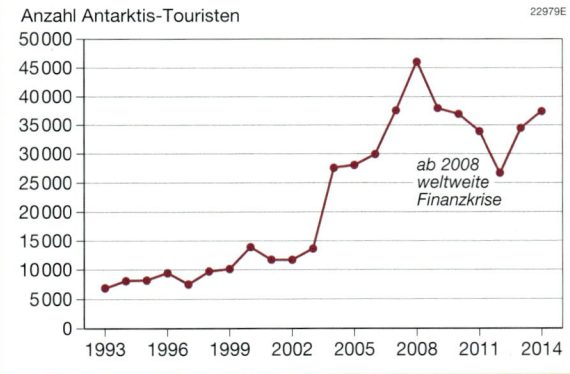

Anzahl Antarktis-Touristen   22979E

ab 2008 weltweite Finanzkrise

M5 *Antarktiskreuzfahrten*

Da im Gebiet der Antarktis viele Bodenschätze vorkommen und einige Staaten den Abbau und die Nutzung dieser Rohstoffe für sich beanspruchen, regelt seit 1961 der Antarktisvertrag diese Interessen. Der Vertrag begrenzt die Besitzansprüche und schützt das empfindliche polare Ökosystem. Die Antarktis gehört bis 2041 keinem Staat. Sie soll vor allem der friedlichen Erforschung dienen. Auf dem Südkontinent sind Atomversuche und das Anlegen von Atommülllagern verboten. Deutschland trat dem Vertrag 1979 bei.

M6 *Antarktisvertrag*

Während der touristischen Hochsaison im Sommer bewegt sich der Eisbär kaum. Er ist zwar sehr gut an die extrem niedrigen Temperaturen im Winter angepasst, kann aber kaum schwitzen. Muss er sich im Sommer bewegen, besteht die Gefahr, dass er einen Hitzeschlag erleidet. Zudem muss er Kräfte sparen, da er in den Sommermonaten hungert. Seine Hauptnahrungsquelle, die Robben, kann er im offenen Meer nämlich nicht jagen.

M7 *Der Eisbär – ein Höhepunkt für Arktis-Touristen*

1996 wurde der Arktische Rat (AR; engl. Arctic Council) gegründet. Er ist ein regionales Forum, dem die acht Arktisanrainer USA, Kanada, Russland, Norwegen, Finnland, Schweden, Dänemark (einschließlich Grönland und der Färöer Inseln) sowie Island angehören. Dieses Gremium widmet sich politischen, wirtschaftlichen und wissenschaftlichen Aspekten. Unter besonderer Berücksichtigung der indigenen Völker sind die nachhaltige Entwicklung der Arktis und die Förderung des Umweltschutzes zentrale Anliegen.

M8 *Arktischer Rat*

❶ Betrachte M4. Überlege dir Denkblasen für die Akteure auf dem Bild.

❷ a) Nenne die gegenwärtigen und möglichen Nutzungsformen in den Polargebieten. (M1–M6, Text)

b) Erläutere mögliche Probleme, die durch die Nutzungen in den Polargebieten entstehen können. (M2–M5, M7, Text)

❸ Begründe die Notwendigkeit der Zusammenarbeit der Staaten in der Welt zum Schutz der Polarregionen. (M6, M8)

M1 *Traditionelle Jagd: Fang eines Walrosses*

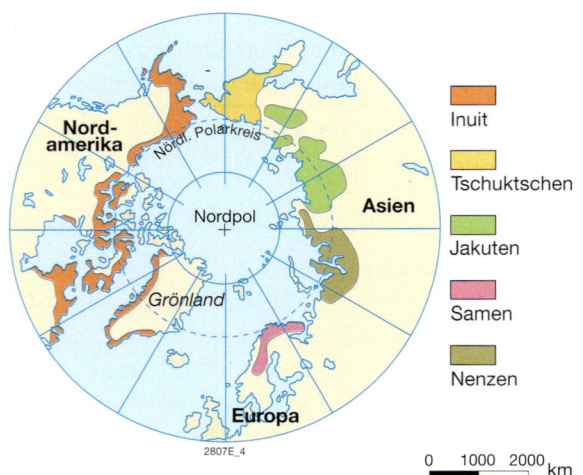

M2 *Völker der Arktis*

Legende:
- Inuit
- Tschuktschen
- Jakuten
- Samen
- Nenzen

2807E_4

0 1000 2000 km

Das Leben der Inuit früher und heute

Noch vor rund 60 Jahren stellten die Inuit alle Gegenstände, die sie zum Leben brauchten, selbst her. Sie waren Selbstversorger. Ein traditionelles Standbein der Inuit bildete die Jagd (M1). Dem Artenschutz dienende Fang- und Jagdquoten sowie internationale Handelsbeschränkungen führten neben anderen Gründen jedoch zu einem tief greifenden Wandel.

Heute sind die meisten Inuit angestellt und arbeiten in der Tourismusindustrie, der Fischerei, der Erdölindustrie, dem Bergbau oder in der Verwaltung. Ihren Traditionen, wie der Jagd, gehen sie höchstens noch am Wochenende nach.

Die Inuit in Grönland stehen wirtschaftlich besser da als diejenigen in Kanada und weiten Teilen Alaskas, da es in Grönland eine gezielte Wirtschafts- und Entwicklungspolitik gibt. Insbesondere in Kanada, aber auch in Teilen Alaskas, liegen die Arbeitslosenquoten der Inuit weit über dem jeweiligen Landesdurchschnitt. Eine wichtige Ursache hierfür ist das niedrige Bildungsniveau.

Fleisch, Speck	Nahrungsmittel
Häute, Felle	Kleidung, Schuhe, Boots- und Zeltbespannungen, Fütterung für Kleidungsstücke, Jacken und Hosen
Därme, Sehnen	Angelschnüre, Kleidung, Hundeleinen und Riemen
Knochen	Messer, Speerspitzen und Lampen
Fett	Tran für Licht und Wärme
Reste	Hundefutter

M4 *Traditionelle Verwertung einer Robbe*

Monat	J	F	M	A	M	J	J	A	S	O	N	D
Durchschnittstemperaturen (°C) von Inuvik (Kanada) und Hannover	-28,8	-28,5	-24,1	-14,1	-0,7	10,6	13,8	10,5	3,3	-8,2	-21,5	-26,1
	1,4	1,7	4,8	8,1	13,0	15,7	17,7	17,5	13,8	9,5	5,1	2,7
Wohnverhältnisse	feste Hütten aus Torf und Stein oder Holzhäuser an der Küste											
	Iglu auf Wanderungen			Zelte auf Wanderungen						Iglu auf Wanderungen		
Fischerei, Robbenfang	Heilbutt			Heilbutt und Dorsch								
	Robbenfang mit Netzen vom Eis aus			Robben- und Walfang im offenen Wasser						Robbenfang vom Eis aus		
Jagd	Eisbär Polarfuchs Schneehase			Rentiere, Moschusochsen, Vögel (z. B. Schneehühner)								
Verkehrsmittel	Hundeschlitten			Kajak						Hundeschlitten		
Lichtverhältnisse	Polarnacht	Wechsel von Tag und Nacht		Polartag (Mitternachtssonne)					Wechsel von Tag und Nacht		Polarnacht	
Eisverhältnisse	Packeis			Treibeis	offenes Wasser				Treibeis		Packeis	

8287E_6

© westermann

M3 *Traditioneller Jahresverlauf im Leben der Inuit*

Ich heiße Smila und lebe mit meinen Eltern und meinem Großvater auf Grönland. Das ist eine Insel, die zu Dänemark gehört. Der Ort, in dem wir wohnen, heißt Ilulissat und hat 4500 Einwohner. Wir sind Inuit. Mein Großvater erzählt mir oft davon, wie er früher gelebt hat. Für ihn sind Häuser mit Heizung und Strom immer noch ungewohnt. Wenn wir im Supermarkt einkaufen, freut er sich über das vielfältige Warenangebot. Wir brauchen nichts mehr selbst anzufertigen, es gibt alles zu kaufen: Lebensmittel, Thermo-Kleidung, Jeans, Werkzeug … – und natürlich auch Fernseher, Handys und Computer. Computerspiele sind sehr beliebt in den langen, dunklen Wintertagen. Außerdem gehen wir gerne ins Kino. Mein Vater arbeitet in einer der beiden modernen Fischfabriken am Ort. Hier werden vor allem Krabben und Heilbutt verarbeitet. Wie man selbst Fische fängt, kenne ich nur aus Erzählungen.

Es kommen auch Touristen in unseren Ort. Wir haben einen Hubschrauberlandeplatz. Die Touristen lieben die Schlittenhundefahrten, wenn es im Winter bis zu -30 °C kalt wird. Im Sommer, bei Temperaturen bis zu 25 °C, unternehmen sie Wanderungen und Bootsfahrten.

M5 *Das Leben der Inuit hat sich verändert*

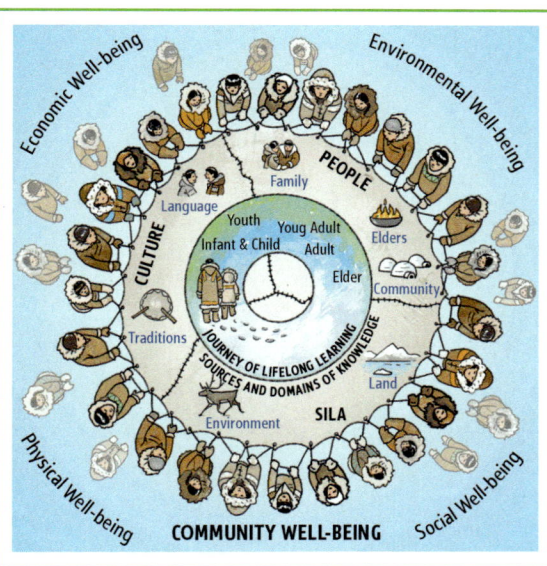

Das *Canadian Council on Learning* hat zur Förderung der Rückbesinnung auf die eigenen Werte den lebenslangen Lernweg der Inuit im *Inuit Holistic Lifelong Learning Model* dargestellt. In der Mitte des Modells ist ein Kreisring zu sehen, der die Reise des lebenslangen Lernens darstellt. Darum herum sind die drei grundlegenden Quellen und Bereiche des Wissens abgebildet: die Kultur (Sprache, Tradition), die Gesellschaft (Familie, Gemeinschaft, Stammesälteste) und *Sila* (wesentliche Kraft, die über die bewusste Beziehung zur Umwelt und zur Erde erfahrbar wird). Getragen werden die Gesellschaft und das gesamte Lebensumfeld der Inuit von den 38 Werten und Überzeugungen des *Inuit Qaujimajatuqangit*, das im Modell durch 38 Inuit repräsentiert wird, die in Anlehnung an ein Deckenziehen-Spiel der Inuit eine Decke halten. Die blasser dargestellten Menschen stehen für die Vorfahren.

M6 *Inuit Holistic Lifelong Learning Model*

Seit 1999 existiert das von Inuit selbst verwaltete Gebiet Nunavut (wörtlich „Unser Land"), in dem Inuktitut die offizielle zweite Landessprache ist. Von den 36 600 Einwohnern waren 2014 rund 80 Prozent Inuit. Nunavut macht rund 20 Prozent der Landesfläche Kanadas aus. Als Teil des kanadischen Staates orientiert sich die Verfassung Nunavuts an der Kanadas.

M7 *Nunavut*

❶ Nenne die Länder, in denen die Völker der Arktis leben. (M2, Atlas)

❷ Beschreibe die traditionelle Bedeutung der Robbe für die Inuit. (M3, M4)

❸ Beschreibe den Jahresverlauf im traditionellen Leben eines Inuit. (M3)

❹ Vergleiche die traditionelle mit der modernen Lebensweise der Inuit. (M1, M3–M5)

❺ Beurteile, inwieweit für die Entwicklung der kandischen Inuit eine Rückbesinnung auf ihre Werte positiv sein kann. (M6, M7, Text)

Kompetenztraining

1. Leben und Wirtschaften im tropischen Regenwald

a) Beschreibe den Wanderfeldbau anhand der Abbildung.

b) Erkläre die Notwendigkeit des Wechsels der Felder.

c) Der Wanderfeldbau ist nur bei einer geringen Bevölkerungszahl eine der Natur angepasste Nutzungsform. Erkläre.

d) Als landwirtschaftlicher Berater sollst du eine Bauernfamilie davon überzeugen, dass sie den Wanderfeldbau aufgeben und Agroforstwirtschaft betreiben soll. Notiere Argumente gegen den Wanderfeldbau und für die Agroforstwirtschaft.

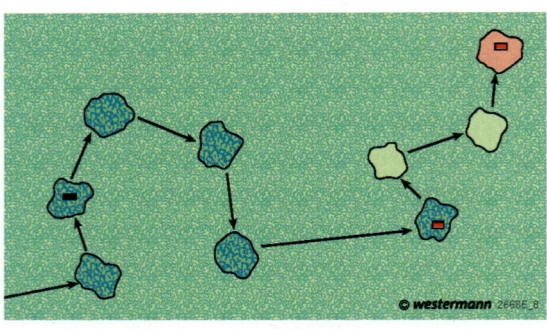

© westermann 2668E_8

2. Was für ein Durcheinander!

Hier sind vier Grundbegriffe und eine Methode aus diesem Kapitel versteckt.

Wir – tion – Vege– ther – or – kungs– ni – tion – rungs – ge – Nicht – füge – fen – tati – Ve – stu – rio – de – re – gie – ga – sa – Iso – onspe – hen – me – Hö – der – ge – ta

a) Notiere die Begriffe.

b) Definiere sie.

3. Ein ungewöhnliches Foto

Dieses Bild wurde im Dezember zur Mittagszeit aufgenommen.

a) Benenne und erkläre das Phänomen.

b) Um welchen Ort aus diesem Kapitel könnte es sich handeln?

4. Klimadiagramme Vegetationszonen zuordnen

a) Ordne den Klimadiagrammen jeweils eine Vegetationszone zu.

b) Um welche Orte kann es sich handeln? Dazu noch ein kleiner Tipp: Ort A ist eine Hauptstadt, Ort B liegt in Afrika, hat über 500 000 Einwohner und ist eine Stadt mit überregionaler Bedeutung. Nutze die Breitenangabe und den Atlas.

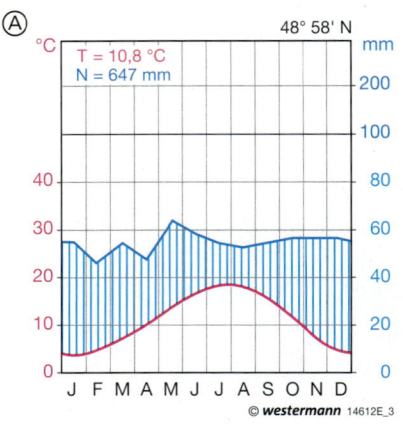

Ⓐ 48° 58' N
T = 10,8 °C
N = 647 mm

© westermann 14612E_3

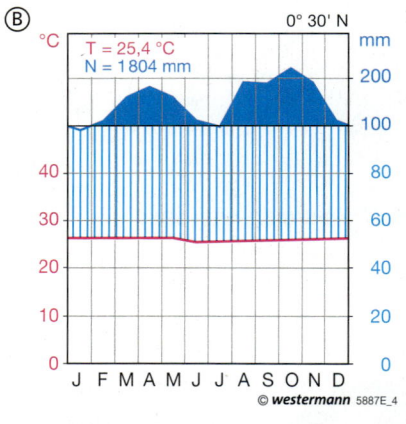

Ⓑ 0° 30' N
T = 25,4 °C
N = 1 804 mm

© westermann 5887E_4

5. Vegetationszonen

Die Abbildung zeigt fünf Vegetationszonen im Modell. Bildet fünf Gruppen und stellt die einzelnen Zonen vor: 1. Name der Zone, 2. Grundbegriffe, die zu dieser Zone gehören (siehe unten), 3. wirtschaftliche Nutzungen, 4. Probleme, 5. Lebensweisen, 6. zugehörige Staaten (Atlas).

© **westermann** 15098E_2

① ② ③ ④ ⑤

Grundbegriffe

Vegetationszone
potenzielle natürliche Vegetation
Vegetationsperiode
Anbauperiode
Stockwerkbau
Tageszeitenklima
Jahreszeitenklima
Thermoisoplethen-diagramm
kurzgeschlossener Mineralstoffkreislauf
Wanderfeldbau
Primärwald
Sekundärwald
Brandrodung
Landwechselwirtschaft
extensive Wirtschaftsweise
Agroforstwirtschaft
Mischkultur
Plantage
Monokultur
Höhenstufen der Vegetation
hygrische Jahreszeiten
Zenitalregen
Feuchtsavanne
Trockensavanne

Dornstrauchsavanne
Galeriewald
Regenfeldbau
Cash Crops
Nomaden
Niederschlags-variabilität
agronomische Trockengrenze
Desertifikation
Nichtregierungs-organisation
Stein- und Felswüste
Kieswüste
Sandwüste
Wendekreiswüste
Küstenwüste
Binnenwüste
Wadi
Temperatur-verwitterung
Oase
Fremdlingsfluss
fossiles Wasser
Polartag
Polartag
Isotherme

Das solltest du nun können:

- Zusammenhänge zwischen Klima und Vegetation darstellen (F)

- Klimadiagramme Vegetationszonen zuordnen (M)

- wirtschaftliche Nutzungsformen und Lebensbedingungen in den unterschiedlichen Vegetationszonen erläutern und bewerten (F, B)

- Satellitenbilder auswerten (M)

- die großräumige Verbreitung der Vegetationszonen beschreiben (O)

- die Folgen der menschlichen Nutzungen in den Vegetationszonen sowie Maßnahmen zur Problemlösung erläutern und beurteilen (F, B)

- einen Sachverhalt mit seinen vielfältigen Beziehungen in einem Wirkungsgefüge darstellen (M)

F = Fachwissen
O = Orientierung
M = Methode
B = Beurteilen und Bewerten

3 Das Weltmeer

Faszination Meer

„Wir wissen mehr über die Oberfläche von Mars und Mond als über den Grund der Ozeane."
(Paul Snelgrove, Meeresbiologe)

Das Meer lässt sich wegen seiner riesigen Fläche nur schwierig erforschen: 71 % der Erdoberfläche sind von Meer bedeckt. Zwar können Satelliten die Meeresoberfläche beobachten, doch ist diese Beobachtung nicht lückenlos. So verschwand z. B. 2014 ein Passagierflugzeug spurlos im Indischen Ozean.

Besonders schwierig ist aber die Erforschung des Meeres in größeren Wassertiefen. Mit zunehmender Tiefe nimmt der Wasserdruck stark zu, ab etwa 200 m ist kaum noch Licht vorhanden, ab 1000 m Tiefe herrscht absolute Dunkelheit. Große Gebiete der Ozeane reichen aber bis etwa 4000 m Tiefe. Ihr Meeresboden lässt sich deshalb nur mithilfe von an Seilen herabgelassenen Mess- und Sammelgeräten oder mit Tiefseebooten und Tiefseerobotern erforschen. (M1)

1818 Sir John Ross findet während seiner Suche nach der Nordwestpassage in der Baffin Bay als erster Mensch Leben in der Tiefsee. Mit einer zuklappenden Schaufel an einem Seil holt er aus 2000 m Tiefe Krebse, Korallen, Muscheln und Würmer.

1841–1842 Edward Forbes erforscht an Bord der Beacon das Mittelmeer. Aufgrund seiner Erfahrungen begründet er die Theorie, dass unterhalb von 550 m Wassertiefe kein Leben möglich ist. Die Ergebnisse von Ross aus dem Jahr 1818 werden nicht anerkannt. Die Tiere seien beim Hochziehen der Schaufel in weniger tiefen Meeresschichten hineingespült worden.

1860 Bei der Bergung eines gebrochenen Telegrafenkabels aus 2300 m Tiefe im Mittelmeer werden 15 darauf lebende Tierarten entdeckt.

1872–1876 Zum ersten Mal wird eine Schiffsexpedition zur Erforschung der Tiefsee und des Ozeanbodens losgeschickt. Das britische Forschungsschiff Challenger nimmt im Laufe von vier Jahren an 362 verschiedenen Stellen weltweit Untersuchungen vor. Die Theorie, dass es kein Leben in der Tiefsee gibt, wird endgültig widerlegt.

1960 Jacques Picard und Don Walsh tauchen im Marianengraben mit dem Tiefseeboot Trieste zum tiefsten Punkt der Erde, dem Challengertief: -10 916 m. Dort sehen sie einen Fisch.

seit 2004 Im Rahmen des Marine Life Census untersuchen über 2700 Wissenschaftler aus über 80 Staaten das Leben im Meer. Sie sortieren die bisherigen Forschungsergebnisse und sammeln Proben mit Tieren, Pflanzen, Pilzen und Bakterien aus den verschiedensten Stellen der Ozeane.

M2 *Stationen der Tiefseeforschung: Das Leben in der Tiefsee*

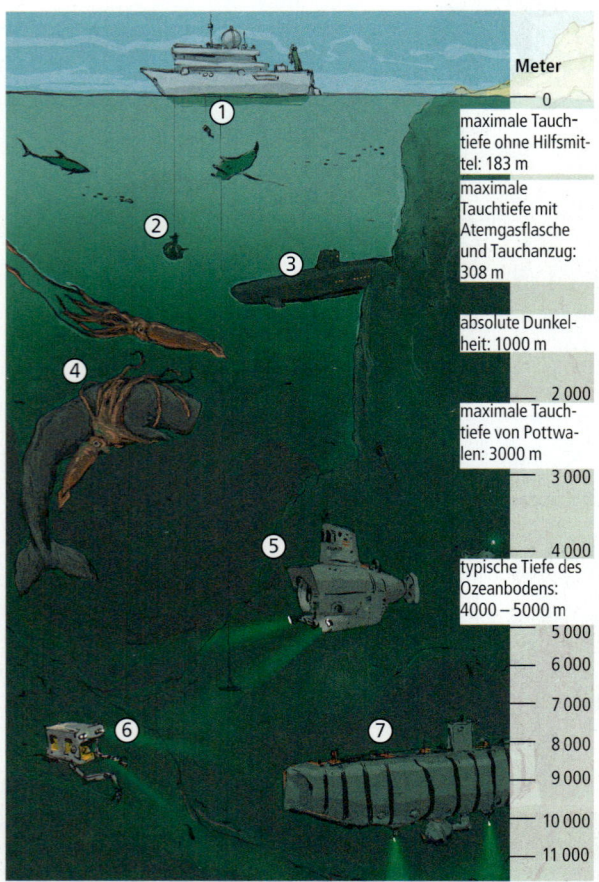

Meter
— 0
maximale Tauchtiefe ohne Hilfsmittel: 183 m
maximale Tauchtiefe mit Atemgasflasche und Tauchanzug: 308 m
absolute Dunkelheit: 1000 m
— 2 000
maximale Tauchtiefe von Pottwalen: 3000 m
— 3 000
— 4 000
typische Tiefe des Ozeanbodens: 4000 – 5000 m
— 5 000
— 6 000
— 7 000
— 8 000
— 9 000
— 10 000
— 11 000

M1 *Die Tiefsee und ihre Erforschung*

1 Temperatur- und Strömungsgeschwindigkeitsmesser
2 Bodengreifer zur Entnahme von Bodenproben
3 militärisches Unterseeboot (maximal 800 m)
4 In etwa 500 m Tiefe kommt es zu Kämpfen zwischen Pottwalen und ihrer wichtigsten Nahrung, den Riesentintenfischen.
5 Tiefseeboot Alvin ist seit 1964 im Einsatz und kann bis 4500 m tauchen. Es entdeckte u. a. das Wrack der Titanic.
6 Tiefseeroboter
7 Tiefseeboot Trieste

M3 *Ein Wal überfällt ein bewaffnetes Kriegsschiff (1598)*

M4 *Walfang im 18. Jahrhundert*

M5 *Poster*

❶ Der Kampf zwischen Pottwal und Riesentintenfisch konnte bisher noch nie beobachtet werden (Stand 2014). Folglich gibt es auch keine Fotos oder Filme dazu. Erkläre, warum es so schwierig ist, eine solche Szene zu beobachten. (M1)

❷ Wie könnte Forbes seine Theorie von der leblosen Tiefsee begründet haben? Liste mögliche Argumente auf. (M2, Text)

❸ In den Abbildungen M3–M5 siehst du verschiedene Darstellungen von Walen im Meer.
a) Beschreibe, wie in den drei Bildern die Wale und das Meer auf dich wirken.
b) Erläutere die unterschiedlichen Perspektiven der drei Bilder auf Wale und das Meer.
c) Entwickle eine Vermutung, warum sich die Perspektiven im Laufe der Zeit verändert haben. Berücksichtige hierbei auch die zunehmende Erforschung der Meere (M2).

❹ **Aktiv** Welche Perspektive hast du selbst auf das Meer? Stelle deine Perspektive als Zeichnung, Collage, Gedicht oder Lied dar.

Gliederung des Meeres

Mithilfe von Echolot-Untersuchungen gelang es, das Relief des Ozeanbodens zu vermessen. Danach lässt sich der Meeresboden in fünf typische Reliefformen klassifizieren (M3). Diese kann man mithilfe der Theorie der Plattentektonik erklären.

Schelf: Dieser Teil des Meeres ist maximal 200 m tief. Er ist Teil der kontinentalen Kruste und damit einfach nur eine Fortsetzung des Festlandes ins Meer hinein. Das Gestein des Schelfs besteht meist aus sehr dicken Sedimentschichten, die auf der kontinentalen Kruste aufliegen.

Kontinentalhang: Er stellt eine oft sehr steile Begrenzung der kontinentalen Kruste dar. Auch er besteht aus dicken Sedimentschichten.

Tiefseebecken: Große Teile des Ozeangrundes werden durch Tiefseebecken eingenommen. Ihr Untergrund besteht aus der ozeanischen Kruste, die dünner und zugleich auch dichter ist als die kontinentale Kruste. Diese Kruste beginnt relativ konstant bei etwa 4–5 km Wassertiefe.

Mittelozeanischer Rücken: An den Stellen, wo zwei Platten sich voneinander wegbewegen, wird der Ozeangrund durch das aufsteigende Magma nach oben gedrückt. Gleichzeitig entsteht dort kontinuierlich neue ozeanische Kruste. Deshalb ähnelt dieser Bereich einem Gebirge unter Wasser.

Tiefseegraben: Die Tiefseegräben sind das Gegenteil der mittelozeanischen Rücken. Sie entstehen dort, wo ozeanische Kruste an der Grenze zu einer anderen Platte in den Erdmantel absinkt und damit letztlich vernichtet wird. Tiefseegräben erreichen Tiefen von bis zu 11 km.

1521 Aus Neugier lässt Ferdinand Magellan im Pazifik ein 700 m langes Seil mit einer schweren Eisenkugel hinab, um die Tiefe des Meeres auszuloten. Sie erreicht den Boden nicht.

1872–1876 Zum ersten Mal wird eine Schiffsexpedition zur Erforschung der Tiefsee und des Ozeangrundes losgeschickt. Das britische Forschungsschiff Challenger untersucht vier Jahre lang an 362 verschiedenen Stellen die Wassertiefe, die Wassertemperatur, die Chemie des Wassers, die Strömungsgeschwindigkeit, das Gestein des Ozeangrundes und die Lebewesen im Meer. Mit 8184 m wird die bis dahin größte Meerestiefe ausgelotet. Gebirge unter dem Meer werden nachgewiesen.

1930 William Beebe und Otis Barton erreichen in einer Stahlkugel als erste Menschen die Tiefsee. Sie sinken 435 m tief hinab, 1934 schafft Beebe sogar 823 m Tiefe.

1950er-Jahre Nach der Erfindung des Echolots und physikalischer Verfahren zur Bestimmung des Alters von Gesteinen wird der Meeresboden umfangreich kartiert. Auf diese Weise lassen sich Karten vom Relief des Ozeangrundes und zu dessen Alter erstellen. Die Forschungsergebnisse sind die Grundlage für die Entwicklung der Theorie der Plattentektonik.

1960 Jacques Picard und Don Walsh tauchen im Marianengraben mit dem Tiefseeboot Trieste zum tiefsten Punkt der Erde, dem Challengertief: -10 916 m.

2012 Als dritter Mensch taucht der Filmemacher James Cameron zum Grund des Challengertiefs ab.

M2 *Stationen der Tiefseeforschung: Die Untersuchung des Ozeangrundes*

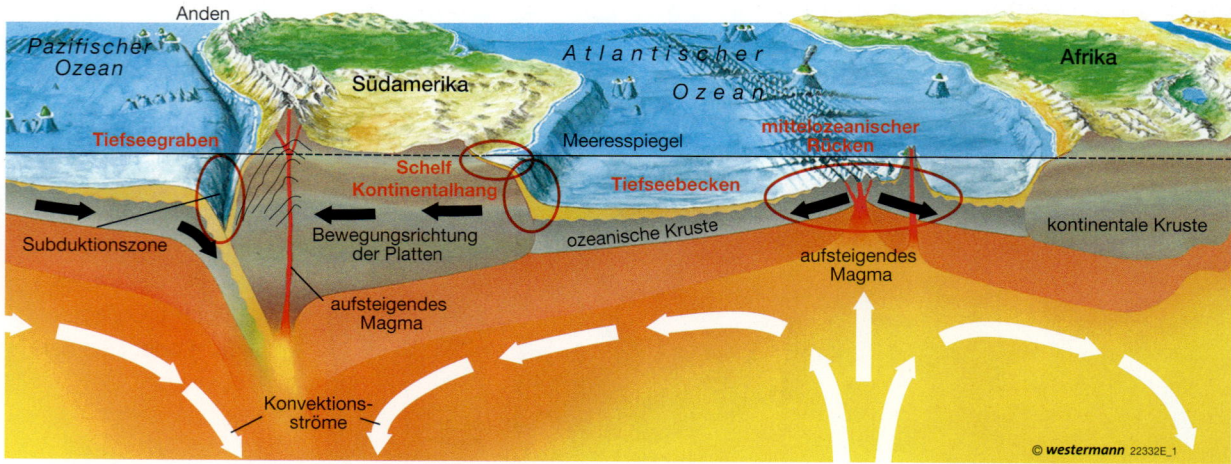

M1 *Zusammenhang zwischen den Reliefformen des Meeresgrundes und der Plattentektonik*

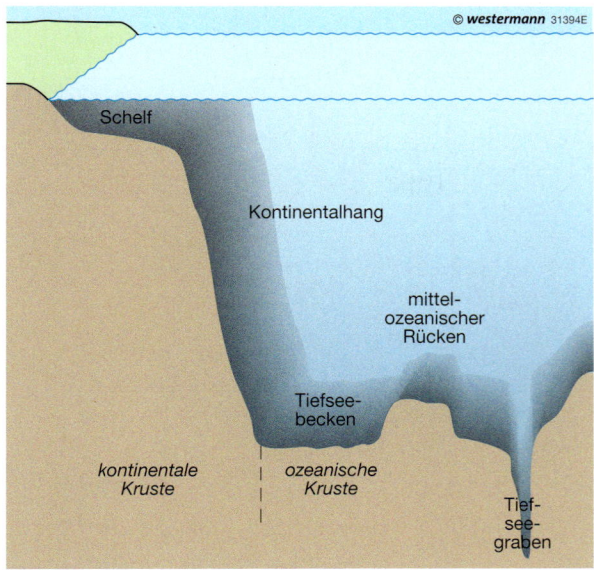

M3 *Reliefformen des Meeresgrundes*

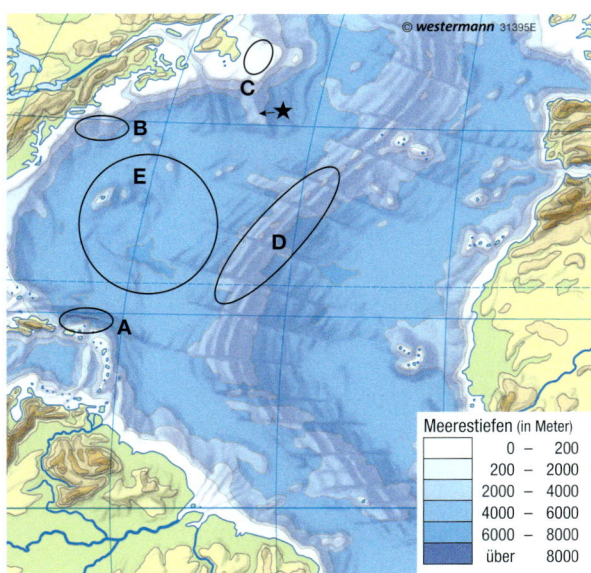

M4 *Relief des Atlantischen Ozeans (Ausschnitt)*

Landfläche	29 %
Wasserfläche	71 %
Pazifischer Ozean	33 %
Atlantischer Ozean	16 %
Indischer Ozean	14 %
Schelf	5 %
Kontinentalhang	6 %
mittelozeanischer Rücken	22 %
Tiefseebecken	38 %
Tiefseegraben	0,1 %

M5 *Von der gesamten Erdoberfläche sind …*

❶ a) Ordne den Buchstaben A–E in M4 die passenden Reliefformen zu. (M1, M3, Text)
b) Ermittle aus M4, wie tief ungefähr das Wrack der Titanic (mit * gekennzeichnet) unter der Meeresoberfläche liegt.
c) Begründe, ob man mit Taucheranzug und Atemgasflasche zum Wrack der Titanic tauchen kann. (M1 auf S. 90)

❷ a) Benenne mithilfe einer physischen Karte einen mittelozeanischen Rücken und einen Tiefseegraben im Pazifischen Ozean. (M1, Atlas)
b) Gib jeweils die beiden Platten an, die an dieser Stelle aneinandergrenzen. (Atlas)

❸ Transfer Aus welcher Art von Kruste ist der Untergrund der Nordsee aufgebaut? Erkläre. (Atlas)

❹ Transfer Pottwale und Riesentintenfische leben entlang der Kontinentalhänge (siehe M1 auf S. 90). Vor den Vesterålen-Inseln in Nordnorwegen können Pottwale sehr gut beim Auftauchen beobachtet werden. Erkläre mithilfe einer physischen Karte, warum dieses Gebiet günstig für eine küstennahe Pottwalbeobachtung ist. (Atlas)

❺ Berechne den Anteil der kontinentalen und ozeanischen Kruste an der Erdoberfläche. (M5)

❻ M5 enthält Daten, aus denen man verschiedene Diagramme erstellen könnte.
a) Welche Daten könnten zusammen jeweils ein sinnvolles Diagramm ergeben?

b) Welche Daten müssten gegebenenfalls ergänzt werden?
c) Wähle Titel für die möglichen Diagramme.
d) Wähle geeignete Diagrammtypen für die möglichen Diagramme.
e) Zeichne eines der Diagramme.
↗ **Starthilfe**

❼ Es gibt verschiedene Ozeanklassifikationen. Je nach Klassifikation gibt es drei Ozeane (Atlantischer, Pazifischer und Indischer), vier Ozeane (+ Arktischer) oder fünf Ozeane (+ Antarktischer). Es gibt auch den Vorschlag, dass man nur von „dem" Weltmeer spricht. Entwickle eine Vermutung, warum es verschiedene Klassifikationen gibt.

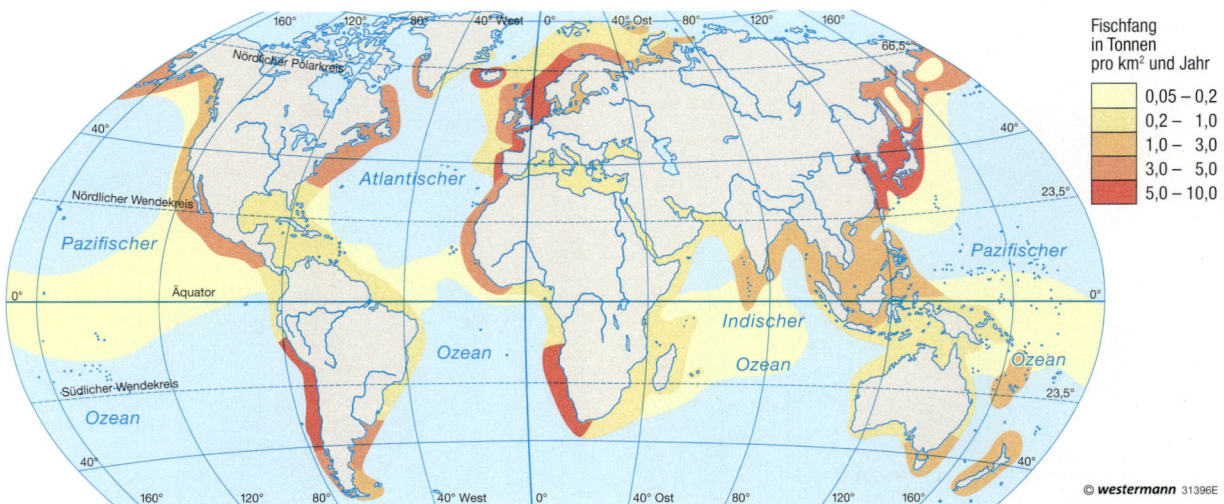

M1 *Verteilung des Fischfangs im Meer*

Ökosystem Meer

Betrachtet man die Karte zur weltweiten Verteilung des Fischfangs im Meer (M1), so fällt auf, dass die von der Tiefsee eingenommenen Bereiche sehr wenig befischt werden. Wie lässt sich das erklären?

Fische leben vor allem dort, wo sie viel Nahrung finden. Diese Nahrung ist das sogenannte **Zooplankton**. Zooplankton besteht aus kleinen Tierchen, die in der obersten Wasserschicht treiben, wie etwa Ruderfußkrebse. Das Zooplankton wiederum ernährt sich vom **Phytoplankton**. Hierbei handelt es sich überwiegend um einzellige Algen, die im Wasser schweben. Sie sind nur mit dem Mikroskop erkennbar (M2).

Wie alle Pflanzen benötigen die Algen für ihr Wachstum Kohlenstoffdioxid, Wasser und Licht, die die Fotosynthese ermöglichen, sowie Mineralstoffe. Während Kohlenstoffdioxid und Wasser überall im Meer in ausreichender Menge vorkommen, sind Licht und Mineralstoffe in ihrer Verfügbarkeit begrenzt. Mit zunehmender Tiefe dringt immer weniger Licht in das Wasser ein, weshalb unterhalb von 200 m keine Fotosynthese mehr möglich ist. Mineralstoffe finden sich dagegen besonders am Meeresgrund, wo es jedoch meistens viel zu dunkel für Fotosynthese ist. Nur im Schelfbereich ist es so flach, dass gleichzeitig ausreichend Licht und viele Mineralstoffe vorhanden sind. Die Mineralstoffe werden dort durch Strömungen immer wieder aufgewirbelt oder durch konstante Meeresströmungen nach oben transportiert. Zusätzlich münden im Schelfbereich häufig Flüsse ins Meer, die ebenfalls große Mengen an Mineralstoffen mit sich transportieren.

Außerhalb der Schelfbereiche sind die Ozeane überwiegend arm an Phytoplankton und damit auch arm an Fischen. Deshalb lohnt sich dort der Fischfang kaum.

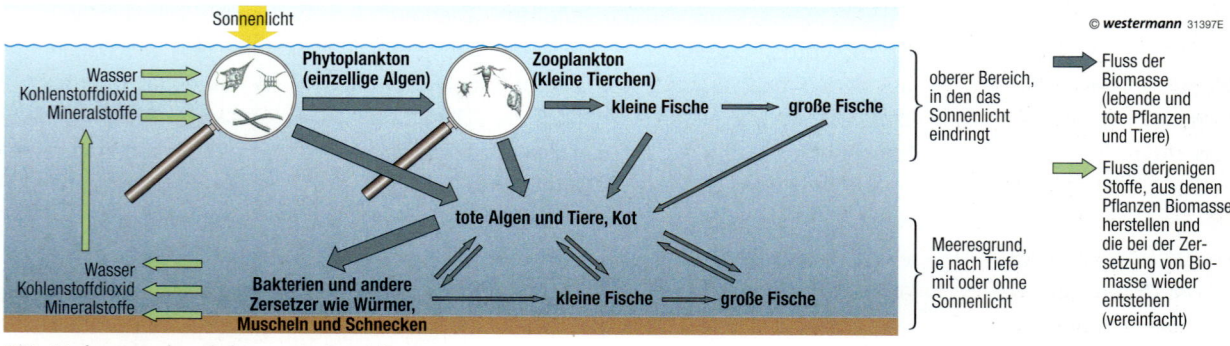

M2 *Nahrungsbeziehungen im Meer*

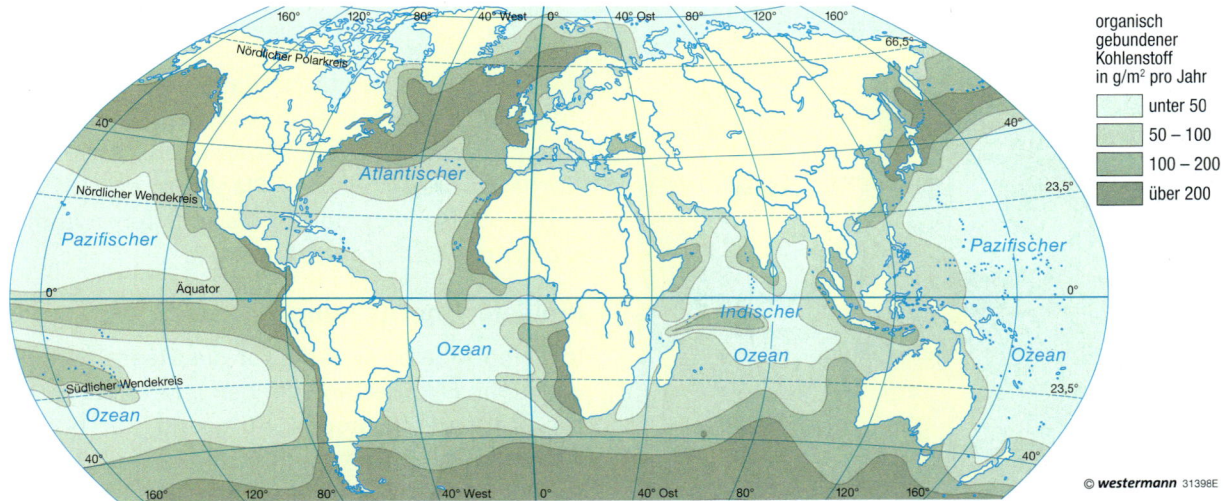

M3 *Verteilung der Phytoplanktonproduktion im Meer (gemessen anhand des organisch gebundenen Kohlenstoffs)*

organisch gebundener Kohlenstoff in g/m² pro Jahr

- unter 50
- 50 – 100
- 100 – 200
- über 200

Systeme erkennen

Geographen und andere Wissenschaftler untersuchen häufig, wie ein Gegenstand mit anderen Gegenständen zusammenhängt. Dabei zeigt sich meistens, dass der Gegenstand mit einer Gruppe von Gegenständen zusammenhängt, mit anderen Gegenständen aber nicht. Eine solche miteinander zusammenhängende Gruppe heißt System. Eine Familie kann z. B. ein solches System sein. Jedes System besteht aus Elementen (den Gegenständen). Im Fall der Familie wären das die Familienmitglieder, die durch ihre Verwandtschaft miteinander zusammenhängen. Im Fall des Ökosystems Meer sind es die Elemente Phytoplankton, Zooplankton, kleine Fische etc., die z. B. durch den Fluss der Mineralstoffe miteinander zusammenhängen.

Wenn man ein System untersucht, muss man also zuerst festlegen, welche Elemente dazugehören und welche nicht. In einem zweiten Schritt gilt es dann, die Zusammenhänge zwischen diesen Elementen zu ermitteln.

---

❶ Kühle Meeresströmungen bestehen aus aufsteigendem Wasser, das folglich viele Mineralstoffe enthält oder die Mineralstoffe am Absinken hindert. Zeige an jeweils zwei Beispielen,

a) dass im Gebiet kalter Meeresströmungen besonders viele Algen leben. (M3, M3 auf S. 33)

b) dass deshalb in diesen Gebieten sehr viele Fische gefangen werden. (M1)

❷ Große Gebiete der Ozeane werden auch als „blaue Wüsten" bezeichnet. Erkläre diese Bezeichnung.

❸ Die Bakterien und Tiere in der dunklen Zone des Ozeans sind davon abhängig, was an toten Lebewesen und Kot herabsinkt. Erkläre diesen Befund mithilfe von M2.

❹ **Transfer** Nenne die Elemente des Sonnensystems. (Kasten „Systeme erkennen")

❺ a) Forscher möchten in einem Meerwasseraquarium ein über viele Jahre funktionierendes Mini-Ökosystem Meer nachstellen. Welche Auswahl an Elementen ist geeignet?
– einzellige Algen, Ruderfußkrebse, Bakterien
– Ruderfußkrebse, Fische, Bakterien
– einzellige Algen, Ruderfußkrebse, Fische

↗ Starthilfe

b) Zeichne den Weg der Mineralstoffe zwischen den Elementen in diesem Mini-Ökosystem.

c) Nenne Kriterien, anhand derer man bestimmte Vogelarten zu den Elementen des Ökosystems Meer zählen würde. Begründe.

Das Meer als Nahrungsquelle

M1 *Einholen des Schleppnetzes*

Als Brathering aus der Dose, als Schlemmerfilet aus der Tiefkühltruhe, als eingelegter Rollmops, als Fischbrötchen oder als Fischstäbchen – Fisch gibt es in zahlreichen Variationen. In vielen Teilen der Erde ist Fisch das Hauptnahrungsmittel. Unerschöpflich erscheinen die rund 22 000 Fischarten und Meeresfrüchte wie Krebse und Muscheln.

Hochseefischerei

Mit modernen Fang- und Verarbeitungsschiffen wird die **Hochseefischerei** betrieben. Ein Frostfischtrawler ist ein modernes Fangschiff, eine Fischfabrik, in der die gefangenen Fische sofort verarbeitet und tiefgefroren werden (M2). Auf einem Frischfischtrawler wird der Fang zwar auch gleich verarbeitet, aber dann nur gekühlt.

Früher halfen den Fischern beim Aufspüren der Fischschwärme ihre eigenen Erfahrungen und die der Generationen vor ihnen, auch Vogelschwärme und Delfine zeigten Fischvorkommen an. Heute werden sie durch modernste elektronische Geräte bei der Suche nach den Fischschwärmen unterstützt.

Es werden unterschiedliche Fangmethoden genutzt, je nach Fischart und ihrem Aufenthaltsort im Wasser. Zu den gängigen Fangmethoden gehören Schleppnetze, Grundschleppnetze, Treibnetze (offiziell verboten), Stellnetze und Langleinen.

Die Schelfbereiche des Nordatlantiks sind wegen ihres Reichtums an Plankton die ergiebigsten Fanggründe der Welt. Aber auch der offene Nordatlantik ist reich an Plankton, da sich hier kaltes Wasser aus der Arktis mit dem warmen Wasser des Golfstromes mischt.

Problem: Überfischung

In vielen Meeren sind die für die Meeresfischerei wichtigen Fischbestände in den letzten Jahrzehnten stark geschrumpft. Aufgrund der großen Fischfangflotten mit modernster Technik werden so viele Fischschwärme abgefischt, dass zu wenige Jungtiere nachwachsen können. So kommt es zur **Überfischung**. In den riesigen Netzen verfangen sich alle Meerestiere. Aber nur etwa ein Zehntel der gefangenen Fische eignen sich tatsächlich für den Verzehr. Der Rest wird entweder zu Fischmehl oder Fischöl verarbeitet oder gleich wieder über Bord gekippt. Dieser sogenannte **Beifang** umfasst neben weniger wertvollen Fischen manchmal auch Delfine oder kleine Wale, besonders aber die Jungfische, die für das Nachwachsen der Bestände wichtig sind. Daher ist es im Sinne der Nachhaltigkeit besonders wichtig, dass die vorgeschriebene Netzmaschenweite eingehalten wird, Jungfische also gar nicht erst in die Netze geraten. Fischereiaufseher bzw. die Küstenwache überwachen das Einhalten dieser Vorschrift. Die Fangmethoden sind ein ganz entscheidender Faktor, wenn es um die Überfischung der Meere geht. Die Art und Weise, wie gefischt wird, entscheidet über die Menge der als Beifang getöteten Tiere sowie den Grad der Zerstörung des Meeresgrundes und anderer Lebensräume.

Küstenfischerei

Neben der Hochseefischerei wird überall auf der Erde die **Küstenfischerei** betrieben. Dabei fahren maximal 16 m lange Boote täglich hinaus auf das Meer und fischen im küstennahen Bereich. Aber auch hier sind die Fischbestände stark rückläufig, sodass die Fanggründe für die Fischer mit der Ausweisung von Meeresschutzgebieten eingeschränkt werden mussten. Die EU plant weitere große Fischereischutzzonen, damit sich die Bestände wieder erholen.

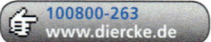

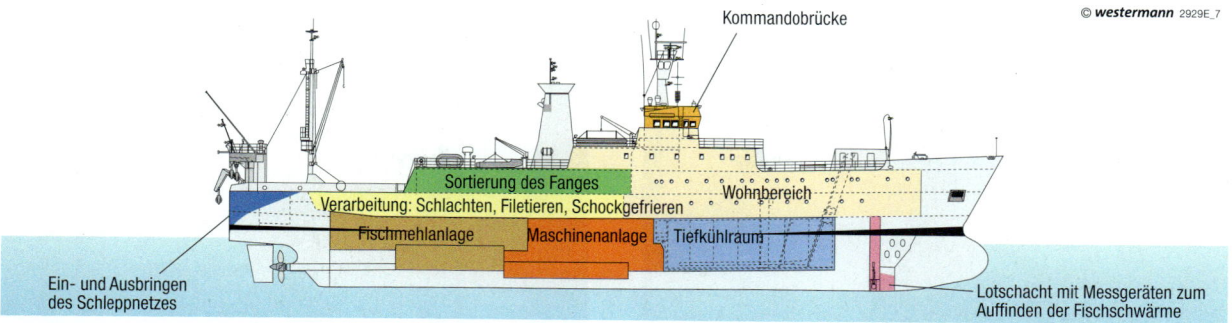

© **westermann** 2929E_7

M2 *Längsschnitt durch einen Fischtrawler*

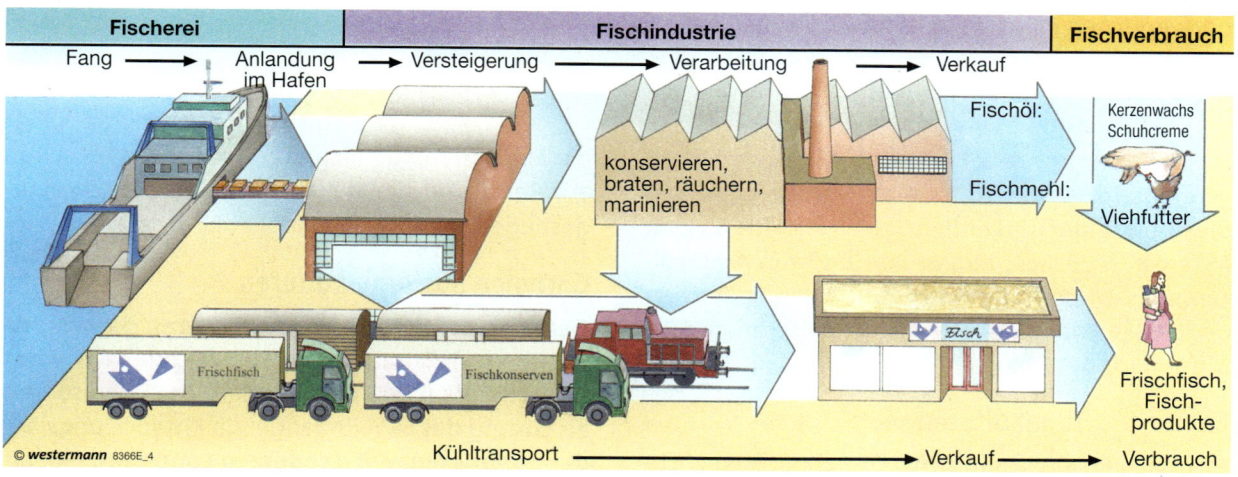

© **westermann** 8366E_4

M3 *Vom Fischfang zum Verkauf*

Sorte	Fangmethode	Fanggebiet	Sub-Fanggebiet	Tracking Code
AlaskaSeelachs (Theragra chalcogramma)	Schleppnetz-fischerei	Nordwestpazifik (FAO61)	Ochotskisches Meer	61-02A
		Nordostpazifik (FAO67)	Golf von Alaska /östl.Beringsee	67-01A

M4 *Wo kommt das Fischstäbchen her? – Kundeninformationen auf einer Fischstäbchen-verpackung*

INFO

Das MSC-Siegel

Das MSC-Siegel kennzeichnet Fisch und Meeresfrüchte aus MSC-zertifizierten nachhaltigen Fischereien.

❶ Beschreibe, wie der Fisch aus dem Meer bis zum Verbraucher gelangt. (M1–M4, Text)

❷ Erläutere die Ursachen für die Bedrohung der Fischbestände. (Text)

❸ Erläutere Maßnahmen, die die Bedrohung der Fischbestände verringern sollen. (Text)

❹ Lokalisiere die beiden Herkunftsmöglichkeiten des in M4 abgebildeten Fischstäbchens. Überprüfe, ob die angegebenen Fanggebiete überfischt sind. (Atlas oder Internet: Fischratgeber des World Wide Fund for Nature [WWF])

❺ **Aktiv** Ermittle mithilfe des Fischrat.gebers des WWF Fischarten, die man bedenkenlos kaufen kann. (Internet)

M1 *Lachszucht in Aquakulturen in einem norwegischen Fjord*

M2 *Shrimps-Aquakulturen in Malaysia*

Aquakulturen

Die Nachfrage nach Fisch und Meeresfrüchten (Krebstiere, Muscheln) steigt weltweit an. Um diese trotz der sinkenden Fischbestände in den Meeren zu decken, nimmt ihre Zucht in **Aquakulturen** zu. Diese findet man zum einen in Teichen oder Flüssen im Binnenland, zum anderen im Küstenbereich der Meere.

Fische aus Aquakulturen

Nicht alle Fische lassen sich in Aquakulturen züchten. In Norwegen, dem bedeutendsten Standort von Aquakulturen an der Küste (M3), sind es vor allem Kabeljau und Lachse, die in mehreren Hundert vollautomatisierten, computergesteuerten Aquafarmen gezüchtet werden. Die geschützten Fjorde bieten dafür ideale Bedingungen.

Die Fische befinden sich in schwimmenden, von Meerwasser durchfluteten Gehegen (M1), die sie vor natürlichen Feinden schützen. Dort wird ihre Aufzucht überwacht. Die Nahrung aus Abfällen der Fischverarbeitung und Kleinfischen wird nach genauer Berechnung zugeführt.

Um eine Tonne Lachs zu erhalten, müssen bis zu vier Tonnen Fisch verfüttert werden. Die Tiere leben auf engstem Raum und haben kaum Platz für ausreichende Bewegung. Krankheiten sind in Aquakulturen häufig und gefürchtet. Sie müssen mit Medikamenten bekämpft werden. Die Ausscheidungen der Fische belasten das Wasser der engen Fjorde.

In Südostasien, vor allem in Vietnam am Unterlauf des Mekong, ist die Aufzucht des Süßwasser-Speisefisches Pangasius in schwimmenden Käfigen weit verbreitet. Seit einigen Jahren steigen die Exporte rapide an. In Deutschland ist er schon auf Rang fünf der beliebtesten Speisefische aufgestiegen.

Garnelen aus Aquakulturen

Garnelen gehören zu den Krebstieren. Sie werden vor allem als Shrimps weltweit nachgefragt. Einst von der FAO (Food and Agriculture Organisation) als Lösung des Eiweißmangels in Entwicklungsländern gepriesen, entstanden im Laufe der 1980er-Jahre in Mittel- und Südamerika, Südostasien und später auch in Indien Tausende von Shrimpsfarmen. Statt die Ernährungssituation in den Entwicklungsländern zu verbessern, werden die Zuchtgarnelen fast ausschließlich nach Japan, in die USA und nach Europa exportiert. Mittlerweile stammt die Hälfte der Garnelenproduktion aus Aquakulturen.

In Süd- und Südostasien werden dafür die Mangrovenwälder (siehe Infokasten) gerodet und stattdessen künstliche Teiche angelegt (M2). Besonders betroffen sind Indien, Bangladesch, Thailand, Malaysia und die Philippinen. Allein die Philippinen haben bereits über 70 % ihrer Mangrovenwälder verloren.

Garnelen benötigen bei normalem Wachstum vier Jahre, bis sie groß genug für den Verkauf sind. Mit Ernährungszusätzen aus der Pharmaindustrie schafft man es, dass sie schon nach 18 Monaten ihre Verkaufsgröße erreicht haben. Die Teiche und Becken sind nach kurzer Zeit durch Medikamente, Dünger, Algen und Fäkalien so verseucht, dass sie für die Bewirtschaftung aufgegeben werden müssen.

100800-226, 263
www.diercke.de

Staat	Fische		Krebse	Muscheln	Sonstiges	gesamt	Anteil an der Welt-produktion (%)
	im Binnenland	an der Küste					
China	23 341 134	1 028 399	3 592 588	12 343 169	803 016	41 108 306	61,7
Indien	3 812 420	84 164	299 926	12 905	*	4 209 415	6,3
Vietnam	2 091 200	51 000	513 100	400 000	30 200	3 085 500	4,6
Indonesien	2 097 407	582 077	387 698	*	477	3 067 660	4,6
Bangladesch	1 525 672	63 220	137 174	*	*	1 726 066	2,6
Norwegen	85	1 319 033	*	2 001	*	1 321 119	2,0
* keine Angabe oder sehr geringe Produktion							

M3 *Staaten mit der größten Produktion in Aquakulturen (in t, 2012)*

Alternativen

Proteste von Konsumenten führten zum Ausbau der ökologischen Aquakultur. Dabei wird auf Fischmehl und Öl als Futtermittel verzichtet. Und wegen eines ausgereiften Reinigungssystems werden relativ wenig Wasser und keine Antibiotika benötigt. Aber der Anteil der ökologischen Aquakultur ist noch sehr gering, zudem sind die Ökostandards recht unterschiedlich.

INFO

Mangroven

Als Mangroven bezeichnet man Küstenwälder, die im Gezeitenbereich tropischer Meeresküsten vorkommen und bei hohen Salzkonzentrationen besser wachsen als bei niedrigen. Das sensible Ökosystem zwischen Wasser und Land ist auf ruhiges, warmes Wasser angewiesen und ist deshalb vor allem in Meeresbuchten oder hinter Korallenriffen an den Küsten Südamerikas, Afrikas und Südostasiens zu finden. Die Mangroven sind der Lebensraum von Jungfischen vieler Fischarten sowie zahlreicher weiterer Lebewesen. Ihre Zerstörung hat massive Folgen für das Ökosystem, für den Küstenschutz und die Fischerei.

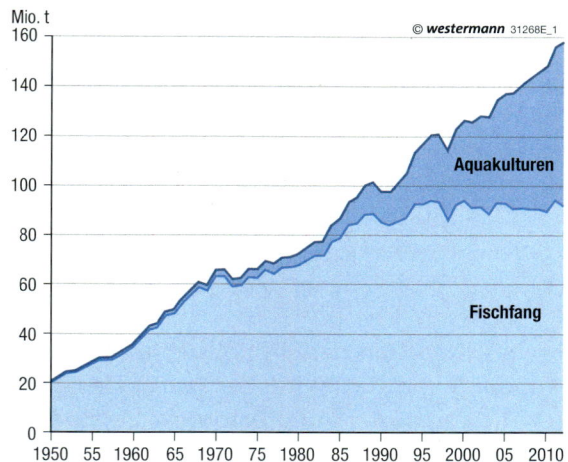

M4 *Erträge aus Fischfang und Aquakulturen weltweit*

❶ a) Beschreibe die Entwicklung der Erträge aus Fischfang und Aquakulturen seit 1950. (M4)
b) Erkläre diese Entwicklung.

b) aus der Sicht der Produzenten
c) aus der Sicht der Küstenfischer dar.

❷ Vergleiche die Produktion in Aquakulturen in China und Norwegen. (M3)

❸ Stelle die Vor- und Nachteile der Aquakulturen
a) aus der Sicht der Konsumenten

❹ **Aktiv** Recherchiere im Supermarkt Angebot, Herkunft und Preise von Fischen und Meeresfrüchten aus Aquakulturen.

❺ **Transfer** Vergleiche die Fischzucht in Aquakulturen mit der intensiven Tierhaltung von Schweinen.

Rohstoffe aus dem Meer

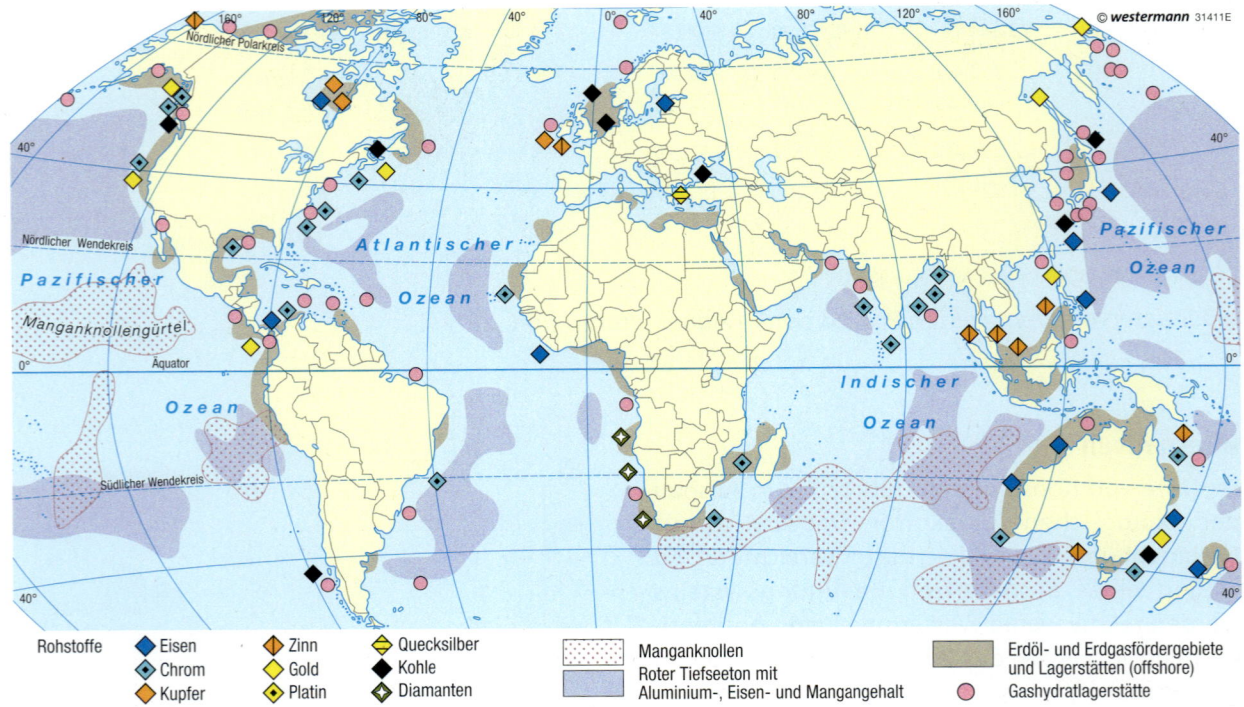

Rohstoffe ◆ Eisen ◆ Zinn ◆ Quecksilber
◆ Chrom ◆ Gold ◆ Kohle
◆ Kupfer ◆ Platin ◆ Diamanten

Manganknollen
Roter Tiefseeton mit Aluminium-, Eisen- und Mangangehalt
Erdöl- und Erdgasfördergebiete und Lagerstätten (offshore)
Gashydratlagerstätte

M1 *Rohstoffvorkommen in den Meeren*

Die Meere sind ein riesiges Rohstoffreservoir. Die Erkundung und Förderung der Rohstoffe ist aber oft sehr kompliziert und erfordert aufwendige Technologien.

Salz

Seit Jahrhunderten wird an den Küsten durch Verdunstung aus Meerwasser Kochsalz gewonnen. Heute erfolgt die Salzgewinnung in sogenannten Salzgärten (M2). Das dabei in Becken eingeleitete Meerwasser verdunstet langsam, das Salz bleibt zurück.

M2 *Salzgärten auf Lanzarote*

Metalle

Gold, Platin, Chrom und Zinn werden in sogenannten Seifen gefunden. Eigentlich lagerten diese Metalle an der Erdoberfläche, wurden dort aber abgetragen und gelangten über Bäche und Flüsse ins Meer, wo sie sich in untermeerischen Lagerstätten anreicherten.

Um den wachsenden Bedarf an Metallen zu decken, sollen künftig auch Erze in Form von Manganknollen, Kobaltkrusten und Massivsulfiden in bis zu 4000 Meter Tiefe abgebaut werden. Ihre Förderung ist aufgrund der hohen Abbaukosten heute noch unwirtschaftlich. Auch die riesigen im Gashydrat gebundenen Energiemengen werden vermutlich in Zukunft zu unserer Energieversorgung beitragen.

Sand und Kies

Zunehmend werden die Baustoffe Sand und Kies aus dem Meer sowie aus küstennahen Meeresgebieten gefördert. Dabei saugen Spezialschiffe mit einem großen Rohr die Materialien vom Meeresboden.

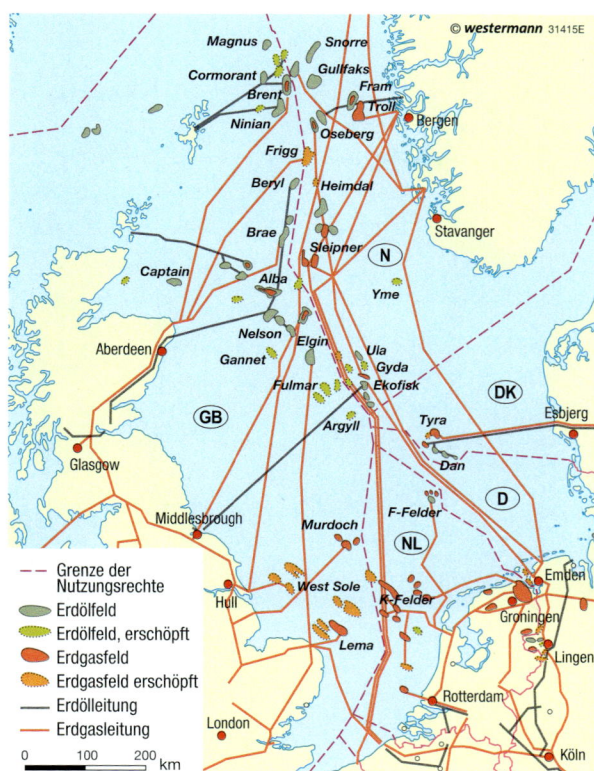

M3 *Erdöl- und Erdgasfelder in der Nordsee*

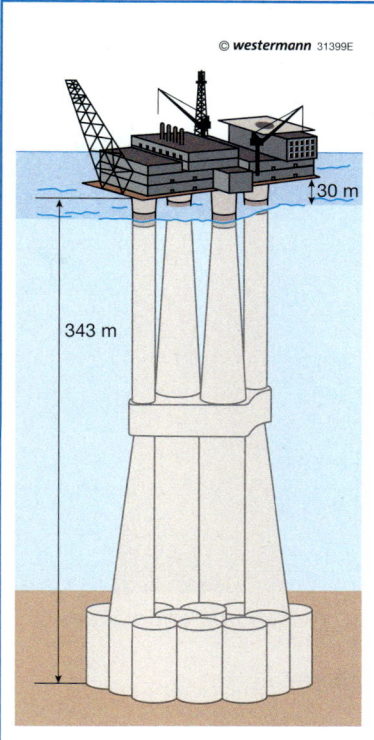

Die Plattform wird schwimmend aufs Meer geschleppt. Dabei dienen die Betonkörper als Ballasttanks zum Austarieren. Später bei der Förderung werden sie als Gasspeicher genutzt. Die Sea Troll ist die größte Plattform dieser Art und auch die größte Bohrinsel der Welt. Sie fördert seit 1995 Erdgas aus dem Gasfeld „Troll" in der Nordsee, vor der norwegischen Küste bei Bergen.

M4 *Die Erdgas-Bohrplattform Sea Troll*

Erdöl und Erdgas

Zu den Rohstoffen aus dem Meer gehören auch Erdöl und Erdgas, welche **offshore** in den Schelfbereichen gefördert werden. 1965 wurden in der Nordsee vor der britischen Küste die ersten Bohrungen nach Erdöl und Erdgas durchgeführt. Mittlerweile ist fast der gesamte Raum von den flachen Meeresbereichen im Süden bis in die 350 m tiefen Zonen zwischen den Shetland-Inseln und der norwegischen Westküste durch Fördereinrichtungen erschlossen. Mithilfe von Bohrplattformen (M4, M5) können Erdöl und Erdgas aus über 3000 m Tiefe gefördert werden. Der Abtransport erfolgt über Tankschiffe sowie im Meer verlegte Pipelines.

M5 *Die Sea Troll im Einsatz*

❶ a) Erläutere die Bedeutung des Meeres als Rohstoffreservoir. (M1–M3, Text)
b) Nenne Rohstoffe aus dem Meer, die in deinem Alltag eine Rolle spielen.

❷ Beschreibe, wie aus dem Mittelmeer Salz gewonnen wird. (M2, Text)

❸ Nenne Regionen, in denen Erdöl und Erdgas offshore gewonnen werden. (M1, Atlas)

❹ Beschreibe am Beispiel der Sea Troll den Aufbau einer Bohrplattform. (M4, M5)

❺ Auch in der Nordsee werden Erdöl und Erdgas gefördert. Stelle fest, zu welchen Ländern die Pipelines führen. (M3, Atlas)

❻ Beschreibe den Weg des Erdgases von der Lagerstätte Troll bis nach Niedersachsen. (M3, Atlas)

M1 *Die Miraflores-Schleusen im Panamakanal*

Verkehrsraum Meer

Viele Waren, die in unseren Geschäften angeboten werden, stammen von anderen Kontinenten. Durch die zunehmenden globalen wirtschaftlichen Verflechtungen sind die weltweiten Güterströme in den letzten Jahrzehnten stark angestiegen. 90 % des interkontinentalen Güterverkehrs erfolgen per Seeschiff über die Ozeane, werden dann in Häfen umgeschlagen und ins Hinterland weitergeleitet. Bei der Überwindung großer Distanzen ist die Seeschifffahrt im Vergleich zum Flugzeug und zur Eisenbahn kostengünstiger.

Beim weltweiten Warenhandel pendeln die Handelsschiffe zwischen den großen Seehäfen wie Singapur, Shanghai, Rotterdam oder Hamburg und folgen dabei festgelegten Schifffahrtsrouten. Um die Transportzeiten zu verkürzen und die Transportkosten auf dem Seeweg zu senken, wurden kurze Schifffahrtsrouten durch den Bau von Kanälen (z. B. Panamakanal [M1], Nord-Ostsee-Kanal, Suezkanal) geschaffen.

Die Schiffe werden immer größer, da dadurch die anteiligen Kosten für Mannschaft, Treibstoff, Liegegebühren, Versicherung, Wartung und Unterhalt der Schiffe sinken. Allerdings müssen die Hafenbetreiber auf die zunehmenden Schiffsgrößen reagieren. Hafenzufahrten und Kaianlagen müssen angepasst werden, beispielsweise durch eine Vertiefung der Fahrrinnen.

INFO

Piraten

Früher galten Piratenüberfälle meist der Ladung und den Wertgegenständen der Besatzung und wurden mit Piratenschiffen durchgeführt. Heute sind es Schnellboote, die die Frachtschiffe meist nachts überfallen. Dabei geht es vor allem um Lösegeld für das Schiff und seine Besatzung. Professionelle Vermittler regeln die Lösegeldzahlung mit dem Eigentümer oder der Reederei. Zusätzlich sind die Piraten auf das Geld im Schiffstresor aus. Hier befinden sich meist 10 000–20 000 US-$ zur Bezahlung von Heuer und Hafengebühren. Der Gesamtschaden durch Piraterie wird auf 1–16 Mrd. US-$ pro Jahr geschätzt.

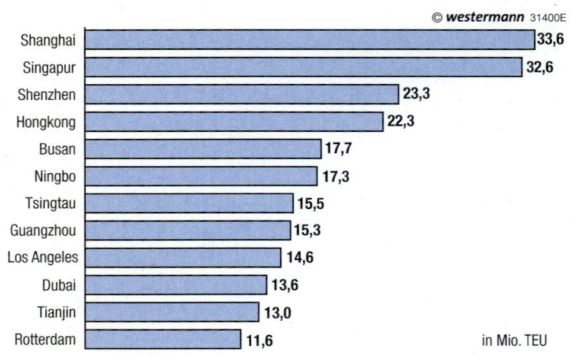

M2 *Die größten Containerhäfen der Welt nach ihrem Umschlagvolumen (2013)*

Left column sidebar: 3 Das Weltmeer

100800-225, 268
www.diercke.de

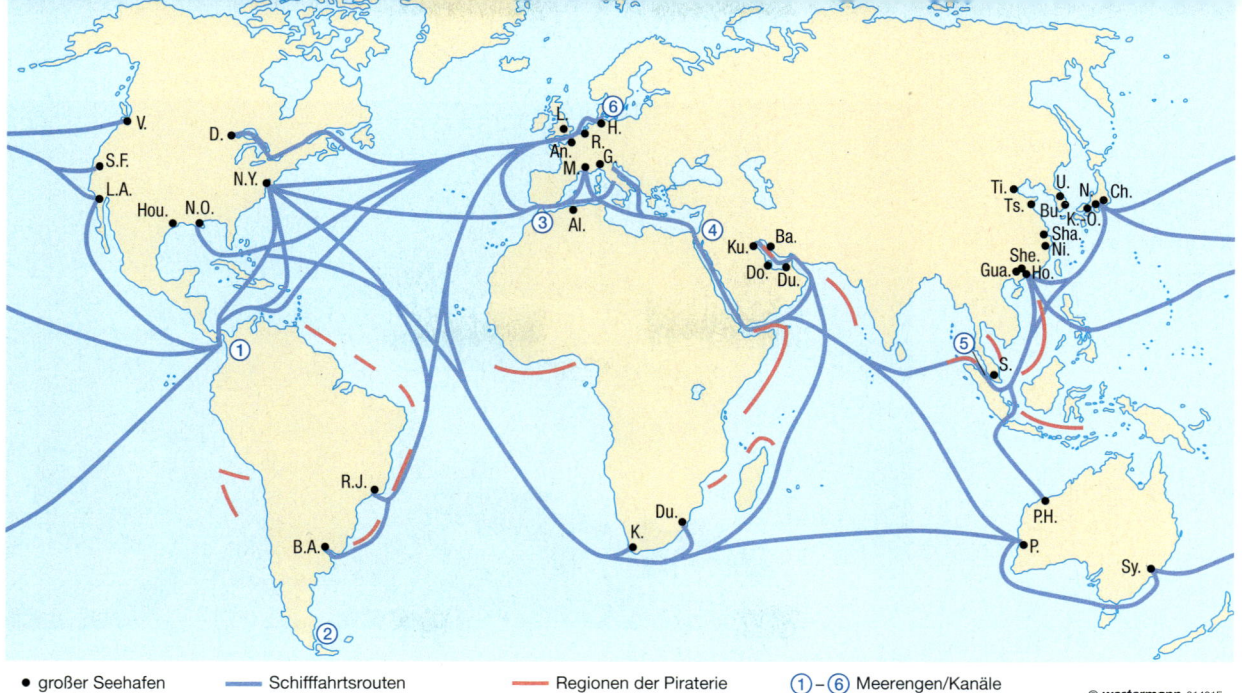

M3 *Ausgewählte große Seehäfen und Schifffahrtsrouten (2012)*

[...] Am Montag hatte der Bau des Nicaraguakanals begonnen. Die eigens gegründete chinesische Betreibergesellschaft HKND (Hong Kong Nicaragua Development) will die 278 km lange Verbindung zwischen dem Pazifischen und Atlantischen Ozean mithilfe von 50 000 Arbeitern einrichten. Die Kosten sollen rund 50 Mrd. US-$ (40 Mrd. Euro) betragen. Woher das Geld kommt, ist allerdings unklar. Unbekannt ist auch, wer hinter HKND steht und ob die Firma das notwendige Know-how für ein solches Projekt besitzt.

[...] Der Kanal soll 30 m tief sein und gigantischen Containerfrachtern [...] Raum bieten, die mehr als 18 000 Standardcontainer transportieren können. Bei der Fertigstellung würde die Wasserstraße dem weiter südlich gelegenen Panamakanal Konkurrenz machen, der seit einem Jahrhundert eine Abkürzung quer durch den südamerikanischen Teilkontinent bietet. Ihn können aber nur Schiffe mit bis zu 80 000 t passieren.

Präsident Daniel Ortega hofft auf zahlreiche Arbeitsplätze, um die Armut in dem zentralamerikanischen Land zu mildern. Allerdings wird damit gerechnet, dass 30 000 Bauern und Ureinwohner umgesiedelt werden müssen. Viele Anwohner fürchten Enteignungen.

Der Kanal weckt auch bei Naturschützern Sorge. Sie befürchten Verschmutzungen durch die Schifffahrt und eine Verun-reinigung des Trinkwassers, da die Route auf einer Länge von gut hundert Kilometern durch den Nicaraguasee verläuft – das größte Süßwasserreservoir Zentralamerikas. Zudem müssten für den Kanal Tausende Quadratkilometer Urwald abgeholzt werden.

Quelle: www.spiegel.de/wissenschaft/natur/viele-verletzte-bei-protesten-gegen-nicaragua-kanal-a-1010292.html vom 25.12.2014

M4 *Der Nicaraguakanal – Konkurrenz zum Panamakanal*

1 Erläutere die Bedeutung des Meeres für den Gütertransport. (Text)

2 Ordne den größten Containerhäfen Staaten und Kontinente zu. Was fällt dir auf? (M2, Atlas)

3 Benenne die Meerengen und Kanäle 1–6 in M3. (Atlas)

4 a) Beschreibe die kürzeste Schifffahrtsroute für drei Verbindungen zwischen jeweils zwei Häfen, die auf unterschiedlichen Kontinenten liegen. (M3)
b) Benenne mögliche Probleme auf diesen Routen. (M3)

5 Miss die Entfernung von New York nach Los Angeles über den Seeweg ohne und mit dem Panamakanal. (Atlas)

6 Begründe den Bau des Nicaraguakanals. (M4)

M1 *Lage von Bali*

M2 *Hotelanlage auf Bali*

Methode: Ein Wertequadrat erstellen – Tourismus an der Küste Balis

Weiße, palmenbestandene Sandstrände, kleine Badebuchten, angenehmes Klima, Sonne, freundliche Bewohner und Erholung pur – Tanah Lot auf Bali ist ein beliebtes Reiseziel und touristisch stark genutzt. Von diesen Erfolgen angetan, möchte ein internationaler Hotelbetreiber nun auch den Nachbarort Ulu Watu zu einem Badeort ausbauen.

Um sich ein Bild von den möglichen positiven wie negativen Veränderungen durch den Tourismus zu machen, hat die Stadtverwaltung von Ulu Watu beschlossen, verschiedene Einwohner aus Tanah Lot nach ihren Eindrücken und Meinungen zu befragen. Die verschiedenen Positionen der Betroffenen zur Frage, ob der Tourismus ein Fluch oder ein Segen ist, können in einem Wertequadrat dargestellt werden.

① **Frau Sumarta, Tourismusmanagerin von Tanah Lot**

„Der Tourismus verhalf unserem Dorf und der Bevölkerung zu einer sicheren Einnahmequelle. Viele Menschen können jetzt im Tourismusbereich Arbeit finden und sind nicht mehr auf die Arbeit auf den Reisfeldern angewiesen. Sie arbeiten nicht nur in den Hotels und der Gastronomie, manche stellen auch Souvenirs her, sind Verkäufer, Taxifahrer oder Fremdenführer. Weil immer mehr Urlauber auch das Hinterland der Insel erkunden wollen, profitieren jetzt auch die Menschen dort. Sie verdienen mittlerweile so viel Geld, dass sie sogar ihre Kinder zur Schule schicken können. Mit den Einnahmen aus dem Tourismus konnten wir zudem die Infrastruktur, unter anderem die Elektrizitätsversorgung, der Insel ausbauen. Eigentlich haben wir alles richtig gemacht."

② **Herr Harimurti, Reisbauer**

„Früher hatte ich meine Felder im alten Dorf, unten am Strand. Doch dann musste ich mein Land verkaufen. Wir Bauern wurden enteignet, damit die Verwaltung auf unseren Grundstücken Hotelanlagen für die Touristen bauen konnte. Als Ausgleich haben sie uns diese Flächen im Hinterland gegeben. Die Bedingungen sind nicht ganz so gut und ich habe Mühe, meine Familie zu ernähren. Daher müssen meine Frau und mein ältester Sohn in einem Hotel als Reinigungskräfte arbeiten. Durch das zusätzliche Geld können wir uns gerade so über Wasser halten."

③ **Herr Pribadi, Umweltschützer**

„Dass die Regierung so einseitig auf den Tourismus setzt, ist leichtsinnig und dumm. Durch die große Anzahl von Touristen und die dafür benötigten Einrichtungen haben wir ein ernsthaftes Müllproblem auf der Insel. Häufig findet man Abfall an den Stränden und im Meer. Dadurch ist die Tierwelt gefährdet. Fische verfangen sich zum Beispiel in Plastiktüten. Und vor allem die Korallenriffe vor der Küste haben in den vergangenen Jahren stark gelitten. Über die Hälfte ist mittlerweile nicht mehr intakt und trotzdem werden immer mehr Tauchgänge dahin angeboten. Das ist unverantwortlich."

METHODE

④ **Frau Gedeasih, Strandläuferin**

„Wir profitieren vom Tourismus. Früher hatten mein Mann und ich kaum genug, um unsere sieben Kinder und meine Eltern über Wasser zu halten. Jetzt verkaufe ich am Strand selbstgemachten Schmuck, geschnitzte Figuren und Getränke. Da, wo ich verkaufe, gibt es vier weitere Strandläufer, die ihr Einkommen aus dem Verkauf an Touristen beziehen. Uns geht's zwar nicht richtig gut, aber zum Leben reicht es. Ich kann jetzt sogar meinen ältesten Sohn zur Schule schicken, da ich das Geld für die Schulgebühren am Ende des Monats übrig habe."

⑤ **Herr Nengah, Ortsältester**

„Wissen Sie, früher war die Gegend hier viel schöner, die Natur noch nahezu unberührt. Aber es herrschte auch große Armut, wir lebten nur von unseren eigenen Feldern und waren somit der Natur ausgeliefert. Durch die vielen Touristen haben wir jetzt eine sichere Einnahmequelle, allerdings fließt nur ein geringer Anteil der Einnahmen in unser Dorf, ein Großteil geht an die Hotelbesitzer. Außerdem mussten wir unsere Häuser und Grundstücke verkaufen und weiter ins Hinterland ziehen."

M3 *Meinungen der Einwohner von Tannah Loe zum Tourismus*

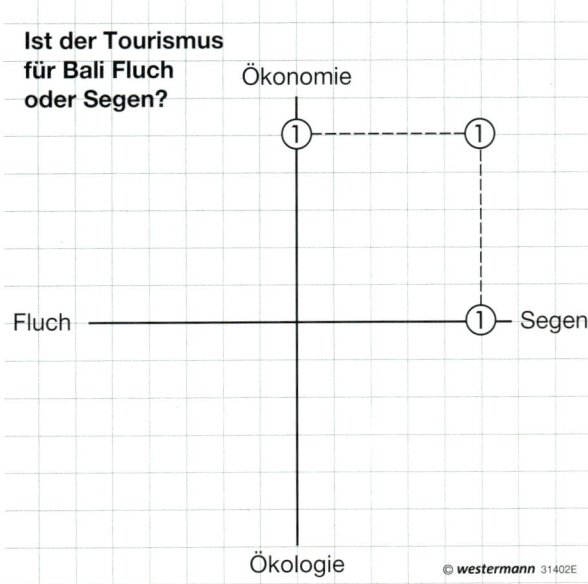

M4 *Angefangenes Wertequadrat*

So erstellst du ein Wertequadrat

1. Schritt
Notiere die zentrale Fragestellung oben auf ein kariertes Blatt.
Beispiel: Ist der Tourismus für Bali Fluch oder Segen?

2. Schritt
Ziehe in der Mitte des Blattes mit dem Lineal eine 10 cm lange horizontale Linie. Oberhalb und unterhalb der Linie sollten noch mindestens 5 cm Platz sein. Notiere links und rechts neben dieser Linie die zwei gegensätzlichen Meinungen zur zentralen Fragestellung.
Beispiel: links: Fluch, rechts: Segen

3. Schritt
Lies die unterschiedlichen Meinungen der Betroffenen bzw. Experten zur Fragestellung. Überlege, wo auf der Linie die Position des Betroffenen eingetragen werden muss. Je weiter du dich von der Mitte entfernst, desto eindeutiger ist die jeweilige Meinung. Schreibe die Nummer der Betroffenen bzw. Experten mit Bleistift an die Linie.

4. Schritt
Ziehe durch die Mitte der horizontalen Linie eine 10 cm lange vertikale Linie. Oben und unten notierst du die Wertmaßstäbe, die von den Betroffenen bzw. Experten als Begründung angegeben werden.
Beispiel: oben: Ökonomie, unten: Ökologie

5. Schritt
Lies die Meinungen erneut und trage auf der vertikalen Linie die Begründung der Meinung der Betroffenen bzw. Experten ein. Schreibe die Nummer der Betroffenen bzw. Experten mit Bleistift an die Linie.
Beispiel: Je weiter du dich von der Mitte nach oben entfernst, desto wichtiger sind dem Betroffenen wirtschaftliche Aspekte als Begründung seiner Meinung.

6. Schritt
Ermittle die Position der Betroffenen bzw. Experten im gesamten Wertequadrat. Ziehe dazu bei jeder Meinung von den beiden Punkten auf den Linien jeweils eine gestrichelte Hilfslinie, die im 90°-Winkel dazu steht. Am Schnittpunkt dieser beiden Hilfslinien liegt die Position der Meinung, die durch das Eintragen der Nummer markiert wird.

7. Schritt
Stellt abschließend einzelne Wertquadrate in der Klasse vor, vergleicht eure Ergebnisse und diskutiert Auffälligkeiten.

Kreuzfahrttourismus

Kreuzfahrttourismus – ein bedeutender Wirtschaftsfaktor

Der Kreuzfahrttourismus (Hochsee- und Flusskreuzfahrten) ist ein Bereich des Tourismus mit großen Wachstumsraten (M3). Ein Grund dafür ist das zunehmende Angebot auf den Schiffen (M2, M4). Außerdem führen die Kreuzfahrtrouten zu landschaftlich und kulturell interessanten Zielen in aller Welt. Bei den Deutschen am beliebtesten sind das Mittelmeer, die Kanarischen Inseln und die Ostsee.

Der Kreuzfahrttourismus ist noch gar nicht so alt. Bis Ende des 19. Jahrhunderts wurden Passagierschiffe ausschließlich im Linienverkehr eingesetzt, wie auf der Hamburg-Amerika-Linie im Nordatlantik. Erst in den 1970er-Jahren buchten breitere Bevölkerungsschichten eine Kreuzfahrt, zunächst in den USA, überwiegend von Florida in Richtung Karibik.

In Deutschland zählen die Städte Kiel, Hamburg und Warnemünde zu den bedeutendsten Kreuzfahrthäfen. Allein zehnmal machte der Luxusliner „Queen Mary 2" im Jahr 2014 in Hamburg fest. Dabei ist Hamburg nicht nur ein Kreuzfahrtstopp für mögliche Landausflüge, sondern auch ein Aussteige- und Zusteigeport für Passagiere. Der Kreuzfahrttourismus ist für Städte wie Hamburg wirtschaftlich interessant: Für den Aufenthalt in den Häfen sind von den Reedereien Liegegebühren zu zahlen. Auch geben die Passagiere beim Landgang und Besuch der Städte Geld in Geschäften und Restaurants aus. Bevor sie an Bord einchecken oder nach der Reise übernachten viele Touristen in den Hafenstädten und sorgen so für zusätzlichen Umsatz in den Hotels.

Kreuzfahrttourismus in der Kritik

Die Schattenseiten des Kreuzfahrttourismus sind jedoch erhebliche Umweltbelastungen. Vor allem das billige ruß- und schwefelhaltige Schweröl, das anstelle von Dieselkraftstoff als Treibstoff verwendet wird, verursacht extreme Luftbelastungen. Hinzu kommen ungeklärte Abwässer, giftige Chemikalien und anderer Abfall, die teils direkt in das Meer entleert werden.

Eine typische einwöchige Karibikkreuzfahrt erzeugt beispielsweise rund 50 Tonnen Abfall, 800 000 Liter Abwasser und 130 000 Liter ölhaltiges Wasser. Diese Verschmutzungen stellen eine potenzielle Gefahr für die Meereslebewesen und die Gesundheit der Menschen dar.

Um diesen Problemen entgegenzusteuern, werden Verbesserungen der Schiffstechnik angestrebt. Zudem wird in den nächsten Jahren das schädliche Schweröl als Treibstoff verboten. Einige Veranstalter setzen auch schon auf nachhaltigen Kreuzfahrttourismus.

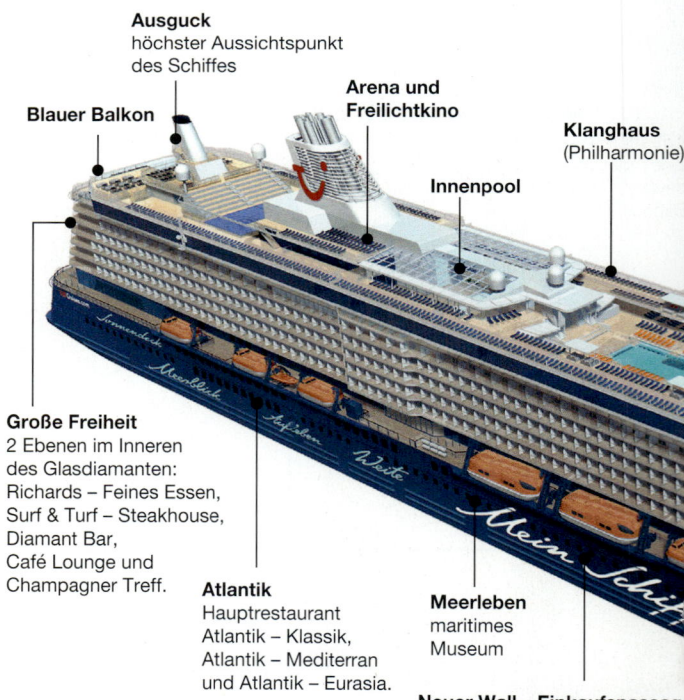

Ausguck
höchster Aussichtspunkt des Schiffes

Arena und Freilichtkino

Blauer Balkon

Klanghaus
(Philharmonie)

Innenpool

Große Freiheit
2 Ebenen im Inneren des Glasdiamanten:
Richards – Feines Essen,
Surf & Turf – Steakhouse,
Diamant Bar,
Café Lounge und
Champagner Treff.

Atlantik
Hauptrestaurant
Atlantik – Klassik,
Atlantik – Mediterran
und Atlantik – Eurasia.

Meerleben
maritimes
Museum

Neuer Wall – Einkaufspassag
Offene Einkaufspassagen mit
vielen Duty-free-Geschäften un
gehobenen bzw. trendorientiert
Marken.

M1 *Das Kreuzfahrtschiff „Mein Schiff 3"* < *(seit 2014 im Einsatz)*

Das, was mich an der Mein Schiff 3 am meisten beeindruckt hat und in Erinnerung bleiben wird, ist die Vielfalt der Restaurants! So konnte ich an sieben Abenden in sieben unterschiedlichen Restaurants speisen, ohne auch nur eine Wiederholung dabei zu haben.

Sehr beeindruckend ist natürlich auch der 25-Meter-Pool auf Deck 12 der Mein Schiff 3, in Kombination mit dem Innenpool und der Eis-Bar. Selbst an Seetagen, von denen wir immerhin zwei auf der Reise hatten, fand man immer eine freie Liege und einen erfrischenden Platz im Pool, ohne dass man sich wie eine Ölsardine vorkam.

Die Destinationen während der Reise waren natürlich auch eine Klasse für sich – aber wer hat von Monte Carlo, Ajaccio, Rom und Catania auch etwas anderes erwartet? Unvergesslich natürlich auch der Stromboli, ein spuckender Vulkan aus nächster Nähe, das erlebt man nicht alle Tage.

Was das Programm und die Unterhaltung an Bord der Mein Schiff 3 betrifft, gibt es glaub ich keinen Grund zum Meckern, denn die Vielfalt der Möglichkeiten war gegeben und für jeden Geschmack das Richtige dabei. Von der Rock-Show bis zum klassischen Konzert, von virtuoser Artistik bis hin zu verblüffender Zauberei wurden wir täglich begeistert. Auch das Kids Programm und die Betreuung im Kids Club waren unübertrefflich.

Quelle: www.schiffe-und-kreuzfahrten.de/reisebericht-mein-schiff-3-westliches-mittelmeer-fazit-nach-der-reise/ (gekürzt)

M2 *Auszug aus einem Reisebericht von der „Mein Schiff 3"*

	2005	**2008**	**2011**	**2013**
Passagiere	639 099	906 620	1 388 199	1 686 746
durchschnittlicher Reisepreis (in Euro)	1 913	1 868	1 710	1 492*
durchschnittliche Reisedauer je Passagier (in Tagen)	9,6	9,4	9,2	8,7

* ab 2013 ohne An-/Abreise

M3 *Entwicklung des Kreuzfahrttourismus in Deutschland (bei deutschen Anbietern gebuchte Kreuzfahrten)*

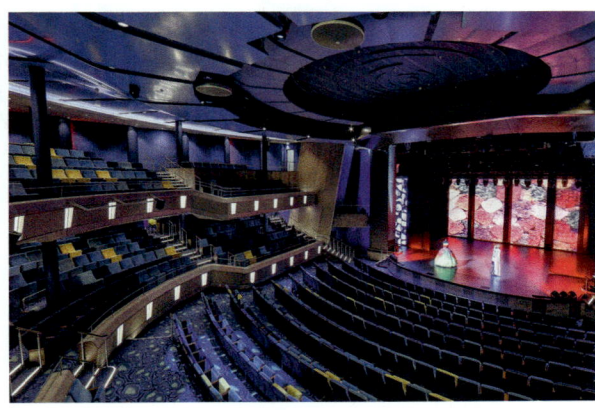

M4 *Theater des Kreuzfahrtschiffes „Mein Schiff 3"*

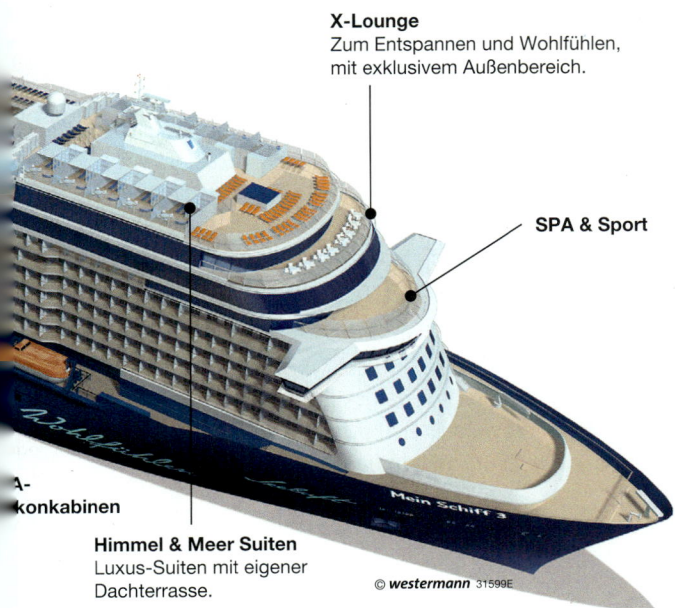

Außenpool
Eine Innovation in der Kreuzfahrt: der 25 m lange Außenpool zum Bahnenschwimmen.

X-Lounge
Zum Entspannen und Wohlfühlen, mit exklusivem Außenbereich.

SPA & Sport

Himmel & Meer Suiten
Luxus-Suiten mit eigener Dachterrasse.

© **westermann** 31599E

❶ Fertige eine Liste mit den Freizeitmöglichkeiten auf dem Kreuzfahrtschiff „Mein Schiff 3" an oder erstelle einen Werbetext für „Mein Schiff 3". (M1, M2, M4)

❷ Erläutere die Entwicklung des Kreuzfahrttourismus. (M3)

❸ Erkläre, warum Kreuzfahrten bei Touristen so beliebt sind.

❹ Erörtere, ob die Hafenstädte an Kreuzfahrtrouten vom Kreuzfahrttourismus profitieren.

❺ Diskutiert, ob und falls ja, unter welchen Bedingungen Kreuzfahrttourismus nachhaltig sein kann. Beachtet dabei die drei Dimensionen der Nachhaltigkeit (Ökologie, Ökonomie, Soziales).

❻ **Aktiv** Erstelle einen Steckbrief für das derzeit größte Kreuzfahrtschiff. (Internet)
↗ **Starthilfe**

❼ Wäre eine Kreuzfahrt auch was für dich? Begründe deine Meinung.

Methode: Karikaturen auswerten

◁ **M1** *Karikatur 1*

Eine Karikatur kann als provokanter, bildhafter Kommentar zu einer Nachricht oder einem Sachverhalt verstanden werden. Dabei geht es vor allem um Themen, welche die Menschen bewegen und das tagesaktuelle Geschehen dominieren. Das können zum Beispiel der Klimawandel, Sportereignisse oder politische Entscheidungen sein.

Die Karikatur soll den Betrachter herausfordern, sich mit einem Thema zu beschäftigen, um so möglicherweise zu neuen Sichtweisen oder Einsichten zu gelangen. In seiner Zeichnung vertritt der Karikaturist eine bestimmte, überspitzt und ironisch-humorvoll dargestellte Auffassung. Diese ist stark durch die eigene Meinung des Karikaturisten oder dessen Auftraggeber geprägt.

Damit du dir als Betrachter eine eigene Meinung bilden kannst, musst du dich ausreichend über das jeweilige Thema informiert haben.

So wertest du eine Karikatur aus

1. Schritt: Beschreibung
Beschreibe hierbei möglichst genau die dargestellte Szene, die Personen, den Ort und die Handlung. Achte auf die Darstellung der einzelnen Bildelemente.

- Sind diese übertrieben (z. B. kleiner/größer) oder anders dargestellt?
- Wie sind die einzelnen Bildelemente angeordnet?
- Welche Besonderheiten sind erkennbar?

2. Schritt: Interpretation
- Welche Bedeutung haben die einzelnen Bildelemente?
- Auf welche Probleme bzw. Sachverhalte will der Karikaturist aufmerksam machen?
- Welche Meinung vertritt er?
- Was soll beim Betrachter der Karikatur erreicht werden?

3. Schritt: Eigene Stellungnahme
- Wie wirkt die Karikatur auf dich?
- Was weißt du über den dargestellten Sachverhalt? Benötigst du weitere Informationen?
- Wie ist deine Position zum dargestellten Sachverhalt?
- Ist die Aussage der Karikatur berechtigt oder verzerrt sie zu sehr?

METHODE

M2 *Karikatur 2*

M3 *Karikatur 3*

❶ Werte die Karikatur M1 nach der vorgegeben Schrittfolge aus.

❷ a) Formuliere die Kernaussage der Karikatur M2 in einem Satz.
b) Überprüfe die Gültigkeit dieser Aussage für den Nordatlantik mithilfe des Diagramms zur Atlaskarte „Nordatlantik – Fischfang".

❸ Verfasse eine eigene Stellungnahme zur Karikatur in M3.

❹ **Aktiv** a) Suche in Zeitungen oder im Internet nach einer Karikatur zum Thema „Nordsee", die dir besonders gefällt.
b) Stelle deine Karikatur in der Klasse vor.

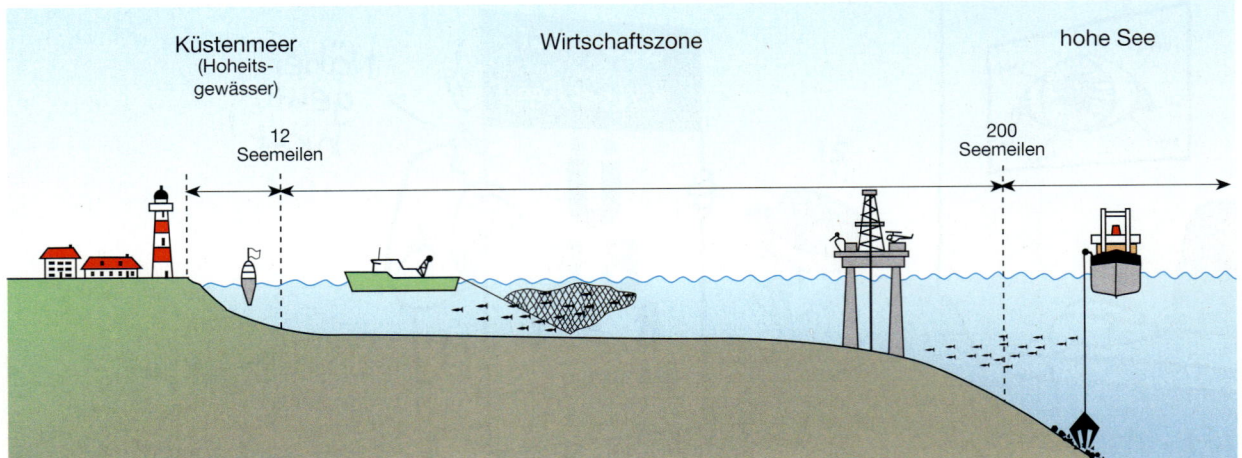

M1 *Rechtliche Aufteilung des Meeres in Nutzungszonen*

Wem gehört das Meer?

Stell dir vor, um einen See herum sind fünf Grundstücke mit Häusern verteilt. Wer von den Grundstückseigentümern darf den See wie nutzen? Mehrere Möglichkeiten sind denkbar:

1. Jeder macht, was er möchte und kann. Es gibt keine Regelungen.
2. Jedes Gebiet gehört eindeutig einer Person. In dem ihr gehörenden Gebiet kann die Person machen, was sie möchte. Dazu müsste der See eindeutig zwischen den fünf Grundstückseigentümern aufgeteilt werden.
3. Es werden gemeinsame Regeln für den gesamten See aufgestellt. Dazu müssen sich die Grundstückseigentümer treffen, um für alle verbindliche Regelungen festzulegen.

Die Regelungen zur Nutzung des Meeres stellen eine Mischung aus den Möglichkeiten 2 und 3 dar. Sie sind 1982 als Seerechtsübereinkommen bei der „Dritten Seerechtskonferenz der Vereinten Nationen" beschlossen worden. Hierbei wurde das Meer in drei Zonen unterteilt (M1):

Küstenmeer: Bis zu einer Entfernung von 12 Seemeilen (ca. 22 km) von der Küstenlinie hat der Küstenstaat das volle Hoheitsrecht. Damit gelten seine Gesetze auch in seinen Hoheitsgewässern. So kann er etwa durchfahrende Schiffe kontrollieren oder Zölle erheben.

Wirtschaftszone: Bis zu einer Entfernung von 200 Seemeilen (ca. 370 km) hat der Küstenstaat das alleinige Recht, die dort vorkommenden Ressourcen (z. B. Fische oder Erdöl) zu nutzen. Er hat aber z. B. kein Recht, andere Schiffe anzuhalten. Häu-

fig liegt innerhalb dieser 200 Seemeilen das komplette Schelf. Wenn das Schelf aber darüber hinausreicht, gehören die Rohstoffe des Meeresgrundes im gesamten Schelfgebiet dem Küstenstaat.

Hohe See: Jenseits der 200 Seemeilen beginnt die hohe See. Diese gehört keinem Staat. Ihre Nutzung wird durch gemeinsame Organisationen geregelt. Wenn sich zwei Küstenstaaten nahe gegenüberliegen, müssen die 200-Seemeilen-Grenze und manchmal sogar die 12-Seemeilen-Grenze in der Mitte zwischen den beiden Staaten gezogen werden. Der Verlauf dieser Grenzen ist mitunter umstritten. Auch die Festlegung, bis wohin das Schelf reicht, führt gelegentlich zu Konflikten.

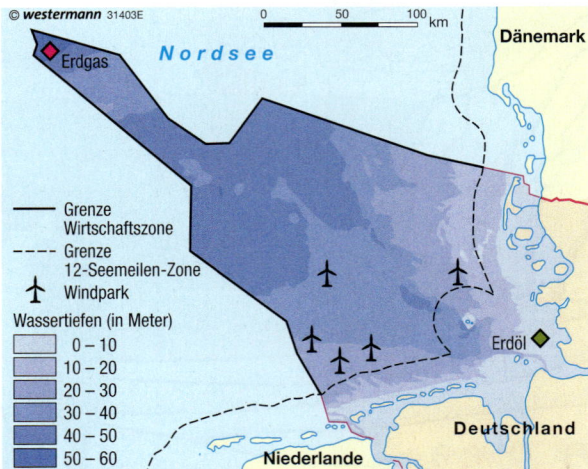

M2 *Küstenmeer und Wirtschaftszone Deutschlands in der Nordsee und ihre Nutzung für die Energiegewinnung*

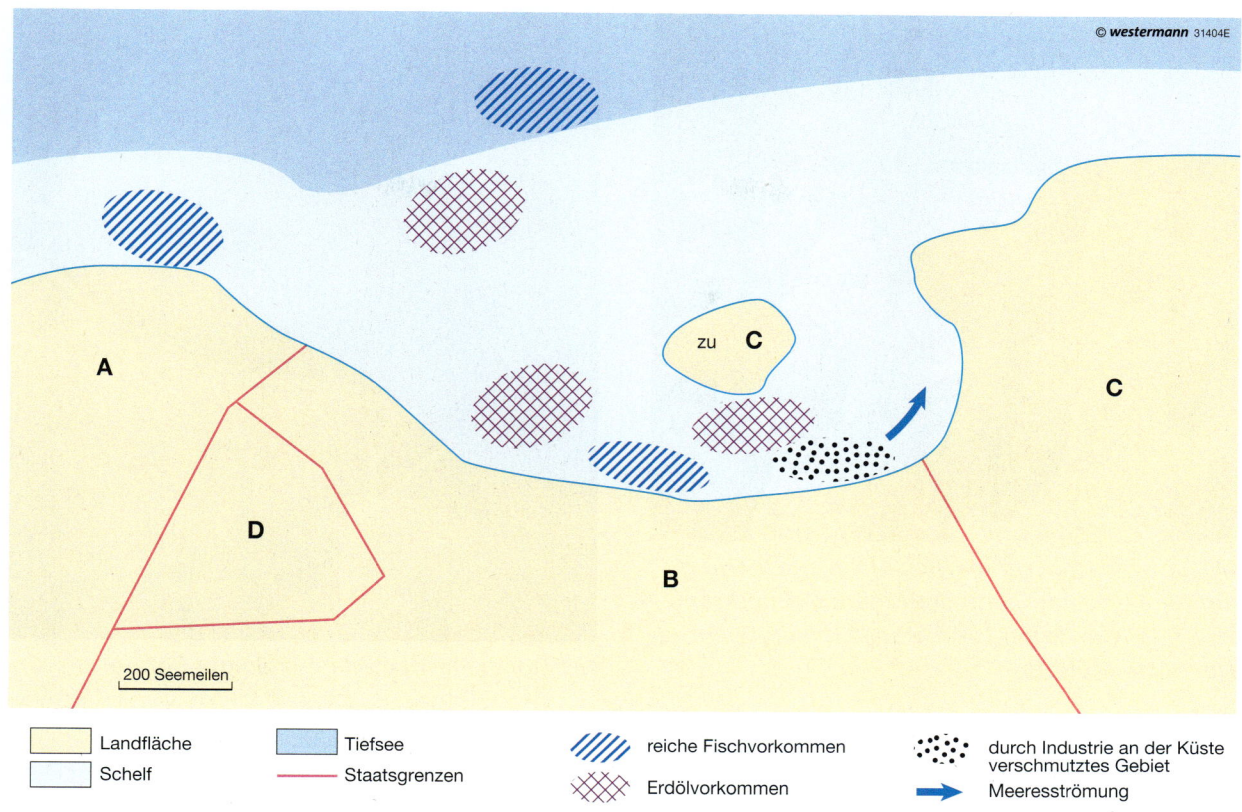

Landfläche
Schelf
Tiefsee
Staatsgrenzen
reiche Fischvorkommen
Erdölvorkommen
durch Industrie an der Küste verschmutztes Gebiet
Meeresströmung

200 Seemeilen

© **westermann** 31404E

M3 *Eine fiktive Küstenregion*

❶ Beschreibe die Nutzung der deutschen Wirtschaftszone für die Energiegewinnung. (M2)

❷ Deutschlands Wirtschaftszone ragt nicht überall bis 200 Seemeilen in die Nordsee hinein. Erkläre. (M2, Atlas)

❸ Erkläre die große Bedeutung des Schelfbereiches für die wirtschaftliche Nutzung. (S. 94, S. 100/101)

❹ Stellt euch vor, es gäbe noch kein Seerechtsübereinkommen. Entwickelt selbst eine rechtliche Regelung für das Meeresgebiet in M3. Dabei sollten folgende Punkte berücksichtigt werden:
– Welche Arten von Schiffen dürfen wo fahren?
– Wie dürfen die eingezeichneten Fisch- und Erdölvorkommen genutzt werden?
– Wie wird mit der eingezeichneten Meeresverschmutzung umgegangen?
– Gibt es Sonderregelungen für den Zugang zum Meer für den Binnenstaat D?
Wenn ihr eine Zonierung entwickelt, so zeichnet diese auf einer Folie ein, die ihr auf M3 legt.

❺ a) Legt eine Folie auf M3 und zeichnet die Grenze der Wirtschaftszone für die Staaten A, B und C ein.
b) Erläutert, wo es zu Konflikten bei der Grenzziehung kommen könnte.

❻ a) Suche Beispiele aus dem Alltag, wo mehrere Menschen gemeinsam etwas nutzen, was keinem direkt gehört. Wird das Gemeinsame pfleglich/nachhaltig genutzt? Welche Regeln gibt es zur gemeinsamen Nutzung?
b) **Diskussion** Nimm Stellung zu der Frage, ob Ressourcen (z. B. Fische) nachhaltiger genutzt werden, wenn die Ressourcen eindeutig einer Person/einem Staat gehören oder wenn sie allen gemeinsam gehören.
c) **Transfer** Auch die Antarktis gehört keinem Staat. Informiere dich auf S. 82/83, welche Regelungen es dort zur Rohstoffnutzung gibt.

M1 *Umweltschützer machen am Weltozeantag auf die Verschmutzung des Meere aufmerksam und füllen am Strand von Manila (Philippinen) Hunderte Mülltüten*

M2 *Durch Plastikmüll geschädigte Robbe*

Verschmutzung des Meeres – Fallbeispiel: Plastikmüll

Wenn du nach einem Sturm am Strand spazieren gehst, wird dir auffallen, dass sehr viel Müll an den Strand getrieben wurde: Plastiktüten, Flaschen, Reste von Fischereinetzen, alte Feuerzeuge und vieles mehr. Das ist überall auf der Welt so, denn das Meer ist im Allgemeinen stark verschmutzt. Durch die Meeresströmungen und den Wind wird der Müll selbst an die entlegensten Orte getrieben. Da der Müll ständig in Bewegung ist, können Wissenschaftler nur schwer abschätzen, wie viel Müll wirklich in den Ozeanen treibt. Einen wesentlichen Anteil am Müllaufkommen hat Plastik, welches im Wasser nur sehr langsam abgebaut wird (M6) und so oftmals Jahrzehnte oder sogar Jahrhunderte im Meer überdauert.

Ende der 1990er-Jahre entdeckten Meeresforscher, dass sich der im Meer befindliche Müll in bestimmten Regionen sammelt und dort in mehreren Hundert Kilometer breiten Wirbeln zirkuliert. So hat sich z. B. im Nordpazifik ein riesiger Müllstrudel, der sogenannte Great Pacific Garbage Patch (Großer pazifischer Müllflecken), gebildet (M3). Auf einem Quadratkilometer konnten Wissenschaftler bis zu einer Million Plastikteile nachweisen.

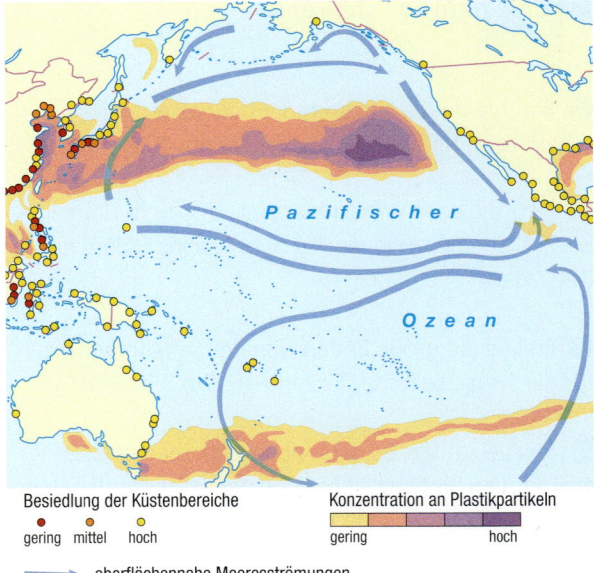

M3 *Great Pacific Garbage Patch*

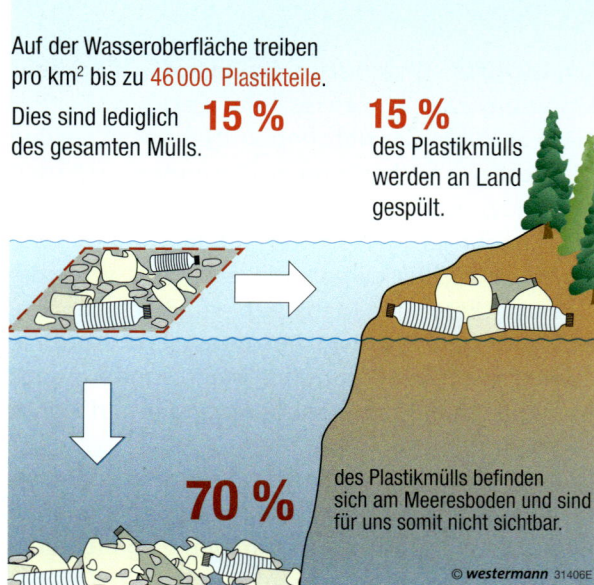

Auf der Wasseroberfläche treiben pro km² bis zu **46 000 Plastikteile**. Dies sind lediglich **15 %** des gesamten Mülls.

15 % des Plastikmülls werden an Land gespült.

70 % des Plastikmülls befinden sich am Meeresboden und sind für uns somit nicht sichtbar.

© **westermann** 31406E

M4 *Verteilung des Plastikmülls im Meer*

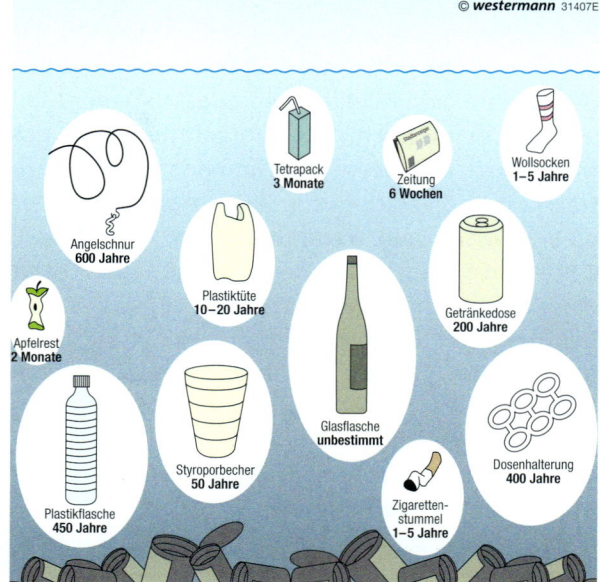

© **westermann** 31407E

Angelschnur **600 Jahre** · Tetrapack **3 Monate** · Zeitung **6 Wochen** · Wollsocken **1–5 Jahre** · Apfelrest **2 Monate** · Plastiktüte **10–20 Jahre** · Getränkedose **200 Jahre** · Plastikflasche **450 Jahre** · Styroporbecher **50 Jahre** · Glasflasche **unbestimmt** · Zigarettenstummel **1–5 Jahre** · Dosenhalterung **400 Jahre**

M6 *Geschätzte Abbauzeiten von häufigem Schwemm- und Treibgut*

Als Mikroplastik werden Plastikpartikel bezeichnet, die kleiner als fünf Millimeter sind. Dazu gehören unter anderem Granulate in Hautpeelings, Gesichtspflegeprodukten, Duschgel, Shampoo, Sonnencreme und Kosmetika wie Lippenstift und Lidschatten.

Wie an allen Plastikteilen lagern sich auch an ihrer Oberfläche im Meerwasser enthaltene Giftstoffe an. Wenn Tiere diese Mikroplastikpartikel fressen, nehmen sie das Gift mit auf. Dieses reichert sich in ihrem Fettgewebe an. Über die Nahrungskette kann es zum Menschen gelangen.

Mikroplastikzusätze in Kosmetika und Hygieneprodukten müssen bei den Inhaltsstoffen angegeben werden: PE (Polyethylen), PP (Polypropylen), PET (Polyethylenerephthalat), PES (Polyester), PA (Polyamid), PUR (Polyurethan), PI (Polyimid), EVA (Ethylen-Vinylacetat-Copolymere).

M5 *Mikroplastik*

Geradezu katastrophal wirkt sich die große Menge an Müll auf Meerestiere aus. Seevögel, wie etwa Albatrosse oder Eissturmvögel, picken Plastikteile von der Wasseroberfläche, verschlucken diese und verfüttern sie oftmals sogar an ihre Jungen. Nicht selten verhungern die Tiere, weil sich ihr Magen statt mit Nahrung mit Müll füllt. Untersuchungen des Mageninhalts von Seevögeln haben gezeigt, dass 111 von 312 Seevogelarten Plastikteile zu sich nehmen. Zum Teil hatten 80 Prozent aller Vögel einer Art Abfälle geschluckt. In einer anderen Studie wurden 47 Nordseeschweinswale untersucht. Zwei Individuen hatten Nylonfäden und Plastikteile verschluckt. In anderen Fällen kann der Abfall sogar zur tödlichen Falle werden. So verheddern sich Delfine, Schildkröten, Seehunde oder Seekühe in Netzresten oder Schnüren. Manche Tiere ertrinken. Andere tragen Verkrüpplungen davon, weil Plastiknetze und -fäden oder Gummiringe das Wachstum der Gliedmaßen oder des Körpers behindern [M2].

Quelle: http://worldoceanreview.com/wor-1/verschmutzung/muell/2/

M7 *Auswirkungen von Plastikmüll auf Meerestiere*

❶ Beschreibe die Lage des Great Pacific Garbage Patch. (M3)

❷ Erkläre den Einfluss der Meeresströmungen auf die Entstehung der Müllstrudel. (M3, M3 auf S. 33)

❸ Erläutere die in M4 und M6 dargestellten Probleme von Plastikmüll im Meer.

❹ Beschreibe die Auswirkungen von Plastikmüll auf die Meerestiere. (M2, M5, M7)

❺ a) Mikroplastik – die unsichtbare Gefahr. Erläutere. (M5)
b) **Aktiv** Überprüfe, ob ihr zu Hause Kosmetika oder Hygieneprodukte mit Mikroplastikzusätzen besitzt. Eine Liste mit allen Mikroplastik enthaltenden Produkten findest du zudem im Einkaufsratgeber des BUND „Mikroplastik – die unsichtbare Gefahr".

Verschmutzung des Meeres – Ursachen und Gegenmaßnahmen

Ursachen

Algenteppiche entlang vieler Badestrände, dazu der Gestank von Fäkalien und angetriebener Müll machen es deutlich: Seit Jahrzehnten wird das Meer durch den Menschen immer stärker beeinträchtigt und verschmutzt. Zwar besitzt das Meer eine gewisse Selbstreinigungskraft, indem z. B. Bakterien Schadstoffe oder Erdöl abbauen. Aber diese reicht angesichts der Menge an das Wasser belastenden Stoffen nicht mehr aus.

Neben dem Eintrag von Müll, wie z. B. Plastik (siehe S. 112/113), wird das Meer vor allem durch folgende Faktoren belastet:

Mineralstoffe aus der Landwirtschaft: Durch Mineralstoffe wird das Wasser überdüngt, wodurch sich das Algenwachstum verstärkt. Austern, Muscheln und Fische können nicht genügend Algen fressen. Abgestorbene Algen sinken in die Tiefe, wo bei ihrer Zersetzung der dort ohnehin schon knappe Sauerstoff verbraucht wird. Tiere, die schwimmen können, verlassen diese sauerstoffarmen Regionen. Am Boden lebende Tiere wie Muscheln und Garnelen sterben hingegen ab.

Schadstoffe: Organische Schadstoffe sind sehr langlebig und lagern sich im Fettgewebe der Tiere an. Über die Nahrungskette können sie den Menschen erreichen und zu Gesundheitsschäden führen. Zu den anorganischen Schadstoffen zählen die sehr giftigen Schwermetalle wie z. B. Cadmium und Quecksilber, die ebenfalls über die Nahrungskette den Menschen schädigen können.

Erdöl: Öl gelangt nicht nur durch Tankerunfälle oder die Erdölförderung ins Meer, sondern auch durch illegale Schiffstankreinigungen auf hoher See oder über die Flüsse.

Von der Meeresverschmutzung besonders betroffen sind die austauscharmen Randmeere wie die Ostsee. Aufgrund ihres schmalen Zugangs zum Atlantischen Ozean kommt nur wenig frisches Wasser in die Ostsee. Nimmt die Meeresverschmutzung zu, so reichen irgendwann die Selbstreinigungskräfte der Ostsee nicht mehr aus.

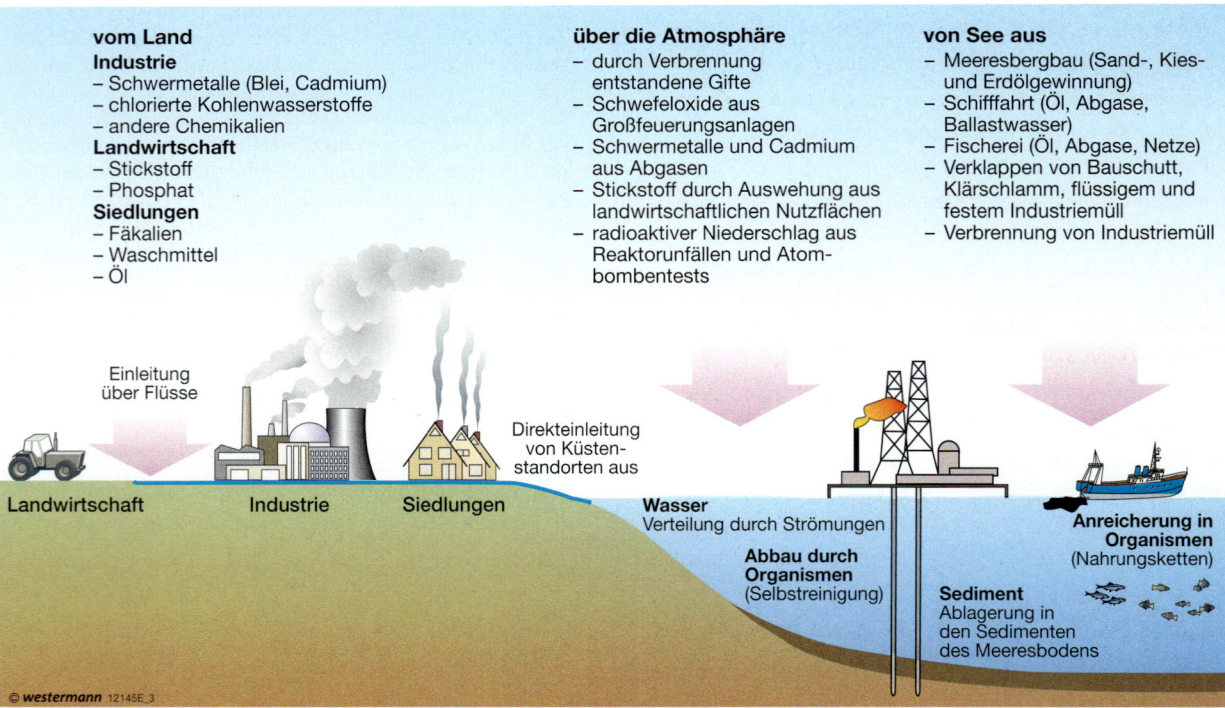

vom Land
Industrie
– Schwermetalle (Blei, Cadmium)
– chlorierte Kohlenwasserstoffe
– andere Chemikalien
Landwirtschaft
– Stickstoff
– Phosphat
Siedlungen
– Fäkalien
– Waschmittel
– Öl

über die Atmosphäre
– durch Verbrennung entstandene Gifte
– Schwefeloxide aus Großfeuerungsanlagen
– Schwermetalle und Cadmium aus Abgasen
– Stickstoff durch Auswehung aus landwirtschaftlichen Nutzflächen
– radioaktiver Niederschlag aus Reaktorunfällen und Atombombentests

von See aus
– Meeresbergbau (Sand-, Kies- und Erdölgewinnung)
– Schifffahrt (Öl, Abgase, Ballastwasser)
– Fischerei (Öl, Abgase, Netze)
– Verklappen von Bauschutt, Klärschlamm, flüssigem und festem Industriemüll
– Verbrennung von Industriemüll

Einleitung über Flüsse

Direkteinleitung von Küstenstandorten aus

Landwirtschaft   Industrie   Siedlungen

Wasser Verteilung durch Strömungen

Abbau durch Organismen (Selbstreinigung)

Anreicherung in Organismen (Nahrungsketten)

Sediment Ablagerung in den Sedimenten des Meeresbodens

© westermann 12145E_3

M1 *Quellen der Meeresverschmutzung*

Gegenmaßnahmen – Fallbeispiel: The Ocean Cleanup

Als er 16 Jahre alt war, hat der Niederländer Boyan Slat festgestellt, „dass im Meer mehr Plastiktüten herumschwimmen als Fische". Und das hat ihn dann dazu inspiriert, sich eine Reinigungsanlage für den Ozean einfallen zu lassen. Inzwischen ist er 19 Jahre alt, pausiert gerade bei seinem eben begonnenen Studium der Luft- und Raumfahrttechnik und ist dank des Internets eine ziemliche Berühmtheit. Zweimal hat er bei Innovationskonferenzen sein Konzept präsentiert, zum ersten Mal 2012 in seiner Heimatstadt Delft. Dabei inszeniert er sich wie eine grüne Reinkarnation des Apple-Gründers Steve Jobs – und das kommt gut an. [...]

Die Idee: In den mittlerweile fünf Müllstrudeln, der bekannteste liegt im Pazifischen Ozean zwischen Hawaii und Kalifornien, sollen riesige Filteranlagen installiert werden. 300 Kilometer lange, schlauchartige „Fangarme" sollen alle vier Kilometer am Meeresgrund befestigt werden und die ohnehin existierenden Strömungen ausnutzen, um Plastikmüll zu sammeln. Die Teile, die größer als 3,5 Millimeter sind, soll das System nach den Berechnungen Slats und seiner rund 100 Mitstreiter zu etwa 80 Prozent festhalten können. Der Müll müsste dann in regelmäßigen Abständen mit einem Schiff abgeholt und an Land verarbeitet werden.

Der Bundestagsabgeordnete Peter Meiwald (Grüne) sagte dem Tagesspiegel: „Ich halte das Projekt für wegweisend." Es sei ein „völlig neues Verfahren entwickelt worden, wie Plastikmüll aus den Ozeanen gefischt werden kann". Meiwald zitiert die vor wenigen Tagen vorgelegte Machbarkeitsstudie Slats, die „nur geringe Umweltauswirkungen" erwartet. Auch die Bundesregierung hält die Idee für einen „gut durchdachten Ansatz", wie Umweltstaatssekretärin Rita Schwarzelühr-Sutter auf Meiwalds schriftliche Frage schreibt. [...]

Quelle: Der Tagesspiegel vom 25.07.2014 (www.tagesspiegel.de/weltspiegel/plastikmuell-im-meer-die-muellfischer/10253112.html)

M2 *The Ocean Cleanup – die Idee*

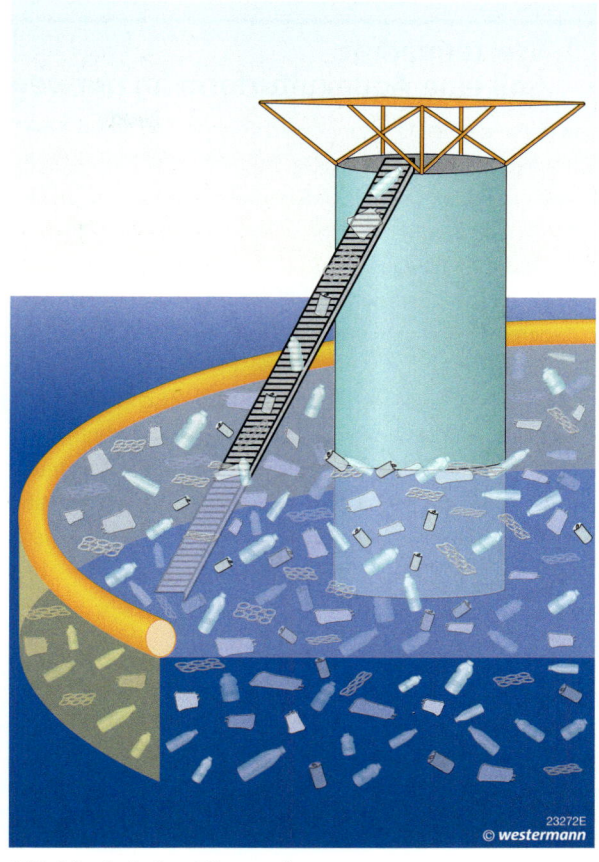

M3 *Modell der Filteranlage*

© *westermann* 31408E

Querschnitt

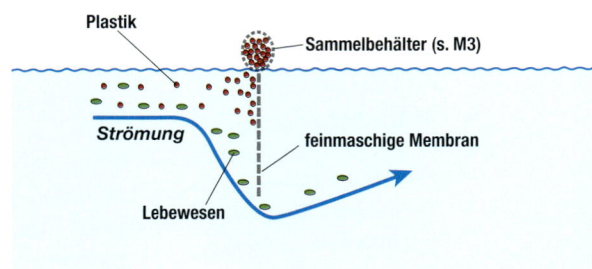

Draufsicht

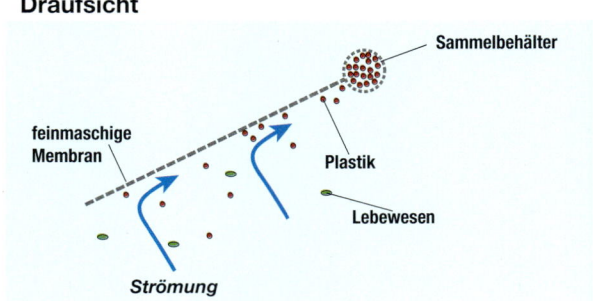

M4 *Funktionsweise der Filteranlage*

❶ a) Die Ostsee ist stärker durch Meeresverschmutzung gefährdet als die Nordsee. Erkläre. (Text, Atlas)
b) Nenne weitere Meere, die durch ihre Lage ebenfalls gefährdet sind. (Atlas)

❷ Erläutere, wie die Meeresverschmutzung auch Auswirkungen auf dich haben kann. (Text, M1)

❸ a) Beschreibe die Funktionsweise von The Ocean Cleanup. (M2–M4)
b) Erläutere mögliche Probleme bei der Realisierung.

❹ Erstelle eine Mindmap zum Thema „Meeresverschmutzung". (S. 112–115, S. 156)

Kompetenztraining

1. Wertequadrat:
Soll eine Aquakulturfarm im norwegischen Rorvik errichtet werden?

In norwegischen Ort Rorvik wird über die Errichtung einer Aquakulturfarm diskutiert. Der Bürgermeister möchte sich einen Überblick über die unterschiedlichen Meinungen in der Bevölkerung verschaffen und hat dich beauftragt, ihn dabei zu unterstützen.

a) Du hast vier Beteiligte interviewt und möchtest nun deren Meinungen in einem Wertequadrat (siehe Vorlage) darstellen.

b) Leider war Linnea Findalen, eine Umweltschützerin, auf einem Kongress in Bergen, sodass du sie nicht interviewen konntest. Wie ist wohl ihre Meinung zur geplanten Aquakulturfarm? Formuliere eine mögliche Stellungnahme und trage auch ihren Standpunkt (mit der Nummer 5) in das Wertequadrat ein.

① **Haakon Andersen, Fischfarmbesitzer und möglicher Investor**
„Wer weiter Fisch essen möchte, ist auf Aquakulturen angewiesen, denn die Vorkommen in der Natur sind begrenzt. Die Fischzucht in Norwegen ist auf dem besten Weg, eine sehr erfolgreiche Branche zu werden. Wir schaffen Arbeitsplätze – nicht nur in den Farmen selbst, sondern zum Beispiel auch in den Schlachthöfen und im Transportwesen. Unsere Gemeinde kann somit profitieren, auch durch erhöhte Steuereinnahmen."

② **Frida Ammundsen, Anwohnerin**
„Als Kundin ist es sehr angenehm, nicht vom Fangglück der herkömmlichen Fischerei abhängig zu sein. Die Aquakulturen liefern verlässlich und kostengünstig Fisch. Lachs ist beispielsweise längst kein Luxusprodukt mehr, den kann ich mir jetzt auch gelegentlich leisten. Trotzdem möchte ich die Anlage nicht direkt in der Nähe meines Hauses haben, da sie die schöne Aussicht auf den Fjord doch sehr stört und die Fischfarmen stinken können."

③ **Isak Isaksen, Fischer**
„Es ist ohnehin schon schwierig genug, als Fischer zu überleben, da wir kaum etwas verdienen. Und jetzt sollen wir so eine Aquafarm genau vor die Nase gesetzt bekommen. Die verderben uns die Preise, sodass wir von der Fischerei nicht mehr leben könnten."

④ **Inga Sverson, Leiterin des Amtes für Touristik**
„Ich mache mir etwas Sorgen. Die Touristen wünschen sich doch eine ursprüngliche Landschaft. Und unsere Fjorde sind wunderschön. Da passt eine Aquakulturfarm nicht rein. Andererseits kann sie aber vielleicht für die Touristen ein Anziehungspunkt werden. Man könnte ja Führungen anbieten und einen Direktverkauf einrichten."

2. Kreuzworträtsel

Schreibe in eine Kopie des Kreuzworträtsels die Lösung (Umlaute bleiben so). Die grün markierten Buchstaben ergeben in der richtigen Reihenfolge ein Lösungswort.

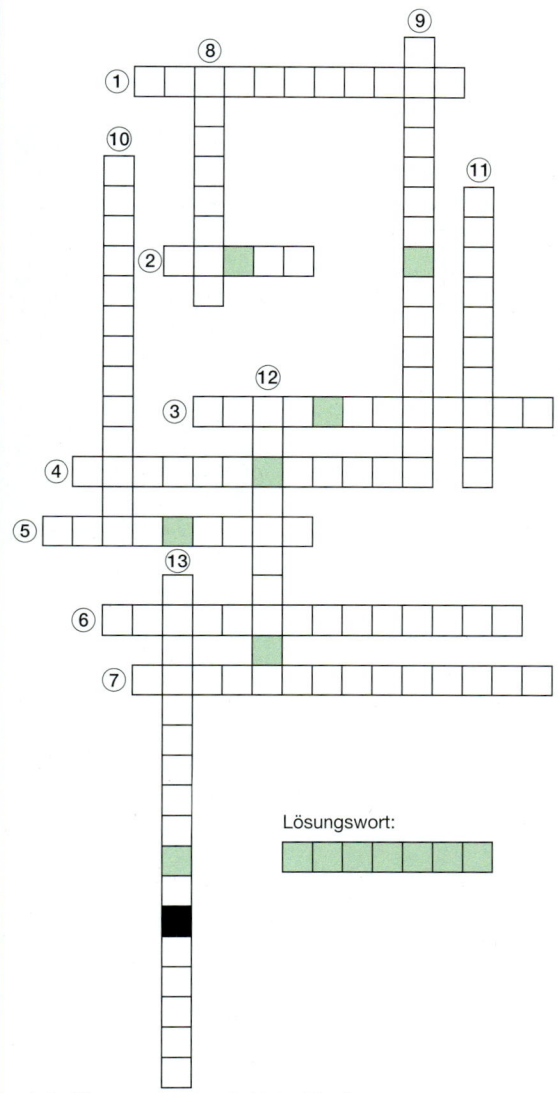

Lösungswort:

1 im Wasser schwebende kleine Tierchen
2 Energierohstoff aus dem Meer, der aber auch für die Verschmutzung des Meeres verantwortlich ist
3 Plastikartikel mit einer Größe von unter 5 mm
4 Werden mehr Fische gefangen als Jungtiere nachwachsen, so spricht man von ...
5 Küstenwälder, die im Gezeitenbereich tropischer Wälder vorkommen
6 tiefster Punkt der Erde
7 zukünftig größter Konkurrent für den Panamakanal
8 im Meer gelegen
9 steile Begrenzung der kontinentalen Kruste
10 Gegenteil der mittelozeanischen Rücken
11 kontrollierte Aufzucht von Fischen
12 Zone im Meer, in der der Küstenstaat das volle Hoheitsrecht besitzt
13 größter Ozean der Erde

23242E

Das solltest du nun können:

- die Erforschung des Meeres beschreiben (F)
- die Gliederung des Meeres beschreiben (F)
- den Einfluss der Plattentektonik auf die Bildung der Reliefformen des Meeres erklären (F)
- das Ökosystem des Meeres erläutern (F)
- die Bedeutung des Meeres als Nahrungsquelle darstellen (F)
- die Ursachen für die Bedrohung der Fischbestände erläutern (F)
- Aquakulturen als möglichen Ausweg aus der Überfischung beurteilen (B)
- Rohstoffvorkommen in den Meeren verorten (O)
- die Bedeutung des Meeres als Rohstoff- und Energielieferant beschreiben (F)
- die Bedeutung des Verkehrsraums Meer erläutern (F)
- ein Wertequadrat erstellen (M)
- die Bedeutung des Kreuzfahrttourismus beschreiben und erörtern (F, B)
- Karikaturen auswerten (M)
- die rechtliche Aufteilung des Meeres beschreiben (F)
- das Ausmaß der Meeresverschmutzung darstellen (F)
- Maßnahmen gegen die Meeresverschmutzung in ihrer Wirkung beurteilen (B)

F = Fachwissen
O = Orientierung
M = Methode
B = Beurteilen und Bewerten

Grundbegriffe

Schelf	Zooplankton	Aquakulturen
Kontinentalhang	Phytoplankton	Mangroven
Tiefseebecken	Hochseefischerei	offshore
mittelozeanischer Rücken	Überfischung	
Tiefseegraben	Beifang	
	Küstenfischerei	

4 Städte im Wandel

Hameln

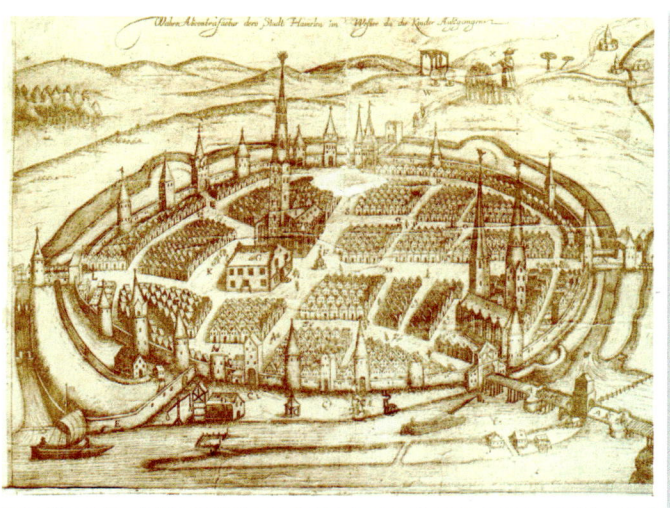

Stadtentwicklung in Deutschland vom Mittelalter bis zur Industrialisierung

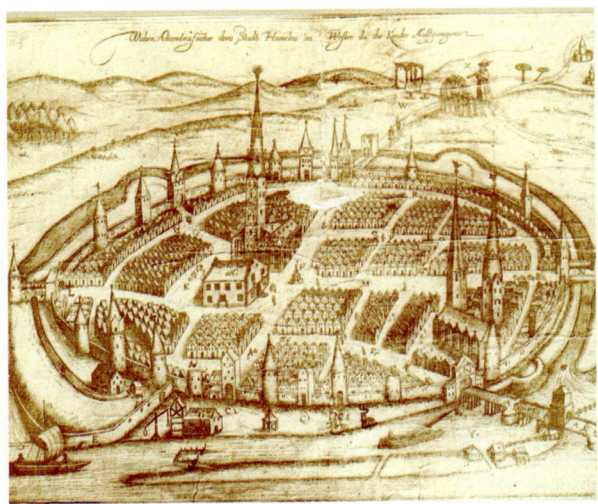

M1 *Hameln um 1622*

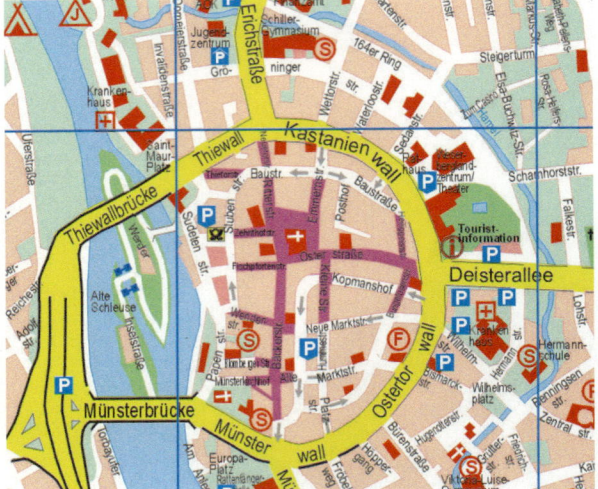

M2 *Stadtplan der Innenstadt von Hameln heute*

Die mittelalterliche Stadt

Die frühen Städte entstanden häufig an Kreuzungen von Handelswegen, an Furten (passierbare, flache Stellen in einem Fluss), bei großen Burgen, Klöstern oder römischen Kastellen. Namen wie Frankfurt oder Osnabrück deuten auf die Lage der Städte hin.

Auch heute noch lassen sich in vielen Städten Strukturen erkennen, die aus der mittelalterlichen Stadtgründung resultieren. So zeigen das Satellitenbild der Stadt Hameln (S. 118/119) und der Stadtplan M2 eine ringförmige Straße, die die Altstadt umschließt. Hier verlief früher einmal die Stadtmauer (M1). Viele im Mittelalter (ca. 500 – 1500) gegründeten Städte weisen neben der Stadtmauer noch weitere Gemeinsamkeiten auf: Der Marktplatz bildet das Zentrum, häufig mit Rathaus und Kirche. Meistens führen von dort Straßen zu den ehemaligen Stadttoren. Im Stadtkern sind ein enges Straßennetz und eine dichte Bebauung auszumachen. Dort waren im Mittelalter die Handwerkergassen zu finden, auf die noch heute Straßennamen hinweisen (z. B. Bäckerstraße). Diese typischen Merkmale mittelalterlicher Städte kann man in einem Modell zusammenfassen, ohne dass das Modell eine Stadt bestimmt abbildet (M3).

Die Stadt zur Zeit der Industrialisierung

Die Städte Mitteleuropas haben sich seit dem Mittelalter stark vergrößert. Auch hier lassen sich Regelmäßigkeiten ausmachen. Durch die industrielle Revolution (in Deutschland ab ca. 1850), vor allem durch die Erfindung der Dampfmaschine, hat sich in den Produktionsabläufen vieles verändert. Als Folge daraus entwickelten sich in den meisten Städten Industriegebiete. Diese lagen häufig im Osten des Stadtgebietes, damit Abgase durch die vorherrschenden Westwinde nicht in die Stadt getragen wurden. In der Regel wurden die Städte und die Standorte der Industrie an das Eisenbahnnetz angeschlossen, sodass viele Bahnhöfe aus dieser Zeit stammen. Die Einwohnerzahlen der Städte stiegen mit der Industrialisierung stark an. Daher entstanden viele Wohnungen in sogenannten Mietskasernen, in denen die Arbeiter der Fabriken zu erschwinglichen Mieten wohnten. Vorherrschend war hier ein klar gegliedertes, rasterförmiges Straßennetz. Zudem kam es zur Entstehung von Villenvierteln. In Bergbauregionen wurden oft auch werkseigene Siedlungen errichtet. Diese häufig wiederzufindenden Strukturen zeigt das Modell der Stadt zur Zeit der Industrialisierung (M6).

100800-074, 075
www.diercke.de

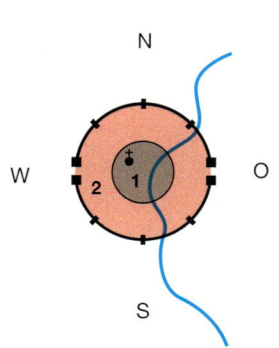

1 Markt, öffentliche Gebäude
✝ = Kirche;
später: Erweiterung → City

2 Wohn-/Gewerbeviertel innerhalb
der Stadtmauer;
später: teilweise Zerstörung der
Stadtmauer

3 erste Manufakturen (Wasserkraft
nutzend); später: Fabriken

4 Bahnhof

5 Eisenbahntrasse

6 Industrie

7 Wohnviertel der Industrie-
beschäftigten

8 erweiterte Wohngebiete

9 ausgebaute Ringstraße;
Grüngürtel

© **westermann** 31380E

M3 *Modell einer mittelalterlichen Stadt*

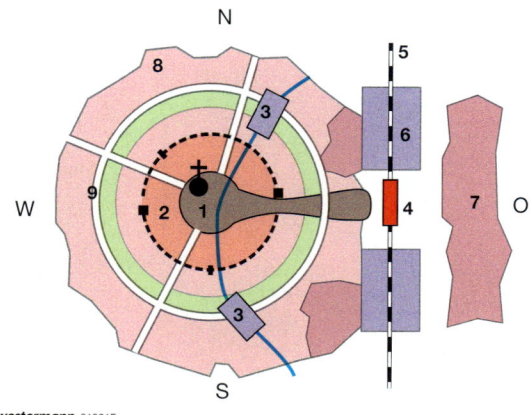

© **westermann** 31381E

M6 *Modell einer Stadt zur Zeit der Industrialisierung*

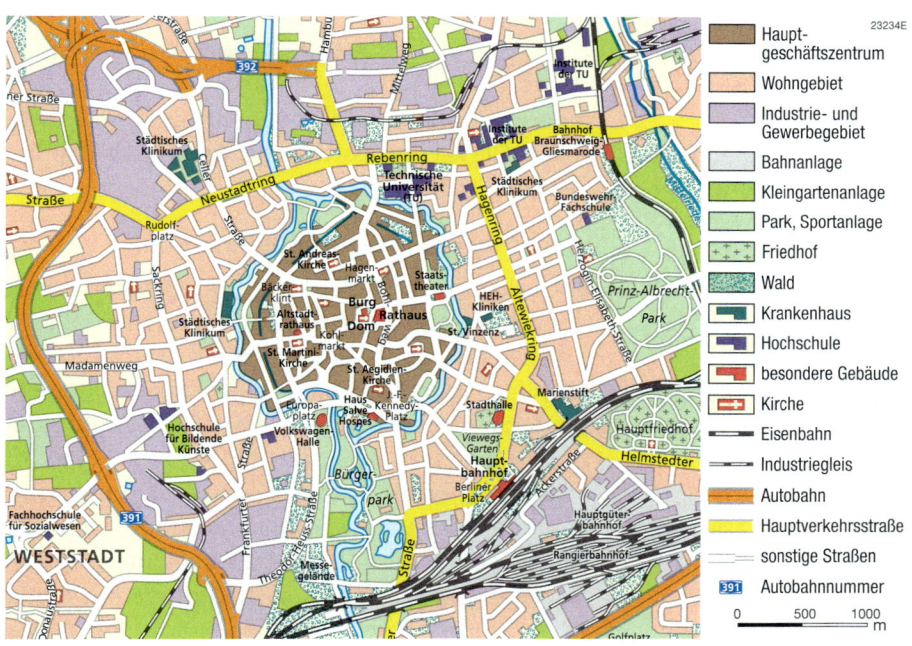

23234E

	Haupt-geschäftszentrum
	Wohngebiet
	Industrie- und Gewerbegebiet
	Bahnanlage
	Kleingartenanlage
	Park, Sportanlage
	Friedhof
	Wald
	Krankenhaus
	Hochschule
	besondere Gebäude
	Kirche
	Eisenbahn
	Industriegleis
	Autobahn
	Hauptverkehrsstraße
	sonstige Straßen
391	Autobahnnummer

0   500   1000
m

M4 *Braunschweig heute*

❶ Vergleiche M1 mit dem Modell M3.

❷ Auch in der heutigen Stadt lassen sich noch Elemente aus der Zeit der Industrialisierung wiederfinden. Vergleiche die heutige Stadtstruktur Braunschweigs (M4) mit dem Modell M6. Nenne und lokalisiere die Elemente des Modells, die sich in der Karte wiederfinden. Lege dazu eine Folie über M4 und zeichne die Elemente ein.

❸ Erkläre, warum Modell und Realität Unterschiede aufweisen.

❹ Beschreibe und erkläre die Bevölkerungsentwicklung zweier deutscher Städte deiner Wahl aus M5.

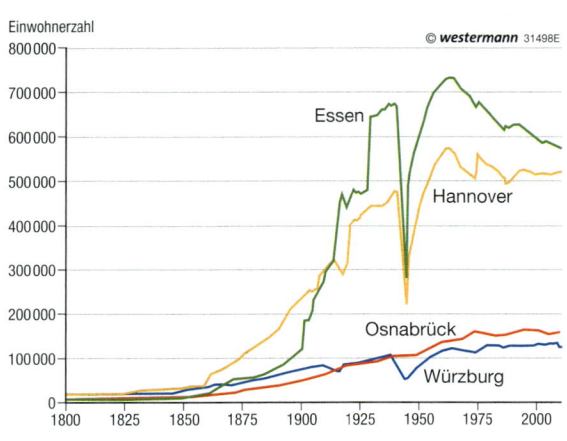

◁ **M5** *Bevölkerungsentwicklung verschiedener deutscher Städte*

121

Stadtentwicklung in Deutschland von der Industrialisierung bis heute

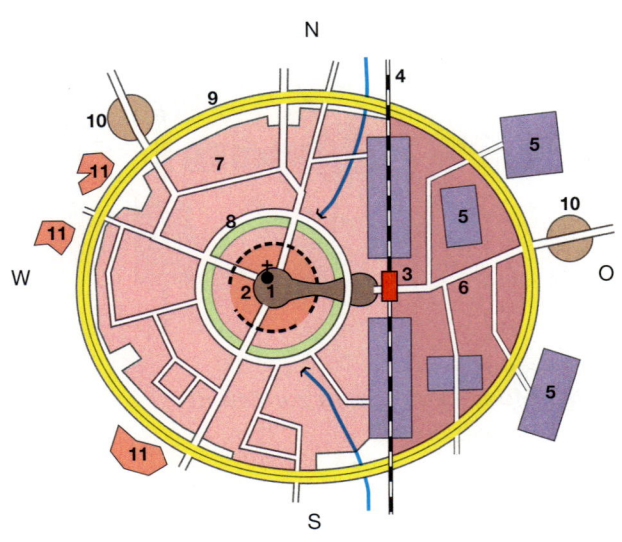

1 Markt, öffentliche Gebäude,
  ⛪ = Kirche; heute erweitert: City
2 Wohn-/Gewerbeviertel innerhalb
  der Stadtmauer;
  heute: sanierte Wohnviertel/
  Gentrifizierung,
  Stadtmauer mit Toren
  (zum Teil noch erhalten)
3 Bahnhof
4 Eisenbahntrasse
5 Industrie
6 Wohnviertel der Industrie-
  beschäftigten
7 erweiterte Wohngebiete
8 ausgebaute Ringstraße;
  Grüngürtel
9 Umgehungsstraße (Autobahn)
10 Einkaufszentren, Gewerbeparks
11 Wohn-/Siedlungsanlagen

© *westermann* 31382E

M1 *Modell der heutigen Stadt*

Tendenzen der Stadtentwicklung

Seit der Industrialisierung haben sich die deutschen Städte ständig weiterentwickelt und werden sich auch zukünftig verändern. Verschiedene Faktoren spielen dabei eine Rolle.

Mit dem Zuwachs der städtischen Bevölkerung, der auch als **Verstädterung** bezeichnet wird, ging ein flächenmäßiges Wachstum der Städte einher. Der Zweite Weltkrieg hinterließ jedoch in vielen Städten seine Spuren. So wurden zahlreiche historische Altstädte zerbombt und nur selten originalgetreu wieder aufgebaut.

Wichtiger war damals der Ausbau der Straßen, da sich das Auto zum Massenverkehrsmittel entwickelte. Dadurch konnten auch immer mehr Menschen aus den Städten ins Umland ziehen. Diesen Prozess bezeichnet man als **Suburbanisierung**. Mit der Suburbanisierung siedelten sich auch große Fachmärkte wie Bau- oder Möbelmärkte am Stadtrand in Gewerbegebieten oder auf ehemaligen Industrieflächen an. Während in den 1960er-Jahren die Innenstädte der meisten Städte für den Durchgangsverkehr offen waren, finden wir dort heute Fußgängerzonen, die von Parkplätzen und -häusern umgeben sind. Die City wurde zum Dienstleistungszentrum und verlor als Wohnquartier an Bedeutung.

Mittlerweile gibt es aber auch einen Trend zurück zum innerstädtischen Wohnen. Besonders einkommensstarke Bevölkerungsgruppen ziehen nach aufwendiger Sanierung älterer Häuser in die Innenstädte und verdrängen Einkommensschwächere. Dieser Prozess wird als **Gentrifizierung** bezeichnet.

Wachsende und schrumpfende Städte

Betrachtet man die Bevölkerungsentwicklung in den deutschen Städten, so lässt sich zwischen wachsenden und schrumpfenden Städten unterscheiden. Süddeutschland ist geprägt durch wachsende Städte, in Ostdeutschland und im Ruhrgebiet finden sich viele schrumpfende Städte. Oft liegen wachsende Städte in wirtschaftlich starken Regionen, auch die vier Millionenstädte Deutschlands wachsen stark. Schrumpfende Städte findet man hingegen häufig in Regionen mit einer schwachen Wirtschaft. Viele Städte im Osten Deutschlands haben nach der Wende im Jahr 1990 eine starke arbeitsmarktbedingte Abwanderung vor allem junger Menschen erfahren. Erst allmählich kehrt sich diese Entwicklung in einigen Städten (z. B. Leipzig, Dresden) wieder um.

Die Bevölkerungsverluste haben schwerwiegende Folgen für die Versorgung der verbliebenen Einwohner. Man denke z. B. an das öffentliche Nahverkehrssystem, welches aufgrund fehlender Fahrgäste eingeschränkt werden muss, oder Schulen und Kindergärten, die geschlossen werden müssen. Auch Geschäfte leiden unter der sinkenden Nachfrage. Viele Wohnungen stehen leer, daher werden vielerorts ganze Häuser abgerissen (M4).

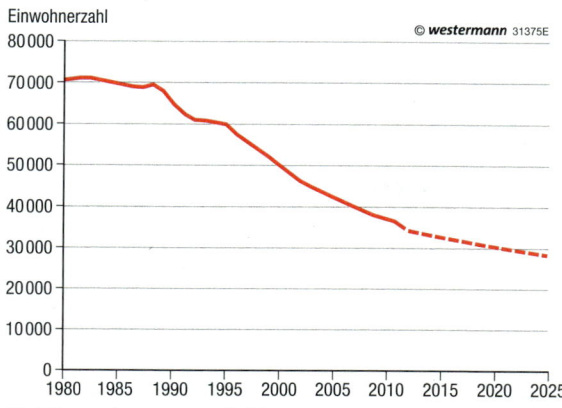

M2 *Einwohnerentwicklung von Hoyerswerda*

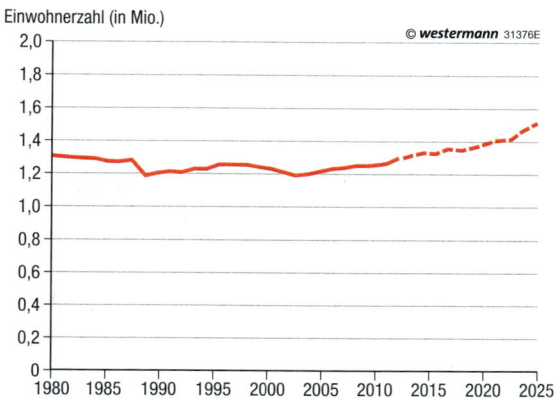

M5 *Einwohnerentwicklung von München*

Jahr	Zu-züge	Fort-züge	Diffe-renz	Gebur-ten	Todes-fälle	Diffe-renz	Einwoh-nerver-luste
2003	1.040	2.100	-1.060	250	563	-313	-1.370
2004	1.083	1.958	-875	243	485	-242	-1.112
2005	952	1.952	-1.000	217	509	-292	-1.292
2006	910	1.730	-820	236	463	-227	-1.045
2007	798	1.775	-977	215	508	-293	-1.268
2008	868	1.652	-784	236	533	-297	-1.080
2009	812	1.496	-684	196	508	-312	-993
2010	885	1.432	-547	201	493	-292	-839
2011	980	1.431	-451	205	446	-241	-692
2012	921	1.286	-365	200	499	-299	-664
2013	929	1.256	-327	186	563	-377	-704
2014	1.036	1.170	-134	182	499	-317	-415

M3 *Zusammensetzung des Einwohnerverlustes in Hoyerswerda 2003–2014*

Die hohe Lebensqualität, die Nähe zu den Alpen, die niedrige Kriminalitätsrate, das große Angebot an Arbeits- und Ausbildungsplätzen, die kulturelle und gastronomische Vielfalt – es gibt viele Gründe, warum Menschen nach München ziehen. Mitte 2015 lebten in der Landeshauptstadt etwa 1,5 Millionen Personen auf einer Fläche von 310 Quadratkilometern.

Das sind mehr als 4800 Einwohner pro Quadratkilometer, womit München die mit Abstand am dichtesten besiedelte Stadt Deutschlands ist. Über 40 Prozent der Bevölkerung haben ausländische Wurzeln (den sogenannten Migrationshintergrund). Die Zahl der Hochbetagten nimmt zu. Ein Ende des Zuzugs ist nicht in Sicht, außerdem gibt es mehr Geburten als Sterbefälle: Bis 2030 wird die Einwohnerzahl voraussichtlich auf 1,72 Millionen Einwohner ansteigen. Für alle bezahlbaren Wohnraum zu schaffen und den sozialen Ausgleich sicherzustellen, wird eine der größten Herausforderungen für die Zukunft sein.

Quelle: www.muenchen.de/plan

M6 *Bevölkerungsmagnet München*

M4 *Abriss eines Häuserblocks in Hoyerswerda*

❶ Erläutere die Entwicklung in deutschen Städten seit der Industrialisierung. Vergleiche dazu M1 mit dem Modell M6 auf S. 121.

❷ Überprüfe, welche der im Text beschriebenen Stadtentwicklungstendenzen in deiner Stadt zu beobachten sind.

❸ Beschreibe und vergleiche die Einwohnerentwicklung von Hoyerswerda und München. (M2, M5)

❹ Erläutere die Aussage eines Bewohners von Hoyerswerda: „Mit uns geht es langsam wieder bergauf, weil der Schrumpfungsprozess abnimmt." (M3)

❺ Nenne Folgen, die sich aus der Bevölkerungsentwicklung für Hoyerswerda und München ergeben. (M4, M6, Text)

M1 *Schrägluftbild der HafenCity (Stand 2014)*

HafenCity Hamburg – ein neuer Stadtteil entsteht

Ab Mitte der 1960er-Jahren verloren die alten, innenstadtnahen Bereiche des Hamburger Hafens an Bedeutung, da der Containerumschlag stark zunahm, die alten Hafenanlagen aber dafür zu klein waren. So wurden sie nach und nach stillgelegt. 126 Hektar Landfläche, in bester Lage, lagen viele Jahre lang brach. Da 90 Prozent der Fläche der Stadt gehörten, entwickelte diese 1997 ein städtebauliches Entwicklungskonzept, den Masterplan HafenCity. Dieser sieht die Entstehung eines ganz neuen Stadtteils, der HafenCity, vor. Das Areal wurde in elf Quartiere eingeteilt, welche von Norden nach Süden und von Westen nach Osten nach und nach erbaut werden. Baubeginn war 2001, bis 2020 sollen alle Quartiere fertiggestellt sein.

So ein großes Projekt stellt besondere Anforderungen an die Stadtplanung. Daher wurden ökonomische, soziale, kulturelle und stadtökologische Zielsetzungen festgelegt. Zahlreiche Informationsveranstaltungen, ein Infocenter und ein ViewPoint, von welchem man den Fortschritt beobachten kann, informieren die Bevölkerung.

Wichtig war den Stadtplanern, dass die HafenCity ein **Mischviertel** wird. So finden sich hier in unmittelbarer Nachbarschaft Wohnungen (geplant: 5500), Büros, Bildungseinrichtungen, Einzelhandel, Gastronomie, kulturelle Einrichtungen und Flächen für Freizeit und Erholung. 40 000 Arbeitsplätze sollen hier entstehen. Zur optimalen verkehrsinfrastrukturellen Erschließung wurde für den Stadtteil HafenCity eine Erweiterung des Hamburger U-Bahnnetzes beschlossen. Endstation der Linie U4 ist die Haltestelle HafenCity Universität. An diesem Hochschulstandort für Baukunst und Metropolenentwicklung steht die Stadt der Zukunft im Fokus. In der denkmalgeschützten Speicherstadt kann man sich in verschiedenen Museen wie dem Zoll-, dem Gewürz- und dem Speicherstadtmuseum über die Geschichte dieses Stadtteils informieren. Auch die größte Modelleisenbahn der Welt hat hier ihren Platz gefunden und wird von vielen Touristen besichtigt.

Ähnliche Tendenzen zur **Revitalisierung** alter Hafenbereiche findet man auch in anderen Hafenstädten weltweit.

Die Elbphilharmonie wird seit 2007 auf dem ehemaligen Kaispeicher A gebaut und wurde ursprünglich mit 77 Mio. Euro Baukosten veranschlagt. Letztendlich kostet sie bis zur Fertigstellung 2016 mehr als das Zehnfache. Diese gewaltige Kostensteigerung hat für viel Unruhe unter Hamburger Bürgern, aber auch in der gesamten Öffentlichkeit gesorgt, weil viele darin eine Verschwendung von Steuergeldern sehen. Die Elbphilharmonie ist als herausragende Kulturstätte aber nicht nur für die HafenCity ein Aushängeschild, sie könnte sogar zum Wahrzeichen Hamburgs werden.

M2 *Die Elbphilharmonie*

M3 *Wohngebäude am Sandtorhafen*

	HafenCity	Hamburg gesamt
Arbeitslosenquote	1,6 %	5,6 %
Hartz-IV-Empfänger	0,2 %	10,2 %
durchschnittliche Wohnungsgröße	93,3 m²	74,9 m²
Wohnfläche pro Person	52,7 m²	39,2 m²

M4 *Vergleichsdaten HafenCity und Hamburg gesamt (2013)*

[...] Nachhaltigkeit erfordere eine „langfristige Balance zwischen ökonomischer Stabilität, ökologischer Tragfähigkeit und sozialer Gerechtigkeit", definiert der Rat seine Kriterien. Vor allem in Sachen sozialer Gerechtigkeit hapere es im Falle HafenCity. Daran änderten auch die Genossenschaftswohnungen in mittlerer Preisklasse nichts. In dem Retortenstadtteil werden die höchsten Quadratmeterpreise der Stadt gezahlt. [...] Pro Bewohner stehen im Durchschnitt drei Pkw in der Garage. Der neue Stadtteil sei „insgesamt ein Reichenviertel", das sich vom Gemeinwesen abkoppelt. [...] Etwas freundlicher fällt die Bewertung in Sachen nachhaltiges Bauen aus: Zwar sei die Einführung eines Umwelt-Zertifikats für die Neubauten nicht verpflichtend und außerdem erst nach Fertigstellung des ersten Bauabschnittes erfolgt. Doch immerhin fördere die Zertifizierung „Nachhaltigkeit in einem wichtigen Bereich". Auch das „Nachhaltigkeitsgebot einer effizienten Flächennutzung" erfülle die HafenCity „in besonderem Maße". [...]

Quelle: www.spiegel.de/kultur/gesellschaft/streit-ueber-hafencity-studie-reichenviertel-oder-oeko-superstadt-a-717386.html

M5 *Die HafenCity – ein nachhaltiges Städtebauprojekt?*

❶ Lokalisiere mithilfe des Atlas die in M1 erkennbaren Elemente der HafenCity.

❷ a) Beschreibe die Entwicklung des Stadtteils HafenCity. (M1, Text, Atlas)
b) Beurteile, inwieweit die Revitalisierung dieses alten Hafengebietes gelungen ist.

❸ a) **Diskussion**
Diskutiert in der Klasse, inwieweit die HafenCity dem Konzept der Nachhaltigkeit entspricht. Verwendet dazu das Nachhaltigkeitsdreieck auf S. 53. (M1–M5)
b) Entwickelt Vorschläge zu einer möglichen Verbesserung der Nachhaltigkeit.

Methode: Spurenlesen in einer Stadt

Jede Stadt hat ihre eigene bewegte Geschichte, welche im Stadtbild Spuren hinterlassen hat. Einige sind längst verschwunden, aus anderen kann man die Entwicklung der Stadt ablesen – wenn man die Spuren entdeckt und wenn man sie zu deuten weiß.

Bei der Deutung sind allgemeines stadtgeographisches Wissen sowie Kenntnisse über die Geschichte der Stadt hilfreich.

Am Beispiel der Stadt Hameln soll gezeigt werden, was beim Spurenlesen in einer Stadt alles zutage treten kann.

M1 *Ein altes Haus in Hameln?*

M2 *Eingangsbereich*

M3 *Im Inneren*

Spur 1

In der Hamelner Innenstadt gibt es viele alte Häuser, die meisten davon sind Fachwerkhäuser. Hinter der historischen Fassade der ehemaligen Stadtkommandantur (M1) befindet sich eine moderne Shoppingmall – die Stadtgalerie, in der fast hundert Einzelhandelsgeschäfte untergebracht sind (M2, M3).

Wenn man die Stadtgalerie betritt, wird schnell klar, dass die Ausmaße im Inneren bei weitem größer sein müssen als die früheren Räume des Hauses, durch dessen Fassade man hineingekommen ist. Hier haben wir also eine Spur, die auf einen Funktions- und Bedeutungswandel hinweist.

Wer dann weiter mit offenen Augen durch die Fußgängerzone von Hameln geht, stellt fest, dass es sehr viele Geschäftsräume gibt, die leer stehen und zu vermieten sind (M4). Diese Spur lässt sich mit der Eröffnung der Stadtgalerie im Jahr 2008 in Zusammenhang bringen: Einige Geschäfte sind in die Stadtgalerie umgezogen und die Geschäftsräume konnten nicht neu vermietet werden, andere Geschäfte mussten aufgrund der Konkurrenz in der Stadtgalerie schließen.

M4 *Leerstand in der Fußgängerzone*

Spur 2

M5 *Hotel Stadt Hameln*

M6 *Gedenktafel neben dem Hotel*

So liest du Spuren in deiner Stadt

1. Schritt
Achte in der Stadt auf Besonderheiten. Welches Gebäude/Bauwerk ist ganz anders als die anderen oder hat eine eigenartige Funktion?

2. Schritt
Schau dir die Spur genau von allen Seiten an. Welche Rückschlüsse kannst du auf die ursprüngliche Funktion/Nutzung ziehen?

3. Schritt
Untersuche, ob es in der Nähe weitere Anhaltspunkte gibt, die die Besonderheit erklären können.

4. Schritt
Stelle Vermutungen darüber an, wie es zu einer solchen Besonderheit kommen konnte.

5. Schritt
Abschließend kannst du deine Vermutungen mithilfe von Informationsquellen (Stadtgeschichte, Internet, Experten …) überprüfen.

Spur 3

M7 *Alte Eisenbahnbrücke*

❶ Beschreibe die Nutzungsveränderung des heutigen Hotels Stadt Hameln. (M5, M6)

❷ a) Beschreibe Spur 3 und stelle Vermutungen an, wie es zu dieser Besonderheit kommen konnte. (M7)
b) Überprüfe deine Vermutungen mithilfe einer Internetrecherche.

❸ **Aktiv** Suche in deiner Stadt nach Spuren, die auf einen Funktionswandel hindeuten. Gehe dabei nach der Schrittfolge vor.

METHODE ✏

Stadtplanung

FRAU HELLIGS wohnt im Scharnhorstviertel direkt neben dem Spielplatz. Sie ist 76 Jahre alt und genießt es, den kleinen Kindern beim Schaukeln zuzusehen – es darf nur nicht zu laut sein. Daher hat sie bei der Stadt einen Antrag gestellt, dass der Spielplatz nur von 10 bis 13 und von 15 bis 18 Uhr von Kindern bis zehn Jahren betreten werden darf.

JULIUS ist zwölf Jahre alt und mit seinen Eltern in das Scharnhorstviertel von Hameln gezogen. Dort gibt es einen Spielplatz, doch nur mit Schaukeln und ohne eine Skaterbahn. Er findet das sehr schade, weil er gern mit seinen Inlinern und seinem BMX auf solchen Halfpipes unterwegs ist. Genügend Platz für eine Skateranlage wäre vorhanden. Julius fragt sich, was er tun muss, damit eine solche Bahn dort aufgebaut wird.

Als **HERR WELMS**, der Vater von Julius, hört, dass sein Sohn sich eine Skaterbahn wünscht, beschließt er, gleich bei der Stadtverwaltung anzurufen und zu klären, inwieweit er als Bewohner des Viertels auf dem Spielplatz eine Skaterbahn aufbauen darf. Schließlich ist der Spielplatz für die Bewohner des Viertels da und er zahlt ja auch Steuern in dieser Stadt.

FRAU KLANK ist die Abteilungsleiterin der Abteilung 41 „Stadtentwicklung und Planung" in der Stadtverwaltung. Sie sieht bei dem Bau einer Skaterbahn auf dem bestehenden Spielplatz einige Schwierigkeiten. Ohne einen Ortstermin kann sie nicht sagen, ob durch eine Skaterbahn nicht der Lärm für die Anwohner zu groß ist und ob die Sicherheit und der Brandschutz gegeben sind. Ihr größtes Problem: Woher soll das Geld für die Bahn kommen?

M1 *Eine Skaterbahn für den Spielplatz? – verschiedene Perspektiven*

Sind in einer Stadt größere Bauvorhaben geplant, wie beispielsweise der Bau eines Schwimmbades, dann bedarf es eines umfangreichen Verfahrens, bis die Baugenehmigung erteilt wird und die Bauarbeiten beginnen können.

Zunächst wird ein Antrag z. B. beim Stadtrat gestellt. Dieser muss sicherstellen, dass die Finanzierung gewährleistet ist. Danach folgen weitere Planungs- und Genehmigungsschritte. Dabei spielt der **Flächennutzungsplan** der Stadt bzw. Gemeinde eine wichtige Rolle. Er ist ein Planungsinstrument, in welchem, wie in einer thematischen Karte, die bestehenden und zukünftig erwünschten Flächennutzungen eingezeichnet sind (M2). Das zweite Element der sogenannten Bauleitplanung ist der **Bebauungsplan**, in welchem jedes Gebäude und jede größere Flächennutzung eingetragen sind. Beide dürfen dem Bauvorhaben Schwimmbad nicht entgegenstehen. Bevor die Baugenehmigung erteilt wird, muss eine Umweltverträglichkeitsprüfung erfolgen. Diese klärt, ob durch den Bau unzumutbare Schäden an Flora oder Fauna entstehen. Sollte dies der Fall sein, kann die Genehmigung nicht erteilt werden und es muss nach einem anderen Standort gesucht werden.

Spielplatz in M1

W	Wohnbauflächen
M	gemischte Bauflächen
MK	Sondergebiete
S	Flächen für den Gemeindebedarf
●	Verwaltungen
▲	Schule
✚	Kirchen und kirchlichen Zwecken dienende Gebäude
◐	gesundheitlichen Zwecken dienende Gebäude und Einrichtungen
▼	kulturellen Zwecken dienende Gebäude und Einrichtungen
K	Kindereinrichtung
Ki	Kindertagesstätte
A	Altenheim
○	Sportanlagen
J	Jugendeinrichtung
ZOH	zentrale Omnibushaltestelle
P	öffentliche Parkfläche
P̂	öffentliches Parkhaus
▮	Grünflächen
∴	Parkanlagen
⬭	Sportplatz
⛫	Spielplatz oder Bolzplatz
✚✚	Friedhof
⬡	Ablagerung
⊕	Pumpwerk
Ⓡ	Radwanderweg

23216E

M2 *Ausschnitt aus dem Flächennutzungsplan der Stadt Hameln*

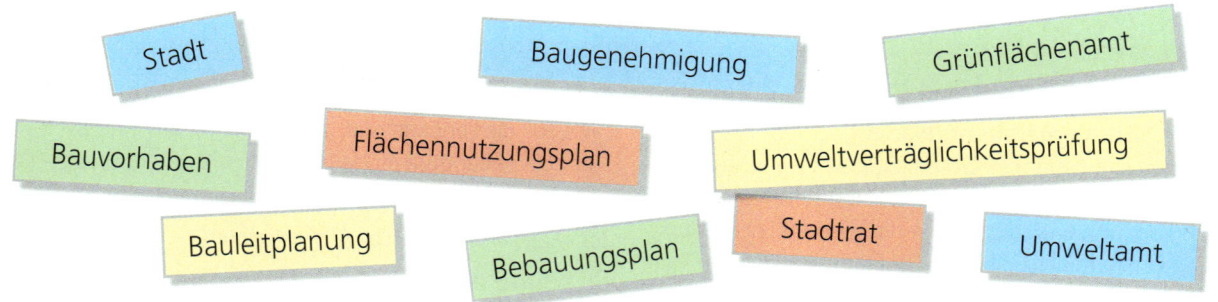

Stadt · Baugenehmigung · Grünflächenamt · Bauvorhaben · Flächennutzungsplan · Umweltverträglichkeitsprüfung · Bauleitplanung · Bebauungsplan · Stadtrat · Umweltamt

M3 *Elemente der Stadtplanung*

❶ Verschiedene Personen haben unterschiedliche Sichtweisen auf den möglichen Bau der Skaterbahn (M1). Diskutiert in der Klasse, ob die Skaterbahn an diesem Standort gebaut werden sollte – falls die Finanzierung sichergestellt ist. Begründet eure Meinung. (M2)

❷ Erkläre die planerischen Unterschiede beim Bau einer Skateranlage und eines Schwimmbades.

🎧❸ **Aktiv** Recherchiere für deine Heimatstadt, wer jeweils entscheidet.
a) beim Bau eines Einfamilienhauses
b) beim Bau einer Umgehungsstraße
c) beim Bau einer Schaukel auf einem Spielplatz

❹ Stelle den Ablauf von der Idee eines Bauvorhabens bis zur Baugenehmigung in einem Ablaufdiagramm dar. Nutze dazu die Begriffe in M3 und verwende beschriftete Pfeile. (Text)

M1 *Planung einer Stadtexkursion*

Projekt: Stadtexkursion

So führt ihr eine Stadtexkursion durch

1. Schritt: Vorbereitung/Planung

Zunächst müsst ihr im Unterricht klären, welches Thema ihr in den Vordergrund der Exkursion stellen möchtet. Soll der Schwerpunkt auf der historischen Entwicklung, der Nutzung der Gebäude, der Stadtplanung, den Tourismusangeboten oder auf etwas anderes gelegt werden?

Ist das Thema geklärt, solltet ihr euch informieren, welche Standorte in der Stadt geeignet sind, um die entsprechenden Sachverhalte zu verdeutlichen. Anhand der gewählten Standorte könnt ihr dann die Exkursionsroute festgelegen. Dazu müsst ihr klären, mit welchem Verkehrsmittel ihr die Stadt aufsuchen werdet und wo euer Startpunkt ist. Bei der Routenplanung helfen euch ein Stadtplan oder Karten auf dem Smartphone.

Dann solltet ihr überlegen, mit welchen Methoden ihr eure Ergebnisse festhalten wollt. Wollt ihr Interviews durchführen und müssen dazu Fragebögen erstellt werden? Soll eine Foto- oder Videodokumentation entstehen und müssten dafür Kameras organisiert werden? Soll eine Nutzungskartierung durchgeführt werden?

Wie soll die Legende dazu aussehen? Welche Kartengrundlage benötigt ihr dafür? …

Die entsprechenden Vorbereitungen müsst ihr also vor der Exkursion treffen bzw. organisieren.

2. Schritt: Durchführung

Beim Gang durch die Stadt solltet ihr gewissenhaft festhalten, was euch durch Mitschüler oder Experten vor Ort mitgeteilt wird. Dokumentiert Wissenswertes in Fotos, Videos, schriftlichen Aufzeichnungen oder einer Nutzungskartierung.

3. Schritt: Auswertung

Die Auswertung erfolgt wieder im Unterricht. Hier gibt es viele Möglichkeiten zur Verarbeitung eurer Erhebungsergebnisse. So könnt ihr beispielsweise auf der Basis einer Kartierung eine thematische Karte zu den Shopping-Möglichkeiten der Stadt erstellen oder eine Fotowand zu den historischen Sehenswürdigkeiten. Ein Video über die touristische Attraktivität könnte ebenfalls ein Ergebnis sein.

Geotagging

Beim Geotagging wird im Vorfeld einer Stadtexkursion die Route auf einem Stadtplan festgelegt. Während der Exkursion erstellt ihr Fotos von den verschiedenen Standorten auf der Route. Notiert euch zu jedem Foto Standort und Blickrichtung. Nach der Exkursion werden die Fotos ausgedruckt und mit Pins auf dem Stadtplan befestigt oder digital auf dem Smartboard eingefügt. Die jeweilige Perspektive kann auf der Rückseite des Fotos notiert werden. Auf diese Weise entsteht eine lebendige Karte, die je nach euren Fotos auch verschiedene Perspektiven ein und desselben Standortes liefert.

Eigene Videos

Mithilfe von Videos lässt sich das Thema einer Stadtexkursion gut dokumentieren. Ihr könnt beispielsweise in Kleingruppen zu jeweils einem Standort ein Video erstellen. Wichtig ist eine gute Vorbereitung bereits vor der Exkursion. Den Film könnt ihr mit eurem Smartphone oder einer Digitalkamera drehen. Übt vorher den Umgang mit eurem Gerät! Mit einfachen Schneideprogrammen wie Movie Maker lassen sich die einzelnen Filme am Ende zu einer Gesamtdokumentation zusammensetzen.

Geocaching

Stehen euch GPS-Geräte oder Handy-Apps für Smartphones zur Verfügung, die die Koordinaten eines Standortes genau angeben, so kann bei einer Stadtexkursion ein Geocaching eingesetzt werden. Wichtig ist, dass ihr euch vorher mit der Funktionsweise der Geräte vertraut macht.

Vor der Exkursion werden die Caches von eurem Lehrer an von ihm gewählten und euch unbekannten Standorten der Exkursion versteckt. In den Caches findet ihr die genauen Koordinaten für den nächsten Standort und/oder Informationen zum aktuellen Standort.

Sprecht vorher ab, wie ihr euch verhalten sollt, falls ein Cache verschwunden ist oder nicht gefunden wird.

Nutzungskartierung

Für eine Nutzungskartierung benötigt ihr als Kartengrundlage einen lesbaren, aktuellen Ausschnitt aus dem Bebauungsplan oder einer topographischen Karte 1: 5000. Alternativ kann auch eine selbst erstellte Karte verwendet werden. Wichtig ist, dass jedes Gebäude eingezeichnet ist. Vor der Kartierung muss geklärt werden:

– Soll nur das Erdgeschoss oder sollen alle Etagen eines Gebäudes kartiert werden?
– Wer kartiert welche Gebäude? Bildet Gruppen und verteilt Straßenabschnitte.
– Welche Signaturen sollen verwendet werden?

Auch sollten mögliche Probleme bereits im Vorfeld besprochen werden. Zum Beispiel bei der Generalisierung: Ist eine Bäckerei mit einem Stehcafé ein Nahrungsmittelgeschäft oder ein Café?

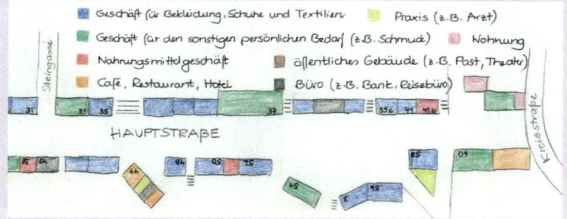

❶ Stelle die Vorteile und Nachteile der verschiedenen Dokumentationsmöglichkeiten einer Stadtexkursion in einer Tabelle zusammen.

❷ Bereitet eine Stadtexkursion in eurem Heimatraum vor.
– Einigt euch auf das Ziel, das genaue Exkursionsgebiet und das Thema eurer Exkursion.
– Recherchiert z. B. im Internet, welche Exkursionsstandorte für euer Thema von Bedeutung sein können.

– Plant eine Exkursion nach der vorgegebenen Schrittfolge.

❸ Diskutiert in der Klasse, welche Vorzüge eine Stadtexkursion gegenüber dem Betrachten eines Films über die Stadt hat.

M1 *Der Stadtteil Vauban in Freiburg/Breisgau*

Wie sieht die Stadt der Zukunft aus?

Fallbeispiel: Der Stadtteil Vauban in Freiburg

Auf einem ehemaligen französischen Kasernengelände von 41 ha Größe, etwa drei Kilometer südwestlich der Freiburger Innenstadt gelegen, entstand ab 1998 der neue Stadtteil Vauban (auch: Quartier Vauban) für 5500 Bewohner. Bei den Planungen wurden zahlreiche Aspekte der nachhaltigen Stadtentwicklung berücksichtigt. So wurde auf Verkehrsberuhigung und zum Teil autofreie Wohnstraßen geachtet. Es gibt zwei Quartiersgaragen für die Pkw der Bewohner. Der alte Baumbestand an einem naturgeschützten Bachlauf konnte weitgehend erhalten bleiben. Zur Stromerzeugung wurde ein Blockheizkraftwerk errichtet, dessen Abwärme direkt vor Ort genutzt wird und damit sehr effektiv ist. Auch wurde eine bewohnerfreundliche Infrastruktur mit Kindergarten, Schule, Marktplatz, Geschäften und Spielflächen bereitgestellt. Hintergrund war das **Konzept der kurzen Wege**, bei dem Einkaufs-, Bildungs- und Freizeitmöglichkeiten in der Nähe der Wohnungen den Autoverkehr reduzieren sollen. Seit 2006 ist das Quartier Vauban an das Freiburger Stadtbahnnetz angeschlossen.

Wer im Quartier Vauban ein Eigenheim bauen wollte, musste sich dazu verpflichten, dieses als Niedrigenergiehaus nach dem Freiburger Standard zu erstellen (Energieverbrauch maximal 65 kWh/m²). Ein Teil der Häuser wurde sogar als Passivhäuser mit einem maximalen Energieverbrauch von 15 kWh/m² errichtet (M2). Bei dieser Bauweise wird besonderer Wert auf eine sehr gute Gebäudedämmung und die Ausrichtung der Häuser zur Sonne geachtet, da es in einem Passivhaus kein aktives Heizsystem wie eine Zentralheizung gibt. Die Plusenergiehäuser im Quartier Vauban produzieren sogar mehr Energie als sie verbrauchen, was durch die auf den Dächern installierten Photovoltaikanlagen und energiesparende Technik in den Häusern möglich ist.

Eine Umfrage hat ergeben, dass sich die Bewohner des Viertels sehr wohl fühlen und dass es nur einen großen Kritikpunkt gibt: die sehr hohen Mieten. Diese sind zum einen bedingt durch die Tatsache, dass es in dem Viertel fast nur Neubauten gibt, zum anderen durch die Beliebtheit des Viertels und damit die große Nachfrage.

M2 *Passivhaus im Quartier Vauban*

M3 *Modell von Masdar City*

Fallbeispiel: Masdar City/Vereinigte Arabische Emirate

Mitten in der Wüste des Emirates Abu Dhabi in den Vereinigten Arabischen Emiraten soll die Stadt der Zukunft entstehen: Masdar City. Ziel ist eine CO_2-neutrale Wissenschaftsstadt für etwa 47 000 Bewohner. Baubeginn war 2008, die Gesamt-Fertigstellung ist für 2025 geplant.

Im Zentrum der Stadt wird das *Masdar Institute of Science and Technology* gebaut, eine Universität nur zur Erforschung der erneuerbaren Energien. Um ein Leben in der Wüste mit ihren extrem hohen Temperaturen überhaupt zu ermöglichen, wird auf ein einzigartiges Wärmekonzept gesetzt. Neben extrem gut isolierten Gebäuden werden die Straßen wie in den orientalischen Städten üblich sehr eng gebaut, sodass sich die Häuser gegenseitig Schatten spenden. Ein Kühlturm sorgt durch Verdunstung von Wasser für eine Abkühlung der Luft. Die Energie wird regenerativ erzeugt durch Photovoltaikanlagen auf den Dächern der Häuser und einen Solarturm in unmittelbarer Nähe zum Stadtzentrum. Die Stadt ist autofrei, die Bewohner bewegen sich mit einem emissionsfreien Kabinentransportsystem fort. Müll wird soweit möglich vermieden oder direkt vor Ort recycelt.

Doch es gibt auch Kritik an dem Projekt: Zum einen muss das benötigte Wasser sehr energieaufwendig durch Entsalzungsanlagen erzeugt und in die Stadt geleitet werden. Hierfür wird teils Solar-energie, teils aber auch Energie aus Dieselgeneratoren verwendet. Zwar wird in der Stadt durch Kontrolle und Recycling sehr sparsam mit dem Wasser umgegangen, doch gerade diese Kontrolle erinnert die Bewohner an einen Überwachungsstaat. Darüber hinaus wird die CO_2-Neutralität von Kritikern stark angezweifelt, weil es möglich ist, Zertifikate zu vergeben, die ermöglichen, dass das hier eingesparte Treibhausgas an anderer Stelle wieder ausgestoßen werden darf. Auch der gigantische Finanzbedarf muss kritisch hinterfragt werden, wenn Masdar City als Modell für eine nachhaltige Stadt dienen soll.

❶ Beschreibe mithilfe der Atlaskarte „Quartier Vauban (Freiburg) – Nachhaltige Stadtentwicklung", welche Elemente der nachhaltigen Stadtentwicklung in M1 zu erkennen sind.

❷ Erkläre anhand zweier ausgewählter Aspekte deren Bedeutung für die Nachhaltigkeit, z. B. das Prinzip der kurzen Wege oder die autofreie Stadt. (M1 – M3, Text)

❸ Beurteile die Eignung der beiden Fallbeispiele als Modelle für eine nachhaltige Stadtentwicklung.

❹ Nimm Stellung zu der These: „Eine Stadt in der Wüste kann nicht nachhaltig sein."

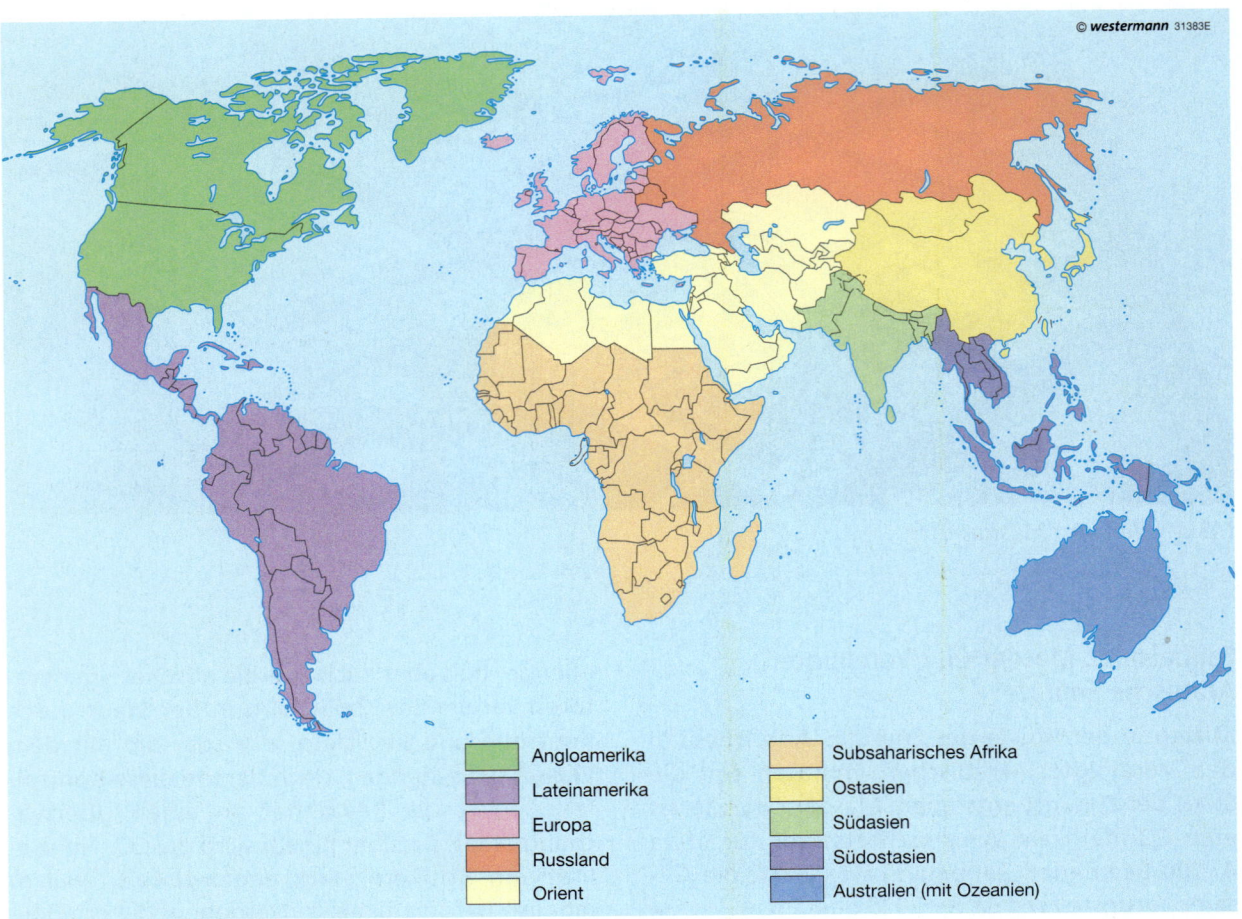

© *westermann* 31383E

■ Angloamerika	■ Subsaharisches Afrika
■ Lateinamerika	■ Ostasien
■ Europa	■ Südasien
■ Russland	■ Südostasien
■ Orient	■ Australien (mit Ozeanien)

M1 *Einteilung der Welt in Kulturräume (vereinfachte Darstellung)*

Städte in verschiedenen Kulturräumen

Städte gibt es in den meisten Regionen der Erde. Sie weisen überall bestimmte Merkmale auf, die sie als Stadt kennzeichnen. Dennoch gibt es, abhängig von der Kultur der Menschen eines Raumes, auch Unterschiede in Aussehen und Funktion. Geographen haben Städte in verschiedenen Räumen untersucht, um deren Gemeinsamkeiten und Unterschiede zu beschreiben und zu erklären.

Ein Versuch, unterschiedliche räumliche Ausprägungen von Kulturen und damit auch Stadtkulturen zu beschreiben, basiert auf dem **Weltbild der Kulturerdteile**. Geographen haben hierbei die Erde nicht nach physisch-geographischen Merkmalen, sondern nach kulturellen Merkmalen in verschiedene Erdteile unterteilt.

Da aber Kultur ständigen Veränderungen unterliegt und in den verschiedenen Kulturerdteilen neben Unterschieden auch viele Gemeinsamkeiten aufweist, ist das Weltbild der Kulturerdteile nicht unumstritten.

Die Abgrenzung eines Kulturraumes erfolgt beispielsweise durch Merkmale wie Gemeinsamkeiten der Religion, Denk- und Verhaltensweisen, Kleidung, Architektur, Wohn- und Esskultur sowie tägliche Lebensgestaltung. Ein wichtiges Merkmal ist dabei auch die Gestaltung von Städten. Stadtgeographen haben anhand typischer Merkmale unterschiedliche Stadttypen beschrieben, z. B. die islamisch-orientalische (S. 136/137), die US-amerikanische (S. 138/139), die chinesische (S. 140/141) und die indische Stadt (S. 142/143).

So führt ihr ein Gruppenpuzzle durch

Sicherlich hast du auch schon die Erfahrung gemacht, dass es schwierig ist, eine umfangreiche und komplizierte Aufgabe allein zu bearbeiten. Oftmals ist es besser, mit mehreren arbeitsteilig vorzugehen. Eine dafür geeignete Methode, die auch außerhalb der Schule Anwendung findet (z. B. bei Redaktionssitzungen von Zeitungen), ist das sogenannte Gruppenpuzzle.

1. Schritt
Ausgangspunkt für die Arbeit im Gruppenpuzzle ist eine Leitfrage. Für das folgende Gruppenpuzzle lautet diese: „Welche Gemeinsamkeiten und Unterschiede gibt es in Städten verschiedener Kulturräume?"

2. Schritt
Teilt die Klasse in Vierergruppen (= Stammgruppen) ein. Sollte es nicht aufgehen, bildet einige Gruppen mit fünf Schülern.

3. Schritt
Jeder Schüler einer Stammgruppe sucht sich eines der vier Themen A–D aus, er wird damit zum Experten A, B, C oder D. Dabei müssen alle Themen verteilt werden (bei Fünfergruppen Doppelbelegung eines Themas).
A = Kulturraum Orient: Die islamisch-orientalische Stadt (S. 136/137)
B = Kulturraum Angloamerika: Die US-amerikanische Stadt (S. 138/139)
C = Kulturraum Ostasien: Die chinesische Stadt (S. 140/141)
D = Kulturraum Südasien: Die indische Stadt (S. 142/143)

4. Schritt
Bearbeitet zunächst in Einzelarbeit die Aufgaben auf der jeweiligen Doppelseite. Aufgabe 4 ist jeweils eine Zusatzaufgabe für schnelle Experten.

5. Schritt
Setzt euch nun mit den anderen Experten zu eurem Thema in Expertengruppen zusammen. Bearbeitet gemeinsam die Aufgaben für die Expertengruppen.

6. Schritt
Kehrt nun zurück in eure Stammgruppe. Präsentiert den anderen Gruppenmitgliedern die Ergebnisse aus eurer Expertengruppe. Bearbeitet dann gemeinsam die Aufgaben für die Stammgruppen.

7. Schritt
Präsentiert eure Ergebnisse in der Klasse.

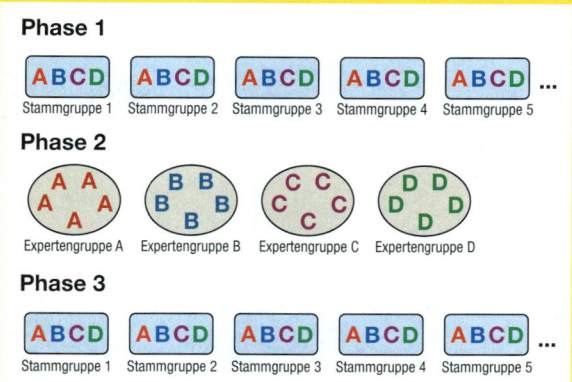

M2 *Arbeitsphasen Gruppenpuzzle*

Aufgaben für die Expertengruppen:
❶ Diskutiert eure Lösungen der Aufgaben, ergänzt und korrigiert einander.

❷ Wählt die wichtigsten Informationen aus, die in den Stammgruppen präsentiert werden sollen.

Aufgaben für die Stammgruppen:
❶ Übertragt die Tabelle in euer Heft. Protokolliert die Ergebnisse der Experten und ergänzt gemeinsam die Merkmale der deutschen Stadt (S. 120–123).

Typische Merkmale von Städten in verschiedenen Kulturräumen				
A Islamisch-orienta-lische Stadt	B US-ameri-kanische Stadt	C Chine-sische Stadt	D Südindi-sche Tem-pelstadt	Deutsche Stadt

❷ Unterstreicht die Merkmale in der Tabelle rot, die nur in dem jeweiligen Stadttyp auftreten, und grün, die sich in mehreren Stadttypen wiederfinden.

❸ Erörtert, welche kulturellen Merkmale offensichtlich Einfluss auf die Stadtgestalt nehmen.

M1 *Schrägluftbild der Medina von Marrakech (Marokko)*

Kulturraum Orient: Die islamisch-orientalische Stadt

M2 *In den Gassen von Marrakech*

Der orientalische Kulturraum, der von Marokko im Westen bis nach Pakistan im Osten reicht, blickt auf eine mehr als 5000 Jahre alte Stadtgeschichte zurück. Die ersten Stadtkulturen entwickelten sich im Zweistromland zwischen Euphrat und Tigris (im Gebiet des heutigen Irak) sowie am Unterlauf des Nil. Von hier aus breitete sich das Stadtwesen über die gesamte Großregion des Orients aus. Ab dem 7. Jh. n. Chr. entwickelte sich der Islam als führende Religion, der auch einen entscheidenden Einfluss auf die Stadtentwicklung hatte. Als wichtige kulturelle Merkmale sind die Bedeutung des gemeinsamen Gebets und der Familie sowie der Schutz der Privatsphäre hervorzuheben.

M3 *Im Souk von Marrakech*

M4 *Koutoubia-Moschee*

Die ummauerte, islamisch orientierte Altstadt (Medina) besteht aus verwinkelten Sackgassen, die durch ihre Abgeschlossenheit die Privatsphäre der Bewohner gewährleisten. Kaum ein Tourist verirrt sich in diese engen Gassen mit den schmucklosen Fassaden. Die Anwohner haben untereinander jedoch gute Kontakte. Sie treffen sich im zentralen Raum des Hauses, dem Innenhof. Oft gehören sie einer Großfamilie oder einer Religionsgemeinschaft an. Im Souk oder Basar, dem wirtschaftlichen Zentrum der Altstadt, arbeiten Tausende von Menschen. Es fällt auf, dass gleiche oder sich ergänzende Berufe oder Warengruppen in einer Gasse zu finden sind. Gerber und Getreidehändler sind am Rand der Altstadt angesiedelt, weil sie entweder mehr Fläche benötigen oder Verunreinigungen verursachen, während die Kupferschmiede oder die Gewürzhändler innerhalb der Altstadt ihre Betriebe haben. Die fast 130 Moscheen stellen geistig-religiöse Zentren und gleichzeitig gesellschaftlich-öffentliche Begegnungsstätten dar. In der größten Moschee, der Koutoubia, versammeln sich an jedem Freitag bis zu 25 000 Gläubige zum Gebet. Die Kasbah, eine Burg, in der früher der Sultan residierte, ist ein weiteres Kennzeichen einer orientalischen Stadt wie Marrakech.

1912 kam Marokko unter französische Verwaltung. Westlich anschließend an die Medina entstand für die ins Land strömenden Europäer ein moderner, weitläufiger Stadtteil, die Ville Nouvelle (= Neustadt) mit geometrischem Grundriss, geradlinigen und breiten Straßen, repräsentativen Plätzen und mehrstöckigen Wohnblöcken. Hier entwickelte sich eine moderne City mit Büros, Verwaltungsgebäuden, Banken, Hotels und Niederlassungen ausländischer Firmen. Eine Prachtstraße verbindet noch heute die orientalisch geprägte Medina mit der französischen Neustadt. Nach der Unabhängigkeit im Jahre 1965 verließen viele Europäer Marokko. Nun zogen am westlichen Lebensstil orientierte Marokkaner der Mittel- und Oberschicht in die leer stehenden Gebäude und Villen ein. Heute hat Marrakech über eine Million Einwohner und ist nach Casablanca, Rabat und Fès die viertgrößte Stadt Marokkos.

M5 *Marrakech – Stadt mit zwei Gesichtern*

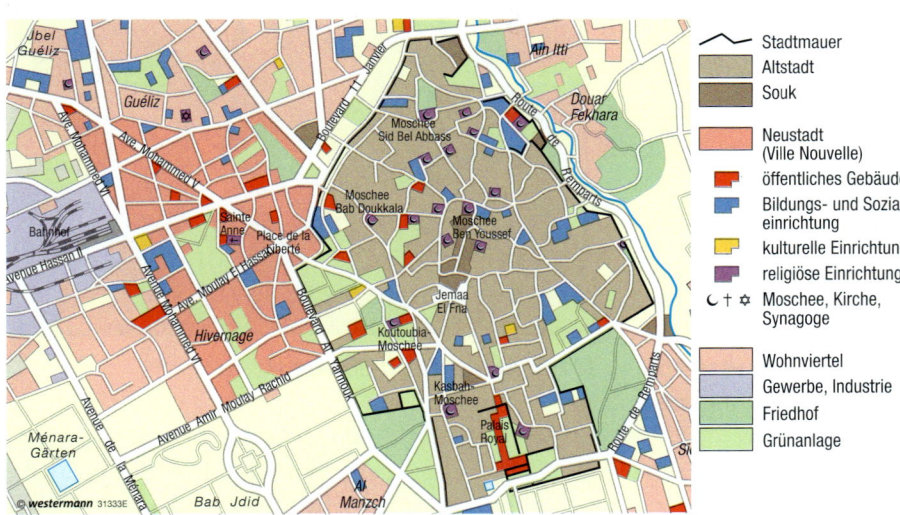

M6 *Altstadt (Medina) und Neustadt (Ville Nouvelle) von Marrakech*

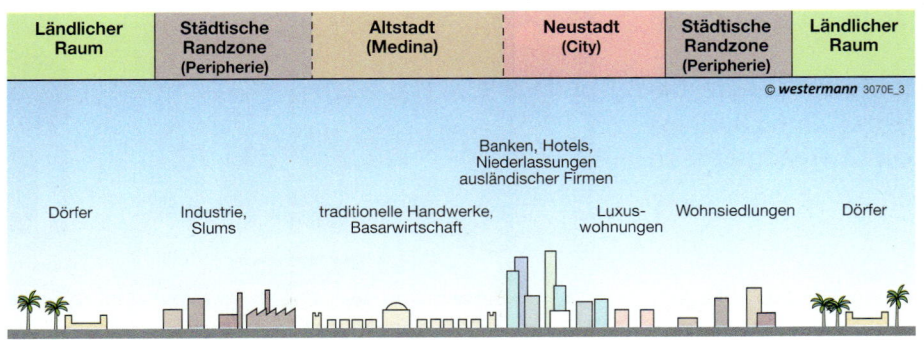

M7 *Modell einer islamisch-orientalischen Stadt*

❶ Beschreibe das Aussehen der Medina von Marrakech. (M1, M2, M5)

❷ Vergleiche die Stadtstruktur von Marrakech mit der von Hameln. (M6, S. 118–122)

❸ Benenne die wichtigsten Merkmale einer islamisch-orientalischen Stadt. (M1–M7)

❹ **Transfer** Erläutere anhand von Damaskus den Aufbau einer islamisch-orientalischen Stadt. (M7, Atlas)

M1 *Schrägluftbild der Innenstadt von Houston (Texas)*

Kulturraum Angloamerika:
Die US-amerikanische Stadt

In den USA und Kanada leben über 75 % der Bevölkerung in verstädterten Gebieten. Dieser Kulturraum zählt damit zu den am stärksten verstädterten Gebieten der Erde. Die Herausbildung von Städten begann hier vergleichsweise spät.

Europäische Einwanderer gründeten ab dem 16. Jh. an der Ostküste die ersten städtischen Siedlungen. Diesen Städten fehlen typische historische Merkmale mitteleuropäischer Städte. Stattdessen sind sie planmäßig angelegt und weisen eine große Ähnlichkeit auf.

Die nordamerikanische Stadt besteht aus drei Bereichen: dem Innenstadtbereich (**Central Business District** und **Downtown**), dem Übergangsbereich und dem Umland (M4).

M2 *Senkrechtluftbild von Houston*

M3 *Edge City mit Downtown Houston im Hintergrund*

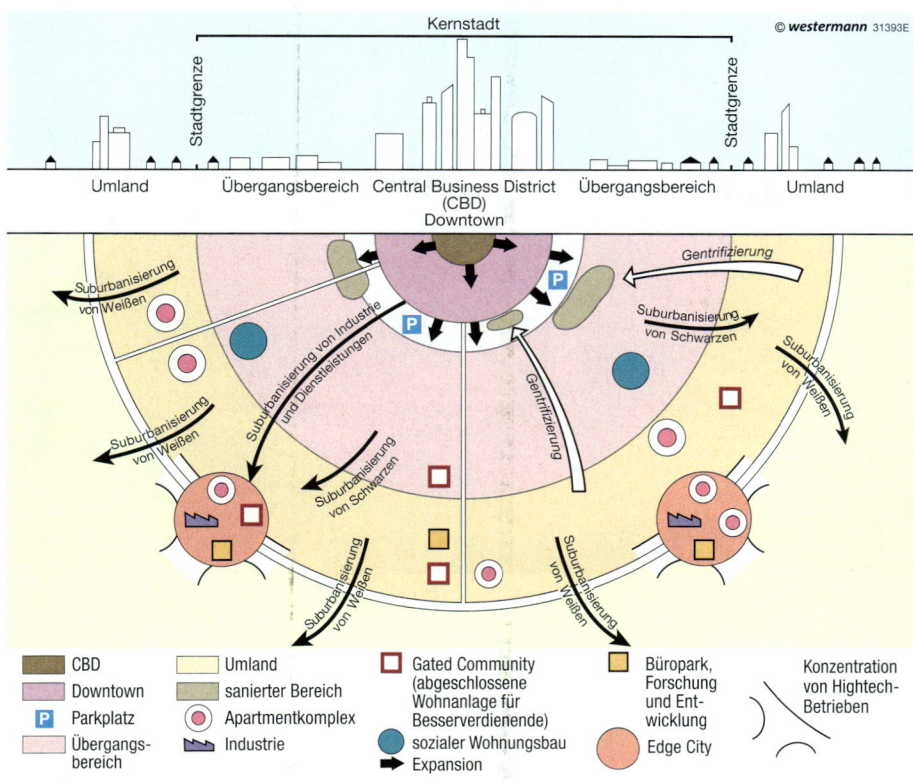

Kernstadt

Stadtgrenze   Stadtgrenze

© **westermann** 31393E

Umland   Übergangsbereich   Central Business District (CBD) Downtown   Übergangsbereich   Umland

Suburbanisierung von Weißen

Gentrifizierung

Suburbanisierung von Industrie und Dienstleistungen

Suburbanisierung von Schwarzen

Suburbanisierung von Weißen

Gentrifizierung

Suburbanisierung von Schwarzen

Suburbanisierung von Weißen

Suburbanisierung von Weißen

■ CBD	☐ Umland	☐ Gated Community (abgeschlossene Wohnanlage für Besserverdienende)	☐ Büropark, Forschung und Entwicklung	Konzentration von Hightech-Betrieben

■ Downtown   ■ sanierter Bereich

P Parkplatz   ⊙ Apartmentkomplex   ⚫ sozialer Wohnungsbau

■ Übergangsbereich   ⬣ Industrie   ➤ Expansion   ⬤ Edge City

M4 *Stadtmodell der US-amerikanischen Stadt*

M6 *Nicht saniertes Wohngebiet im Übergangsbereich*

M7 *In einem Suburb von Houston*

Das starke Bevölkerungswachstum in vielen Städten Nordamerikas in der zweiten Hälfte des 19. Jahrhunderts und zu Beginn des 20. Jahrhunderts hatte zu einer hohen Bevölkerungsdichte in den **Kernstädten** geführt. Steigende Grundstückspreise und neue technische Möglichkeiten im Bauwesen führten zur Konstruktion der ersten Wolkenkratzer im Stadtzentrum. Hinzu kam ein erhöhter Platzbedarf durch den sich ausbreitenden tertiären Sektor. Die Wohnbevölkerung wurde somit mehr und mehr aus den zentralen Innenstadtbereichen (Central Business District und Downtown) verdrängt. Durch die massenhafte Verbreitung des Automobils als Hauptverkehrsmittel verlor zudem die Nähe zum Arbeitsplatz als Kriterium bei der Wahl des Wohnortes an Bedeutung. Wohlhabende weiße Familien der Mittel- und Oberschicht zogen daher von den Randbereichen der Downtown sowie des Übergangsbereiches in Einfamilienhaussiedlungen am Stadtrand, in die sogenannten **Suburbs** (Prozess der Suburbanisierung). In die verlassenen Wohnblocks zogen einkommensschwächere Bevölkerungsschichten, meist Afroamerikaner oder Hispanics. Dabei kam es in den Stadtteilen zu einer Trennung von Bevölkerungsgruppen nach bestimmten Merkmalen wie Einkommen und Ethnizität (**Segregation**). In der Folge wanderten auch Geschäfte aus dem Übergangsbereich in die Suburbs ab, wodurch sich im Randbereich der Städte sogenannte **Edge Cities** herausbildeten.
Im Zuge von Sanierungsmaßnahmen baufälliger Gebäude der Downtown und des Übergangsbereiches wurden diese für wohlhabendere Bevölkerungsgruppen wieder attraktiv, sodass eine Verdrängung der ärmeren Bevölkerung aus diesen aufgewerteten Stadtbereichen erfolgte (Prozess der Gentrifizierung).

M5 *Entwicklungen in US-amerikanischen Städten*

❶ Beschreibe das Aussehen der Innenstadt von Houston. (M1, M2, M6)

❷ Vergleiche die Stadtstruktur von Houston mit der von Hameln. (M2, M4, S. 118–122)

❸ Benenne die wichtigsten Merkmale einer US-amerikanischen Stadt. (M1–M7)

📶❹ **Transfer** Erläutere anhand von New York City den Aufbau einer US-amerikanischen Stadt. (Atlas)

M1 *Schrägluftbild der Altstadt von Pingyao (42 000 Einwohner, ca. 80 km südwestlich von Taiyuan)*

Kulturraum Ostasien: Die chinesische Stadt

Die chinesische Stadtkultur hat eine lange Geschichte. Bereits vor 3500 Jahren wurden in China die ersten Städte gegründet. Ihre Anlage folgt den Prinzipien der chinesischen Volksreligion. Man vermutet zudem, dass die Städte von Anfang an nach einem genauen Plan errichtet wurden und dass der traditionelle Stadtgrundriss aus Militärlagern hervorging.

Seit der Mitte des 19. Jahrhunderts wurden die traditionellen Stadtstrukturen durch westliche Einflüsse der Kolonialmächte, von 1949 bis in die 1980er-Jahre durch den sozialistischen Städtebau und seit den 1990er-Jahren durch internationale Einflüsse überformt. In vielen chinesischen Großstädten erinnern heute häufig nur noch einzelne Gebäude oder der Straßengrundriss an die historische Stadtstruktur.

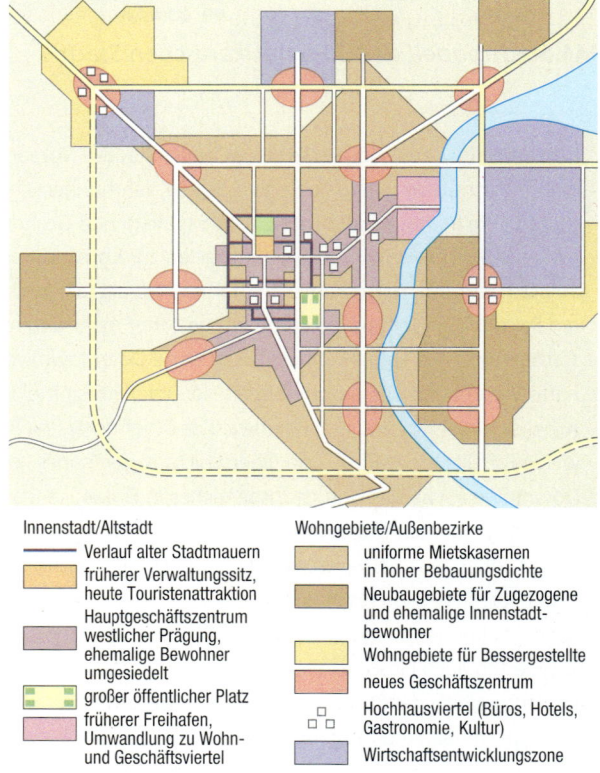

Innenstadt/Altstadt

— Verlauf alter Stadtmauern

früherer Verwaltungssitz, heute Touristenattraktion

Hauptgeschäftszentrum westlicher Prägung, ehemalige Bewohner umgesiedelt

großer öffentlicher Platz

früherer Freihafen, Umwandlung zu Wohn- und Geschäftsviertel

Wohngebiete/Außenbezirke

uniforme Mietskasernen in hoher Bebauungsdichte

Neubaugebiete für Zugezogene und ehemalige Innenstadtbewohner

Wohngebiete für Bessergestellte

neues Geschäftszentrum

Hochhausviertel (Büros, Hotels, Gastronomie, Kultur)

Wirtschaftsentwicklungszone

M3 *Modell einer modernen chinesischen Großstadt*

M2 *Südstraße mit Marktturm in Pingyao*

In den Städten Ostasiens spielte die Geomantie (griech.: Erdweissagung) eine große Rolle. Man fasste die Landschaft als magisches Wesen, als von Geistern belebte Natur auf, die das Schicksal des Menschen positiv oder negativ beeinflusst. Daher bedurfte es besonderer Sorgfalt, den für eine Stadtanlage geeigneten Ort auszuwählen.

In China besaß zudem die Stadtkosmologie eine lange Tradition. Sie war tief im Wesen der Chinesen verankert und hatte auch in die chinesische Herrschaftsideologie (Reich der Mitte, Kaiser als Himmelssohn) Eingang gefunden. Ehe ein Stück Land als Teil der Natur bewohnt werden konnte, musste es geweiht und geordnet werden. Die Stadt als künstliches Gebilde musste ein Abbild des Kosmos sein.

Zu Beginn stand der Bau der Stadtmauer, die entsprechend dem die Erde repräsentierenden Yin – im Gegensatz zu dem den Himmel repräsentierenden kreisförmigen Yang – ein Quadrat, zumindest aber ein Rechteck, nachzeichnete. Die Stadtmauer legte die Stadtfläche fest, die oft so groß bemessen war, dass noch lange Zeit unbebaute Flächen für landwirtschaftliche Nutzung und Wasserflächen blieben – beide wichtig als Existenzgrundlage in kriegerischen Zeiten.

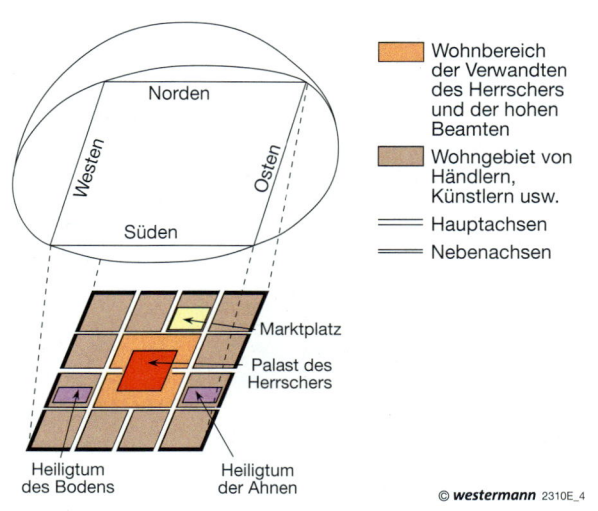

Quellen: 1. Abschnitt: Bähr, J./Jürgens, U. (2009): Stadtgeographie II, Braunschweig, S. 80 (leicht verändert); 2. Abschnitt: Hofmeister, B. (1996): Die Stadtstruktur – Ihre Ausprägung in den verschiedenen Kulturräumen der Erde, Darmstadt, S. 91 (leicht verändert)

M4 *Merkmale traditioneller chinesischer Städte*

M5 *Stadtplan der Altstadt von Pingyao*

❶ Beschreibe das Aussehen der Altstadt von Pingyao. (M1, M2, M5)

❷ Vergleiche die Stadtstruktur von Pingyao mit der von Hameln. (M4, M5, S. 118–122)

❸ Benenne die wichtigsten Merkmale einer chinesischen Stadt. (M1–M5)

❹ **Transfer** Erläutere anhand von Peking den Aufbau einer chinesischen Stadt. (M3, Atlas)

M1 *Luftbild der Tempelstadt Srirangam (Stadtteil von Tiruchirappalli)*

Kulturraum Südasien: Die indische Stadt

Indien weist trotz einer sehr langen Stadtentwicklungsgeschichte einen sehr geringen Verstädterungsgrad auf. So leben etwa drei von vier Indern in einem der ca. 587 000 Dörfer. In den Städten herrscht jedoch ein sehr starkes Bevölkerungswachstum, sodass Indien im Jahr 2011 bereits über 46 Millionenstädte aufwies. Aufgrund der kulturellen Vielfalt sowie der ereignisreichen Geschichte ist es schwer, von *der* indischen Stadt zu sprechen. Insbesondere der Norden Indiens unterlag im Laufe der Jahrhunderte mehreren Invasionswellen, sodass sich verschiedene kulturelle Einflüsse in den Stadtstrukturen widerspiegeln. Für Indien typisch ist insbesondere die hinduistische Stadtentwicklungsepoche. Deren Merkmale finden sich vor allem in den südindischen Tempelstädten auch heute noch wieder. Aufgrund des hohen Bevölkerungswachstums verändern sich die Städte jedoch sehr stark.

INFO

Stadtentwicklungsepochen in Indien

2400–1500 v. Chr.: vorhinduistische Stadtkulturen

300 v. Chr. – 1800 n. Chr.: hinduistische Epoche

1300–1800: muslimische Epoche

1498–1947: koloniale Epoche (portugiesische und britische Einflüsse)

ab 1947: rasantes Wachstum der Städte

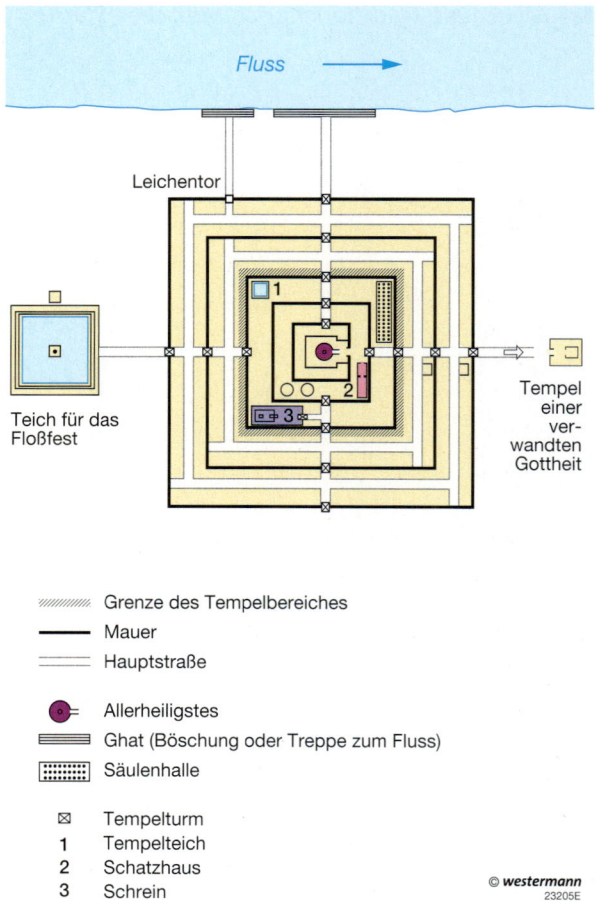

Grenze des Tempelbereiches

Mauer

Hauptstraße

Allerheiligstes

Ghat (Böschung oder Treppe zum Fluss)

Säulenhalle

⊠ Tempelturm

1 Tempelteich

2 Schatzhaus

3 Schrein

© *westermann*
23205E

M2 *Modell einer südindischen Tempelstadt*

Meistens wird eine Tempelstadt in Flussnähe gegründet, idealerweise auf einer Insel oder am (in Strömungsrichtung) rechten Flussufer. Bevorzugt wird ein ebener Bauplatz. Die Stadtumrisse und die Tempelmauern folgen einer quadratischen oder rechteckigen Struktur. Mauern, Straßen und Wohnflächen knicken rechtwinklig ab. Die Hauptachsen der Stadt sind im Wesentlichen an den Himmelsrichtungen orientiert [...]. Im Innern der Stadt befindet sich der Tempelbezirk [...]. Um den Tempel liegen konzentrische Wohnviertel und Straßenringe. [...] Diese durch Mauern voneinander getrennten Zonen der Wohn- und Geschäftsstadt rings um den Tempelkomplex spiegeln die Gesellschaftsstruktur wider. Innen wohnen die Brahmanen, am nächsten an der Tempelmauer, mit relativ großzügigen Parzellen. Nach außen kommen der sozialen Hierarchie entsprechend die anderen Kasten. [...]

Quelle: www.bernhardpeter.de/Indien/Sonstige/seite575.htm

M3 *Aufbau südindischer Tempelstädte*

INFO

Das indische Kastensystem

Ein für den Hinduismus und die indische Gesellschaft auch heute noch prägendes Merkmal ist das bereits jahrtausendealte Kastensystem. Hierbei muss man zwischen zwei unterschiedlichen Kategorisierungen unterscheiden. *Jati* (Gattung oder Wurzel) bezeichnet Bevölkerungsgruppen, in die man hineingeboren wird. Die Jati dient neben der beruflichen auch der ethnischen, gesellschaftlichen und kulturellen Unterscheidung. *Varna* (Farbe) hingegen bezeichnet mythologisch begründete Kasten. Der Legende nach entwickelten sich aus dem Ur-Menschen Purusha vier Varna: die Brahmanen (Priester), die Kshatriya (Krieger), die Vaishya (Händler) und die Shudra (Bediensteten). Die Brahmanen bilden die oberste, die Shudra die unterste Kategorie innerhalb dieses Systems. Die als noch niedriger angesehenen Kastenlosen fallen aus dem Schema gänzlich heraus. Mitglieder jeder Jati ordnen sich meist einer der vier Varna zu, wobei die Zuordnung oft umstritten ist, da sich hieraus bestimmte Ansprüche ergeben. An die Kastenzugehörigkeit sind fest vorgeschriebene Verhaltensregeln geknüpft (z. B. die Berufswahl, die Wahl des Ehepartners, Wohnvorschriften, Speisevorschriften). Ein Wechsel in eine andere Kaste ist praktisch unmöglich. Allerdings verliert das Kastensystem in den Großstädten Indiens allmählich an Bedeutung.

M4 *Gopuram (Torturm) in Srirangam*

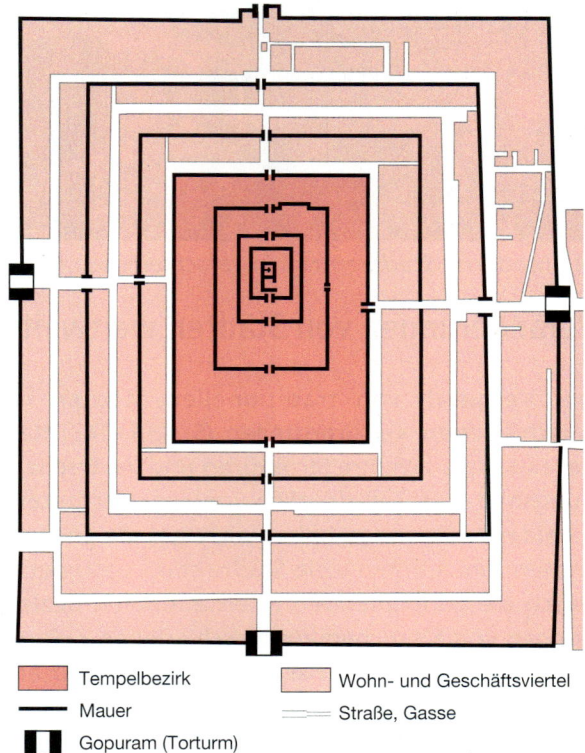

🟧 Tempelbezirk	🟧 Wohn- und Geschäftsviertel
▬ Mauer	═ Straße, Gasse
▮▮ Gopuram (Torturm)	

© *westermann* 31378E

M5 *Stadtplan der Tempelstadt Srirangam*

❶ Beschreibe das Aussehen der Tempelstadt Srirangam. (M1, M4, M5)

❷ Vergleiche die Stadtstruktur von Srirangam mit der von Hameln. (M1, M4, M5, S. 118–122)

❸ Benenne die wichtigsten Merkmale südindischer Tempelstädte. (M1 – M5)

❹ Transfer Suche mithilfe von Google Earth eine südindische Tempelstadt und erkläre deren Aufbau. (M2, Internet)

143

M1 *Moderne Stadtzentren in verschiedenen Kulturerdteilen*

Veränderungen von Städten weltweit

Der Vergleich von traditionellen Städten in verschiedenen Kulturerdteilen (S. 136–143) hat gezeigt, dass sich ihre Strukturen und ihr Erscheinungsbild zum Teil deutlich voneinander unterscheiden. Allerdings haben sich gerade in den letzten Jahrzehnten viele Städte stark verändert. Durch die zunehmenden internationalen Beziehungen von Menschen aus verschiedenen Kulturkreisen verbreiten sich stadtplanerische und architektonische Vorstellungen weltweit, insbesondere Einflüsse der Industrienationen. Betrachtet man beispielsweise die Skylines von Großstädten in verschiedenen Kulturerdteilen, kann man fast überall die Ausbreitung von Hochhauszentren erkennen (M1). Dadurch werden sich die Städte immer ähnlicher. Einige Menschen befürchten daher den Verlust der kulturellen Identität ihrer Städte. In jüngster Zeit gibt es Bestrebungen, durch die Rückbesinnung auf architektonische Traditionen diesem Identitätsverlust entgegenzuwirken. Teilweise werden hierfür sogar Gebäude, die bereits verschwunden waren, wieder aufgebaut (M3–M6). Dies ist nicht unumstritten.

Der Stararchitekt Rem Koolhaas gilt als wichtigster Theoretiker seiner Zunft, weil er sich mit den großen Fragen moderner Architektur beschäftigt: Wie verändert sie unsere Städte? Und warum erzeugt sie Ohnmacht bei den Menschen, für die sie entworfen wird?

SPIEGEL: In „Die Stadt ohne Eigenschaften" stellen Sie die Frage, ob es nicht vielleicht gewollt ist, dass unsere Städte immer gleicher, immer gesichtsloser aussehen.

Koolhaas: Ja. Und die Antwort könnte lauten: Die traditionelle Stadt ist sehr von Regeln und Verhaltenscodes besetzt. Die Stadt ohne Eigenschaften aber ist frei von eingefahrenen Mustern und Erwartungen. Es sind Städte, die keine Forderungen stellen und dadurch Freiheit schaffen. Eine Stadt wie Dubai hat 80 Prozent Einwanderer, Amsterdam 40 Prozent. Ich glaube, für diese Bevölkerungsgruppen ist es einfacher, durch Dubai, Singapur oder die HafenCity zu laufen als durch schöne mittelalterliche Stadtkerne. Denn die strahlen für diese Menschen nichts als Ausschluss und Zurückweisung aus. In einem Zeitalter der massenhaften Einwanderung muss es vielleicht auch zu einer massenhaften Ähnlichkeit der Städte kom-

M2 *Auszug aus einem Interview mit dem Stararchitekten*

100800-044
www.diercke.de

Die Frankfurter Altstadt bestand einst aus mehr als 1200 Häusern aller Stilepochen der vergangenen neun Jahrhunderte. Sie galt als die schönste gotische Altstadt Deutschlands. Den Bombenhagel des Jahres 1944 überstand nur ein einziges (!) Fachwerkhaus, das Haus Wertheim. Natürlich ist es unmöglich, all diese Gebäude wieder aufzubauen. Es geht darum, ein kleines Kernstück, bestehend aus 30 Häusern, quasi als „Erinnerungsinsel" wieder erstehen zu lassen. Unter dem umgangssprachlichen Begriff „Altstadt" fasst man heute den eigentlichen Kern dieses Stadtteils zwischen Dom und Römer [Rathaus] zusammen. Die aktuelle Debatte dreht sich also korrekt ausgedrückt um das „Dom-Römer-Quartier".

Durch Abbruch des „Neuen Technischen Rathauses" im Jahr 2010, ein asbestverseuchtes Betonungetüm der 1970er-Jahre und durch die geplante Überbauung des „Archäologischen Gartens" wird die Rekonstruktion von ca. 30 Häusern in historischer Bauform wieder möglich sein, und zwar in der Form, wie sie bis 1944 dort standen. Das farbenfrohe Spiel der Fassaden aus Stein und Fachwerk, das reizvolle Auf und Ab der Giebel und Satteldächer wird eine unbeschreibliche architektonische Bereicherung für unsere Stadt bedeuten.

Quelle: www.altstadtforum-frankfurt.de/altstadt.html

M3 *Aus einer Werbebroschüre zum Wiederaufbau der historischen Altstadt Frankfurts am Main*

M4 *Frankfurter Altstadt 2010*

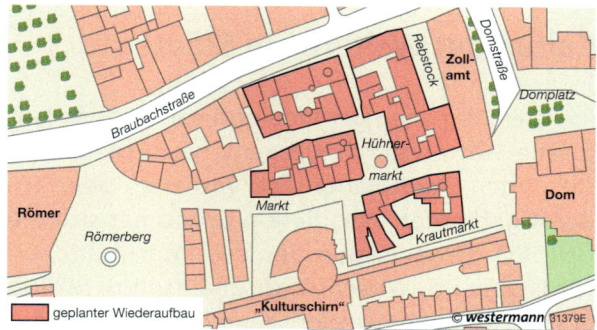

M5 *Plan zum Wiederaufbau der historischen Altstadt Frankfurts*

men. Diese Städte funktionieren wie Flughäfen: Die immer gleichen Geschäfte sind an den immer gleichen Stellen. Alles ist über die Funktion definiert, nichts über die Geschichte. Das kann auch befreiend sein.

SPIEGEL: [...] Wie kamen Sie auf die Idee, die Verwechselbarkeit als eine gezielte Entwicklung zu beschreiben?

Koolhaas: Weil wir ja immer nur jammern. Sie doch auch: Warum sieht das alles hier so austauschbar aus? Nun, weil es vielleicht Menschen gibt, die das so mögen. Ich habe immer Porträts über einzelne Städte erstellt. „Delirious New York" war mein erster Aufsatz. [...] Später habe ich Städte wie Atlanta, Singapur und Lagos analysiert. Ich habe mich immer mit sehr besonderen und einzigartigen Städten beschäftigt. Doch plötzlich fiel mir auf, dass die Unterschiede dieser Städte gar nicht so interessant sind. Ich wollte ihre Gemeinsamkeiten erkennen. Der Text „Die Stadt ohne Eigenschaften" sollte sich auf jede Stadt anwenden lassen.

Quelle: „Und immer ein Atrium", Spiegel-Gespräch mit Rem Koolhaas, in: Der Spiegel 50/2011 (www.spiegel.de/spiegel/print/d-82995614.html)

Rem Koolhaas

M6 *Ehemaliger Hühnermarkt in einer Computeranimation – Vorbild zum Wiederaufbau*

❶ M1 zeigt die Städte Frankfurt am Main, Kairo, Chengdu und Mumbai.
a) Nenne die Kulturräume, zu denen diese Städte gehören. (M1 auf S. 134, Atlas)
b) Ordne die Städte den Fotos zu und begründe deine Entscheidung. Falls du dabei Schwierigkeiten hast, überlege warum. (M1, Atlas)

❷ Beschreibe das Vorhaben, Teile der Altstadt in Frankfurt am Main wieder aufzubauen. (M3–M6, Internet)

❸ **Diskussion** Führt eine Pro-Kontra-Diskussion zum Wiederaufbau historischer Stadtkerne bzw. historischer Gebäude. (M2–M6)

M1 *Die Brücke Stari Most in Mostar (Bosnien und Herzegowina) – zerstört und wiederaufgebaut*

Kulturelles Welterbe in Städten

In vielen Regionen der Erde sind bedeutende kulturelle Stätten durch kriegerische Auseinandersetzungen, stadtplanerische Vorhaben oder anderes gefährdet. Aus diesem Grund hat sich die UNESCO (Organisation der Vereinten Nationen für Erziehung, Wissenschaft und Kultur) 1972 in der Welterbekonvention zum Ziel gesetzt, das kulturelle Erbe sowie das Naturerbe der Menschheit zu schützen. Grundgedanke der Welterbekonvention ist, dass „Teile des Kultur- oder Naturerbes von außergewöhnlicher Bedeutung sind und daher als Bestandteil des Welterbes der ganzen Menschheit erhalten werden müssen" (aus der Präambel der Welterbekonvention).

Eine Kommission überprüft dann, ob diese die in der Welterbekonvention vorgeschriebenen Kriterien erfüllen. Hierzu zählen zum Beispiel „Einzigartigkeit" und „Authentizität" (historische Echtheit) eines Kulturdenkmals. Zudem muss auch ein überzeugender Erhaltungsplan vorgelegt werden. Sind alle Kriterien erfüllt, kann die Stätte in die Liste der Welterbestätten aufgenommen werden. Der Mitgliedsstaat, in dem die neue Welterbestätte liegt, hat dann die Pflicht, die Stätte zu schützen und zu erhalten. Dabei wird er von der UNESCO unterstützt.

Eine Welterbestätte macht den betreffenden Ort bekannt und zieht Touristen an. Allerdings ist die Bewerbung um die Aufnahme in die Welterbeliste mit einem hohen Aufwand verbunden, den nicht alle Staaten leisten können.

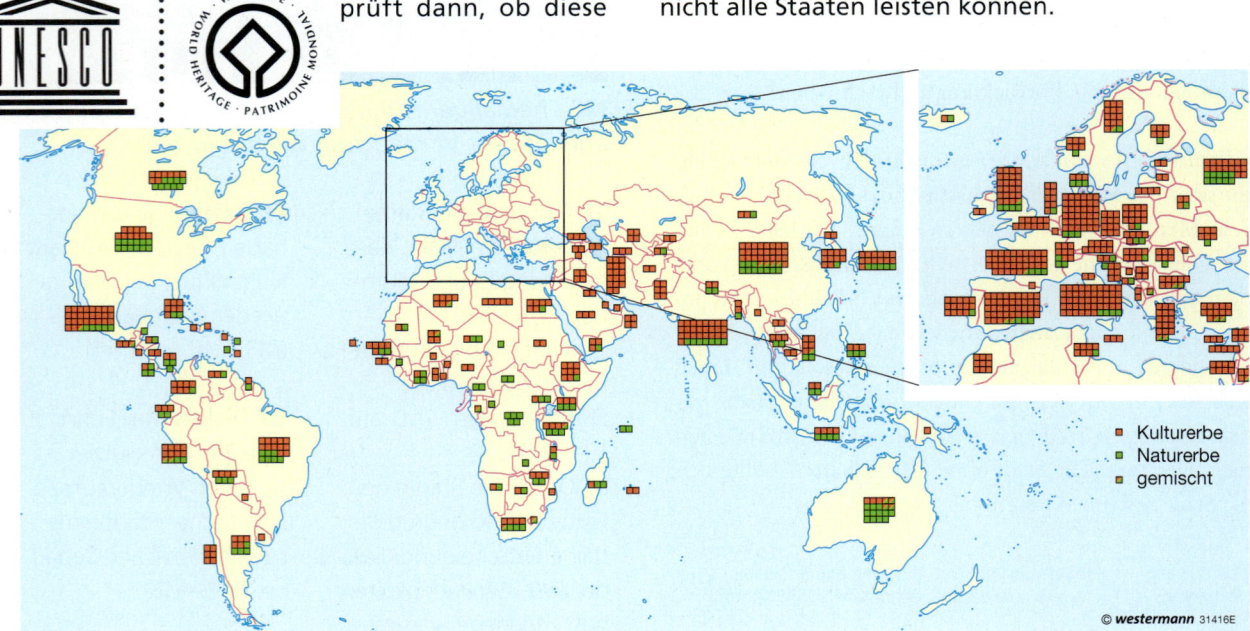

M2 *Welterbestätten weltweit (Stand 2014)*

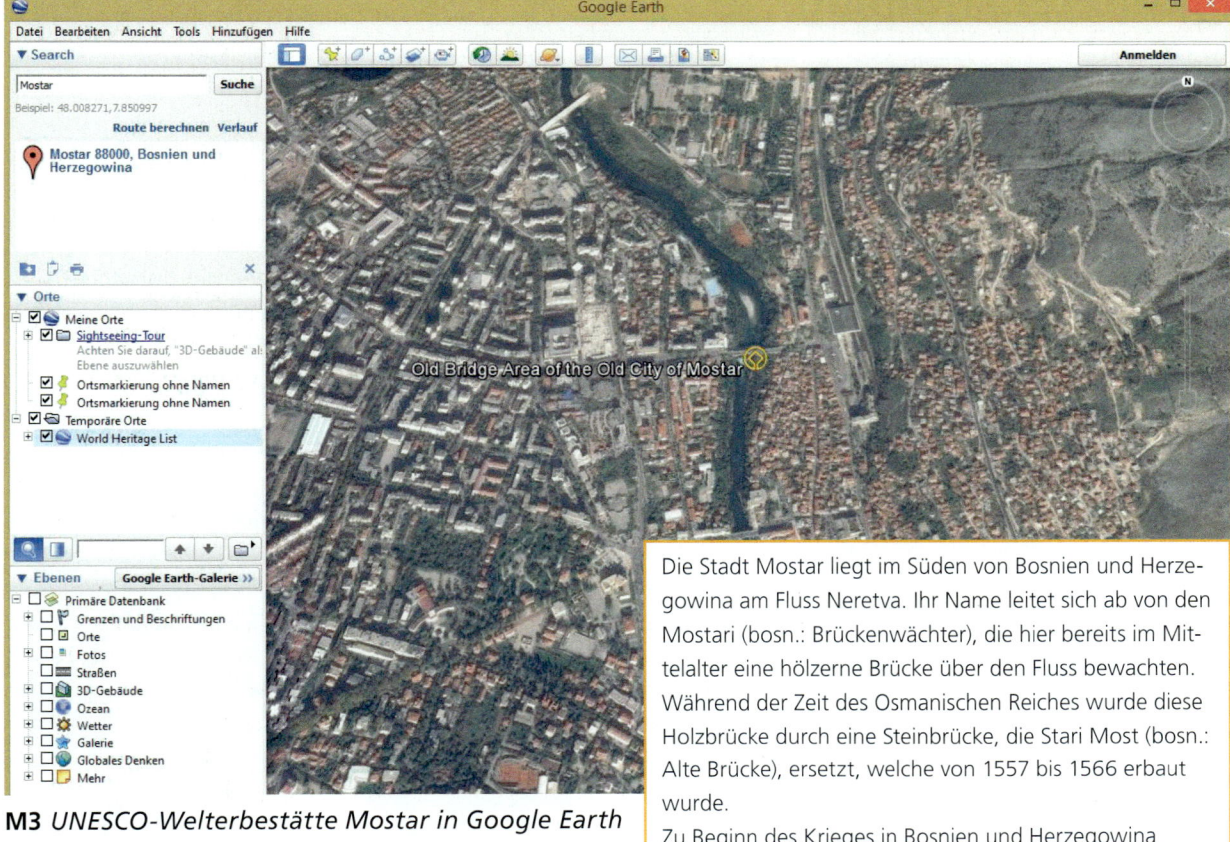

M3 *UNESCO-Welterbestätte Mostar in Google Earth*

INFO

Welterbe-Bildung

Welterbe-Bildung hat zum Ziel, den Menschen die Bedeutung von Kultur für ihr Leben bewusst zu machen. Hierdurch soll ein besseres Verständnis für unterschiedliche kulturelle Vorstellungen vermittelt und die gesellschaftliche Bedeutung dieser erkannt werden. Die Wertschätzung und die Bewusstmachung der eigenen kulturellen Werte und Normen sind zudem eine wichtige Voraussetzung für ein tiefer gehendes Verständnis gesellschaftlicher Strukturen und Prozesse.

Die Stadt Mostar liegt im Süden von Bosnien und Herzegowina am Fluss Neretva. Ihr Name leitet sich ab von den Mostari (bosn.: Brückenwächter), die hier bereits im Mittelalter eine hölzerne Brücke über den Fluss bewachten. Während der Zeit des Osmanischen Reiches wurde diese Holzbrücke durch eine Steinbrücke, die Stari Most (bosn.: Alte Brücke), ersetzt, welche von 1557 bis 1566 erbaut wurde.

Zu Beginn des Krieges in Bosnien und Herzegowina (1992–1995) wurde die Brücke stark beschädigt und am 9. November 1993 durch gezielten Beschuss seitens bosnisch-kroatischer Streitkräfte schließlich zerstört. Von 1995 bis 2004 wurde die Brücke unter Beteiligung der UNESCO originalgetreu wiederaufgebaut und am 15. Juli 2005 mit dem ebenfalls wieder aufgebauten Altstadtkomplex in die Liste des Weltkulturerbes der UNESCO aufgenommen. Wie bereits vor dem Krieg zieht sie auch heute wieder zahlreiche Touristen aus aller Welt nach Mostar.

M4 *Hintergrundinformationen zur Welterbestätte Mostar*

❶ Erstelle einen Steckbrief zu der UNESCO-Welterbestätte Mostar. (M1, M3, M4, Internet)

❷ Beschreibe die weltweite Verteilung der UNESCO-Welterbestätten. (M2)

❸ **Aktiv** a) Teilt die Klasse in sechs Gruppen auf, denen jeweils ein Kontinent zugeteilt wird. Jede Gruppe wählt für ihren Kontinent aus der Liste des Welterbes (http://whc.unesco.org) eine geschützte Stadt aus. Erklärt den anderen Gruppen, warum ihr euch für dieses Weltkulturerbe entschieden habt. (Infokasten, Internet)
b) Erstellt in euren Gruppen mithilfe von Google Earth einen virtuellen Rundgang durch die von euch ausgewählte Welterbestätte und erklärt in einem Kurzvortrag deren kulturelle Besonderheiten. (Internet; Downloadlink für Google Earth: http://www.google.de/earth/download/ge/agree.html, Downloadlink für das Welterbe-Plugin: http://www.google.com/earth/explore/showcase/unesco.html)

Kompetenztraining

1. Stadtentwicklung in Deutschland

a) Erkläre am Beispiel von Dresden die verschiedenen Phasen der Stadtentwicklung. (vgl. Diercke Weltatlas)

b) Plane einen virtuellen Rundgang durch die Innenstadt von Dresden, der an den wichtigsten Sehenswürdigkeiten vorbeiführt. Suche drei Stationen aus, an denen du über die Stadtentwicklung berichten könntest.

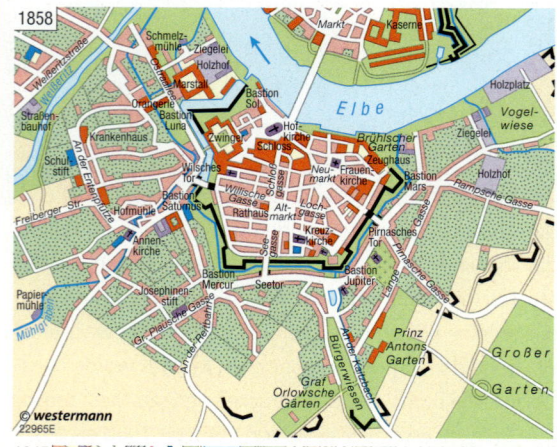

2. Welterbe in Städten

Von 2004 bis 2009 stand das Dresdner Elbtal um die historische Innenstadt von Dresden auf der Liste des UNESCO-Weltkulturerbes. Durch den umstrittenen Bau der Waldschlößchenbrücke zwischen 2007 und 2013 verlor Dresden jedoch den Welterbetitel, da hierdurch die Voraussetzungen dafür nicht mehr gegeben waren.

a) Sammle Informationen über den Bau der Waldschlößchenbrücke. (Internet)

b) Führt in der Klasse eine Pro-Kontra-Diskussion zum Bau der Waldschlößchenbrücke im Dresdner Elbtal.

3. Außenseiter-Spiel

a) Welcher Begriff gehört nicht in die Begriffskette? Begründe.

b) Ersetze den Außenseiter durch einen passenden Begriff.

c) Entwickle eine eigene Begriffskette zu einem der Themen dieses Kapitels und lass deinen Sitznachbarn den Außenseiter finden. Beachte: Die Begründung muss geographisch sein und die Aufgabe darf nicht zu schwierig, sondern muss lösbar sein.

Stadtmauer – Burg – Kirche – Bahnhof

Moschee – Souk – Medina – Kasbah

Segregation – Downtown – Suburb – Edge City

Brahmanen – Vaishya – Varna – Shudra

Verstädterung – Suburbanisierung – Mischviertel – Gentrifizierung

Bebauungsplan – Flächennutzungsplan – Revitalisierung – Bauleitplanung

4. Städte in unterschiedlichen Kulturräumen

Du fliegst in einem Flugzeug von New York aus in Richtung Westen. In welcher Reihenfolge überfliegst du die vier abgebildeten Städte? In welchen Kulturräumen befinden sie sich? Begründe deine Entscheidung. (Atlas)

Grundbegriffe

Verstädterung
Suburbanisierung
Gentrifizierung
Mischviertel
Revitalisierung
Flächennutzungsplan
Bebauungsplan
Konzept der kurzen Wege
Konzept der Kulturerdteile
Kernstadt
Suburb
Segregation
Edge City
Kastensystem

Das solltest du nun können:

- verschiedene Stadtentwicklungsphasen in Deutschland beschreiben (F)

- mit Stadtmodellen arbeiten (M)

- stadtplanerische Maßnahmen beurteilen (B)

- Spuren in Städten lesen (M)

- Elemente der Stadtplanung benennen (F)

- eine stadtgeographische Exkursion vorbereiten und durchführen (M)

- Städte in verschiedenen Kulturräumen voneinander unterscheiden (F)

F = Fachwissen
M = Methode
B = Beurteilen und Bewerten

Starthilfen

S. 11, Aufgabe 3
Wenn du im Winter lüftest, kommt sehr kalte Luft in den Raum, die sich nach Schließen des Fensters durch Heizen dann wieder erwärmt.

S. 13, Aufgabe 3
Atlaskarten 100800-024 und -086. Achte auf Luv- und Leelage.

S. 15, Aufgabe 4a)
In der Nacht ist die Abkühlung über dem Land stärker als über dem Wasser.

S. 15, Aufgabe 7
Wind wird durch Hindernisse abgebremst.

S. 23, Aufgabe 5
Wenn die beiden Behauptungen stimmen würden, müssten bestimmte Bedingungen herrschen. Wenn du zeigen kannst, dass diese Bedingungen nicht herrschen, sind die Behauptungen widerlegt. Bei der Behauptung „Am Äquator ist es wärmer, weil der Äquator näher an der Sonne ist." müsste ein großer Unterschied zwischen den Entfernungen Äquator – Sonne und Pol – Sonne bestehen. Aus den Informationen ist aber zu erkennen, dass der Unterschied von 6300 km sehr gering ist im Verhältnis zur gesamten Entfernung Erde – Sonne von etwa 149 500 000 km. Überlege dir entsprechend, welche Bedingungen herrschen müssten, wenn es im Sommer wärmer wäre, weil die Erde dann näher an der Sonne sei. Vergleiche diese Bedingungen dann mit den Informationen in der Aufgabe.

S. 25, Aufgabe 3b)
Kläre zunächst anhand von M4, in welchen Windzonen das Gebiet des Mittelmeeres (z. B. Spanien) im Juli und im Januar liegt. Ermittle dann aus dem Text auf S. 24 die typische Bewölkung für diese beiden Windzonen.

S. 29, Aufgabe 1
Beachte, dass sich die Angaben Hoch und Tief immer auf einen Vergleich von Orten auf derselben Höhe beziehen.

S. 29, Aufgabe 5
Tipp: Steigungsregen (siehe S. 12/13).

S. 33, Aufgabe 2
Suche dazu zuerst in M2 auf S. 25 das Gebiet der Westwinde. Suche nun in der Karte M3 eine Oberflächenströmung, die in diesem Gebiet deutlich von West nach Ost fließt.
Verfahre im Falle der Passatwindzone entsprechend. Achte darauf, dass die Passatwinde südlich des Äquators meist aus Südost und nördlich des Äquators meist aus Nordost wehen.

S. 35, Aufgabe 3
Grundsätzlich ist das Reisen dann besonders angenehm, wenn die Temperaturen nicht zu hoch und nicht zu niedrig sind und wenn es möglichst wenig regnet. Entsprechend musst du die Wahl der besten Reisezeit begründen. Die Aufgabe ist besonders gelungen, wenn du dir zusätzlich überlegst, welche Wirkungen Temperaturen und Niederschläge auf die Vegetation haben. Zum Beispiel ist die Vegetation üppiger und damit auch schöner nach und nicht vor der Regenzeit.

S. 41, Aufgabe 6
Berücksichtige Eroberungen und Züchtungen.

S. 53, Aufgabe 3a)
Um eine der drei Dimensionen der Nachhaltigkeit zu bewerten, musst du dir z. B. überlegen, ob die jeweilige Wirtschaftsweise ökonomisch sinnvoll ist. Beim Wanderfeldbau mit Brandrodung erzielen die Bauern zu Beginn gute Erträge. Allerdings lassen diese Erträge auf Dauer nach und das Feld muss gewechselt werden. Hier kann man also sagen, dass im Bereich Ökonomie nicht 100 % erreicht werden, diese Wirtschaftsweise aber auch nicht komplett unwirtschaftlich ist. Der mögliche Wert im Nachhaltigkeitsdreieck wäre hier z. B. 60 %.

S. 65, Aufgabe 3
Überlege, welche Pflanzen – Gräser oder Bäume – bei kurzen Regenfällen von dem Wasser mehr profitieren. Weitere Info: Gräser können als Wurzelgeflecht lange Trockenphasen überstehen.

S. 75, Aufgabe 3b)
Bei den Wendekreiswüsten ist der Passatkreislauf wichtig. Beachte die Luftströmungen und die Feuchtigkeit der Luft.
Bei den Küstenwüsten ist der Einfluss der ablandigen Passatwinde sehr entscheidend. Bedenke, dass die Meeresströmungen die Luftmassen über dem Meer stark abkühlen und die Luftmassen daher kaum in die Höhe aufsteigen können.
Bei den Binnenwüsten ist wichtig, dass sie sich häufig in der Mitte von großen Landmassen befinden und oft von Gebirgen umgeben sind. Bedenke auch hier die Luftströmungen und das Phänomen des Steigungsregens.

S. 77, Aufgabe 3
Berücksichtige unter anderem, mit welcher Technik das Wasser gewonnen wird, wo das Wasser ursprünglich herkommt und wie sicher die langfristige Wasserversorgung ist.

S. 81, Aufgabe 3
Berücksichtige u. a. folgende Aspekte: Abgrenzung; Gesamtgröße zu bestimmten Jahreszeiten; Verteilung von Landmassen und Meer bzw. Meereisausdehnung (dazu die Querschnitte beachten); Staaten, die dazugehören bzw. angrenzen.

S. 93, Aufgabe 6
Überlege, welche Daten inhaltlich zusammenpassen. Da es sich um Prozentangaben handelt, sollten alle Daten eines Diagramms zusammen 100 % ergeben. Falls das nicht der Fall sein sollte, überlege, was inhaltlich fehlt, und berechne die fehlende Prozentangabe (Aufgabe 6b).

S. 95, Aufgabe 5a)
In einem Ökosystem muss es Lebewesen geben, die Biomasse produzieren (Pflanzen) und Lebewesen, die die tote Biomasse wieder zersetzen. Also müssen in dem Aquarium auf jeden Fall Pflanzen und Zersetzer leben.

S. 107, Aufgabe 6
Berücksichtige: Anzahl der Passagiere, Anzahl der Besatzung, Länge und Breite, Fertigstellung, Einsatzgebiet und was dich sonst noch interessiert.

Operatoren

In den Aufgaben in diesem Buch findest du verschiedene Operatoren. Diese werden im Folgenden aufgelistet und beschrieben. So kannst du bei Bedarf noch einmal nachsehen, auf welche Weise du die Aufgabe lösen sollst. Die Operatoren werden nach verschiedenen Anforderungsbereichen gegliedert, wobei der Schwierigkeitsgrad ansteigt.

Anforderungsbereich I	
(be-)nennen	Sachverhalte ohne Erläuterungen angeben
wiedergeben	bekannte Sachverhalte oder einem Material entnommene Informationen mit eigenen Worten zusammenfassen
beschreiben	Sachverhalte aus Materialien strukturiert darlegen
gliedern, ordnen	einen Raum nach selbst gewählten oder vorgegebenen Kriterien systematisierend ordnen
zusammenfassen	Sachverhalte auf wesentliche Aspekte reduzieren sowie strukturiert und unkommentiert wiedergeben
Anforderungsbereich II	
einordnen, zuordnen	Sachverhalte in einen systematischen Zusammenhang einfügen
charakterisieren	Sachverhalte in ihren Eigenarten beschreiben und typische Merkmale kennzeichnen
analysieren	ein Ganzes (z. B. einen Raum) nach bekannten Merkmalen aufgliedern und systematisch untersuchen
erklären	Sachverhalte so darstellen, dass Bedingungen, Ursache-Wirkungs-Beziehungen und Gesetzmäßigkeiten in Strukturen und Prozessen verständlich werden
erläutern	Sachverhalte in ihren komplexen Beziehungen verdeutlichen (auf der Grundlage von Kenntnissen bzw. Materialanalyse)
vergleichen	Gemeinsamkeiten und Unterschiede von Sachverhalten erkennen und darlegen
Anforderungsbereich III	
beurteilen	kriterienorientiert die Richtigkeit, Wahrscheinlichkeit, Angemessenheit bzw. Anwendbarkeit eines Sachverhalts überprüfen, um zu einem begründeten Urteil zu kommen
entwickeln	Vorschläge, Einschätzungen, Maßnahmen darlegen, die zu einer inhaltlich weiterführenden und zukunftsorientierten Betrachtung führen
erörtern	einen Sachverhalt oder eine vorgegebene Aussage eingehend von verschiedenen Seiten, das Für und Wider abwägend betrachten und zu einer abschließenden Einschätzung kommen
Stellung nehmen	zu einem Sachverhalt bzw. einer Behauptung differenziert argumentierend eine eigene Meinung äußern und zugrundeliegende Wertmaßstäbe reflektieren

Minilexikon

absolute Luftfeuchtigkeit (S. 11)
Wasserdampfmenge in der Luft in Gramm pro Kubikmeter.

Agroforstwirtschaft (S. 53)
Diese Wirtschaftsform kombiniert Elemente der Forst- und Landwirtschaft im tropischen Regenwald. Der natürliche → Stockwerkbau und der Nährstoffkreislauf werden nachgeahmt, um die Bodenfruchtbarkeit zu erhalten und die Erträge zu steigern.

agronomische Trockengrenze (S. 66)
Grenze des Regenfeldbaus. Jenseits dieser Grenze reichen die Niederschläge für den Ackerbau ohne künstliche Bewässerung nicht mehr aus.

Anbauperiode (S. 40)
Zeitraum, in dem Kulturpflanzen ertragreich anzubauen sind.

Aquakultur (S. 98)
Zucht von Fischen und Meeresfrüchten in Teichen, Flüssen oder im Küstenbereich der Meere.

arid (S. 20)
In ariden (lat. aridus = trocken, dürr) Monaten sind die Niederschläge geringer als die mögliche Verdunstung.

Bebauungsplan (S. 128)
Verbindlicher Plan, der die Nutzungsart und das Maß der Nutzung in einzelnen Baugebieten von Gemeinden festlegt. Es wird jedes einzelne Gebäude angezeigt.

Beifang (S. 96)
Fische und Meerestiere, die mitgefangen werden, aber nicht das eigentliche Fangziel sind.

Binnenwüste (S. 74)
Wüste innerhalb eines Kontinents, umgeben von großen Gebirgsmassen.

Brandrodung (S. 50)
Abbrennen von tropischen Waldflächen im Rahmen des → Wanderfeldbaus.

Cash Crops (S. 64)
Feldfrüchte, die ausschließlich für den Verkauf (vor allem Export) produziert werden und nicht der Selbstversorgung dienen.

Central Business District (CBD) (S. 138)
Zentrum des Einzelhandels, des Finanzsektors und der Kultur in einer nordamerikanischen Großstadt. Der CBD zeichnet sich aus durch die höchsten Gebäude, eine hohe Bebauungsdichte sowie hohe Grundstücks- und Immobilienpreise sowie Mieten.

Desertifikation (S. 68)
Desertifikation (lat. desertus facere = wüst machen) ist die Schädigung der natürlichen Ressourcen (Boden, Wasser, Vegetation) in Wüstenrandgebieten durch eine nicht angepasste, zu intensive Nutzung.

Dornstrauchsavanne (S. 64)
Vegetationsform der wechselfeuchten Tropen, die einen lückenhaften, kniehohen Grasbewuchs und einzelne Sträucher mit Dornen aufweist.

Downtown (S. 138)
Innenstadtbereich in nordamerikanischen Großstädten. Das Zentrum der Downtown bildet der → Central Business District.

dynamisches Tief (S. 14)
Tiefdruckgebiet, in das die Luftmassen am Boden gegen den Uhrzeigersinn hineinströmen. Es verlagert sich meistens schnell (dynamisch) nach Osten und existiert oft nur wenige Tage.

Edge City (S. 139)
Außenzentrum einer großen amerikanischen Stadt. Sie verfügt über sämtliche Merkmale einer eigenständigen Stadt.

Erdrevolution (S. 22)
Bahn der Erde um die Sonne.

extensive Wirtschaftsweise (S. 52)
Landwirtschaftliche Nutzung eines Raumes mit wenig Aufwand (z.B. keine Düngung, keine Fütterung, kein Einsatz von Kapital, keine Bewässerung).

Feuchtsavanne (S. 64)
Vegetationsform der wechselfeuchten Tropen. Sie zeichnet sich durch flächendeckenden, mannshohen Graswuchs und überwiegend immergrüne Bäume bzw. Baumgruppen aus.

Flächennutzungsplan (S. 128)
Planungsinstrument, das für das gesamte Gemeindegebiet die Flächennutzung (z.B. Baugebiete, Verkehrsflächen, Grünflächen, Flächen für Landwirtschaft) in Grundzügen darstellt.

fossiles Wasser (S. 76)
Grundwasser, das sich vor Tausenden oder Hunderttausenden Jahren gebildet hat, sich oft in großen Tiefen befindet und sich nicht erneuert.

Fremdlingsfluss (S. 76)
Fluss in einem Trockengebiet, der nur Wasser führt, weil er aus einem niederschlagsreichen Gebiet kommt.

Galeriewald (S. 64)
Waldstreifen entlang von Flüssen in den wechselfeuchten Tropen.

Gentrifizierung (S. 122)
Besonders einkommensstarke Bevölkerungsgruppen ziehen nach aufwendiger Sanierung älterer Häuser in die Innenstädte und verdrängen einkommensschwächere.

Hoch (Hochdruckgebiet, H) (S. 14)
Luftmasse, in der ein hoher Luftdruck (meist über 1000 hPa) herrscht.

Hochseefischerei (S. 96)
Fischfang auf offener See außerhalb der Küstengewässer.

Höhenstufen der Vegetation (S. 60)
In unterschiedlichen Höhen der Gebirge gibt es bestimmte Vegetationen, die sich den dort herrschenden Temperaturen, Niederschlägen und der Sonneneinstrahlung angepasst haben.

humid (S. 20)
In humiden (lat. humidus = feucht) Monaten fällt mehr Niederschlag, als Wasser verdunstet.

hygrische Jahreszeiten (S. 62)
Deutlich ausgeprägte Regen- und Trockenzeiten innerhalb eines Jahres.

innertropische Konvergenzzone (ITC) (S. 24)
Zone im äquatornahen Bereich, in der die Nordostpassate und die Südostpassate zusammenlaufen (konvergieren) und dannin die Höhe aufsteigen.

Isotherme (S. 81)
Linie gleicher Temperatur.

Jahresmitteltemperatur (S. 18)
Durchschnittliche Lufttemperatur eines Jahres. Ergibt sich aus der Summe der → Monatsmitteltemperaturen dividiert durch zwölf.

Jahresniederschlag (S. 18)
Summe der zwölf → Monatsniederschläge eines Jahres.

Jahreszeiten (S. 22)
Phasen innerhalb eines Jahres, die durch bestimmte klimatische und astronomische Kennzeichen geprägt sind. Sie entstehen durch den Umlauf der Erde um die Sonne und die geneigte Erdachse.

Jahreszeitenklima (S. 48)
Es gibt größere Temperaturschwankungen zwischen den einzelnen Monaten im Jahresverlauf, sodass sich deutliche → Jahreszeiten ausbilden.

Kaltfront (S. 26)
Grenzfläche zwischen kalten und warmen Luftmassen. Der Durchzug einer Kaltfront ist oft mit schauerartigen Niederschlägen verbunden.

Kastensystem (S. 143)
Ein für den Hinduismus und die indische Gesellschaft auch heute noch prägendes Merkmal, das die Abgrenzung und hierarchische Anordnung gesellschaftlicher Gruppen beinhaltet.

Kernstadt (S. 139)
Der zentrale Bereich der Stadt, der eine eigene Verwaltungseinheit bildet und durch die administrative (behördliche) Stadtgrenze definiert ist.

Kieswüste (S. 74)
Wüstentyp, dessen Oberfläche durch eine weitgehend geschlossene Lage von Kies gekennzeichnet ist. Die Kiesel sind in der Regel nur wenige Zentimeter groß.

Klima (S. 8)
Langfristig (über mindestens 30 Jahre) betrachtete atmosphärische Prozesse und Zustände.

Klimadiagramm (S. 20)
Grafische Darstellung von → Monatsmitteltemperaturen und → Monatsniederschlägen (Durchschnittswerte von mindestens 30 Jahren) für einen bestimmten Ort.

Klimaelemente (S. 8)
Messbare Erscheinungen der Atmosphäre (Luftdruck, Luftfeuchtigkeit, Temperatur, Niederschläge, Wind, Bewölkung), die über einen langen Zeitraum zusammen betrachtet das →Klima eines Ortes ergeben.

Klimafaktoren (S. 8)
Eigenschaften eines Raumes, die das → Klima beeinflussen (z.B. Breitenlage, Höhenlage, Exposition, Siedlungsdichte, Lage zum Meer).

kontinentales Klima (S. 30)
→ Klima der inneren Festlandgebiete. Kennzeichen sind u. a. kalte Winter, heiße Sommer, große Jahres→temperaturamplitude, geringer → Jahresniederschlag.

Kontinentalhang (S. 92)
Oft sehr steile Begrenzung der kontinentalen Kruste.

Konzept der kurzen Wege (S. 132)
Städtebauliches Vorhaben. Einkaufs-, Bildungs- und Freizeitmöglichkeiten liegen in der Nähe der Wohnungen, um den Autoverkehr zu reduzieren.

kurzgeschlossener Mineralstoffkreislauf (S. 50)
Die Mineralstoffe befinden sich fast ununterbrochen in den Pflanzen und nicht frei im Boden, da sie schon nach wenigen Tagen wieder von den Pflanzen aufgenommen werden.

Küstenfischerei (S. 96)
Fischerei im küstennahen Bereich.

Küstenwüste (S. 74)
Wüste an der Westseite eines Kontinents, wo kaltes Auftriebswasser auf warme Luftströmungen trifft, sodass sich häufig Nebel bildet.

Landwechselwirtschaft (S. 52)
Auf den Ackerflächen rotiert die Fruchtfolge und nach mehrjähriger Nutzung wird eine Brache eingelegt. In dieser Zeit bildet sich ein → Sekundärwald, in dem sich die Mineralstoffe wieder anreichern können, bevor eine erneute Nutzung erfolgt.

Lee (S. 12)
Die dem Wind abgewandte Seite.

Luv (S. 12)
Die dem Wind zugewandte Seite.

Mangroven (S. 99)
Küstenwälder, die im Gezeitenbereich tropischer Meeresküsten vorkommen.

maritimes Klima (S. 30)
→ Klima, das vom Meer beeinflusst ist. Kennzeichen sind u. a. milde Winter, kühle Sommer, geringe Jahres→temperaturamplitude, viel Niederschlag.

Mischkultur (S. 53)
Anbau verschiedener Nutzpflanzen auf einem Feld.

Mischviertel (S. 124)
Stadtviertel, das unterschiedliche Funktionen aufweist, z.B. eine Mischung von Wohnhäusern, Geschäften, Bürohäusern, kleinen Betrieben oder Kultureinrichtungen.

mittelozeanischer Rücken (S. 92)
Bereiche am Ozeangrund, wo sich zwei Kontinentalplatten voneinander wegbewegen. Durch das aufsteigende Magma entstehen lange Gebirge unter Wasser.

Monatsmitteltemperatur (S. 18)
Durchschnittliche Lufttemperatur eines Monats. Sie ergibt sich aus der Summe der → Tagesmitteltemperaturen, dividiert durch die Anzahl der Tage des Monats.

Monatsniederschlag (S. 18)
Summe der Tageswerte des Niederschlags in einem Monat. Angabe in Millimetern (ein Millimeter Niederschlagshöhe = 1 l/m²).

Monokultur (S. 56)
Langjährige, einseitige Nutzung einer bestimmten Fläche durch die gleiche Kulturpflanze.

Nichtregierungsorganisation (S. 72)
Auch nicht staatliche Organisation (NGO) genannt. Nicht gewinnorientierte und auf freiwilliger Arbeit basierende Organisation von Bürgern, die kleinräumig, aber international organisiert und tätig sein kann. NGOs sind oft auf ein bestimmtes Thema (z.B. Umwelt, fairer Handel, Menschenrechte) ausgerichtet.

Niederschlagsvariabilität (S. 66)
Schwankungen des Niederschlags vom langjährigen Durchschnitt.

Nomaden (S. 64)
Angehörige eines Volkes oder einer Gruppe, die mit ihren Viehherden von Weideplatz zu Weideplatz ziehen und keinen festen Wohnsitz haben. Die Nomaden nehmen ihren gesamten Besitz auf ihre Wanderungen mit.

nördlicher Wendekreis (S. 22)
Befindet sich auf 23,5° nördlicher Breite. Die Sonne steht hier jährlich am 21.6. im → Zenit.

Oase (S. 76)
Vom Menschen genutzte „grüne Insel" in der Wüste. Durch Grund- oder Flusswasser ist Anbau möglich.

Oberflächenströmung (S. 32)
Meeresströmung, die sich durch kontinuierlich über dem Meer wehende Winde bildet.

offshore (S. 101)
Im Meer gelegen.

Passatkreislauf (S. 24)
Kreislauf von Luftmassen, die in der → innertropischen Konvergenzzone (ITC) aufsteigen, in der Höhe nach Süden und Norden abfließen, im Bereich der Wendekreise absinken und als → Passatwinde in die ITC zurückströmen.

Passatwinde (S. 24)
Großräumige, bodennahe Nordost- und Südostwinde in der Tropenzone, die in die → innertropische Konvergenzzone (ITC) strömen.

Passatwindzone (S. 24)
Sehr wolkenarme Zone innerhalb des → Passatkreislaufes.

Phytoplankton (S. 94)
Überwiegend einzellige Algen, die im Wasser schweben. Sie sind nur mit dem Mikroskop erkennbar.

Plantage (S. 56)
Landwirtschaftlicher Großbetrieb, der sich auf die Erzeugung eines einzigen Produktes spezialisiert.

Polarnacht (S. 80)
Zeit, in der die Sonne im Gebiet zwischen Pol und Polarkreis für mindestens 24 Stunden nicht aufgeht. Am Pol dauert die Polarnacht sechs Monate.

Polartag (S. 80)
Zeit, in der die Sonne im Gebiet zwischen Pol und Polarkreis für mindestens 24 Stunden nicht untergeht. Am Pol dauert der Polartag sechs Monate.

potenzielle natürliche Vegetation (S. 40)
Pflanzengemeinschaften, die sich unter den natürlichen Bedingungen des entsprechenden Raumes entwickeln.

Primärwald (S. 50)
Ein als Erstbesiedelung geltender Wald (Urwald), der bisher keine wesentlichen Veränderungen durch den Menschen erfahren hat.

Regenfeldbau (S. 64)
Anbau ohne künstliche Bewässerung.

relative Luftfeuchtigkeit (S. 11)
Prozentuale Angabe, wie viel Wasser die Luft im Bezug auf die maximale Wasserdampfmenge enthält.

Revitalisierung (S. 124)
Vorgang im Städtebau. Durch Sanierungen wird die historische Bausubstanz unter denkmalpflegerischen Gesichtspunkten erneuert und neue, moderne Nutzungen ziehen in die Gebäude ein.

Sandwüste (S. 74)
Wüstentyp, dessen Oberfläche überwiegend aus Sand besteht. Innerhalb dieses Wüstentyps können sich große Dünen bilden.

Schelf (S. 92)
Teil des Meeres, der maximal 200 m tief ist. Sein Untergrund besteht aus kontinentaler Kruste.

Segregation (S. 139)
Trennung von Bevölkerungsgruppen nach bestimmten Merkmalen wie Einkommen oder Ethnizität in den verschiedenen Wohnvierteln einer Stadt.

Sekundärwald (S. 50)
Sich einstellender Wald bzw. sich einstellende Vegetation nach der Zerstörung des → Primärwaldes. Meist lichter und artenärmer.

Steigungsregen (S. 12)
Niederschläge, die durch den Anstieg von Luftmassen an Gebirgen entstehen.

Stein- und Felswüste (S. 74)
Wüstentyp, dessen Oberfläche durch kantigen Schutt, große Gesteinsblöcke und Felsmaterial gekennzeichnet ist. Das Feinmaterial ist durch Wind größteils ausgeweht.

Stockwerkbau (S. 46)
Vertikale Anordnung der Pflanzen, die sich unter den Voraussetzungen der gegebenen Klima- und Lichtverhältnisse bildet.

Suburb (S. 139)
Angloamerikanische Bezeichnung für eine Umlandgemeinde, die durch den Prozess der → Suburbanisierung am Stadtrand entstanden ist.

Suburbanisierung (S. 122)
Abwanderung von Bevölkerung und Betrieben an den Stadtrand bzw. in das Umland.

südlicher Wendekreis (S. 22)
Befindet sich auf 23,5° südlicher Breite. Die Sonne steht hier jährlich am 21.12. im → Zenit.

Tagesmitteltemperatur (S. 18)
Durchschnittliche Lufttemperatur eines Tages, die durch drei Ablesewerte (7 Uhr, 14 Uhr und 21 Uhr) zu bestimmen ist.

Tageszeitenklima (S. 48)
Die durchschnittlichen Temperaturunterschiede innerhalb eines Tages sind oft größer als die Unterschiede zwischen den einzelnen Monaten.

Taupunkt (S. 10)
Die Luftmasse erreicht eine → relative Luftfeuchtigkeit von 100 %, sodass ein Teil des Wasserdampfes zu Wassertröpfchen kondensiert.

Temperaturamplitude (S. 30)
Differenz zwischen der höchsten und der niedrigsten Temperatur.

Temperaturverwitterung (S. 75)
Lockerung und Zerspringen des Gesteinsgefüges durch große Temperaturunterschiede.

thermisches Tief (S. 14)
Gebiet mit tiefem Luftdruck, das durch temperaturbedingte (thermische) Luftbewegungen entstanden ist (Aufsteigen warmer Luftmassen).

Thermoisoplethendiagramm (S. 48)
Diese Darstellungsform gibt den tageszeitlichen Temperaturverlauf über das Jahr hinweg an. Niederschlagswerte werden nicht dargestellt.

Tief (Tiefdruckgebiet, T) (S. 14)
Luftmasse, in der ein im Vergleich zur umgebenden Luftmasse tieferer Luftdruck herrscht.

Tiefenströmung (S. 32)
Meeresströmung in größerer Meerestiefe, die dadurch entsteht, dass dichteres Wasser absinkt und an anderer Stelle weniger dichtes Wasser aufsteigt.

Tiefseebecken (S. 92)
Tiefe Meeresbecken, die aus ozeanischer Kruste bestehen. Diese Kruste beginnt relativ konstant bei etwa 4–5 km Wassertiefe.

Tiefseegraben (S. 92)
Lang gestreckte, meist rinnenförmige Einsenkungen am Ozeangrund, wo ozeanische Kruste an der Grenze zu einer anderen Platte in den Erdmantel absinkt. Tiefseegräben erreichen Tiefen von bis zu 11 km.

Trockensavanne (S. 64)
Vegetationsform der wechselfeuchten Tropen mit brusthohem Graswuchs und nur vereinzelten, wasserspeichernden Bäumen.

Überfischung (S. 96)
Verringerung des Fischbestandes, da mehr Fische gefangen werden, als nachwachsen können.

Vegetationsperiode (S. 40)
Zeitraum des Jahres, in dem die Pflanzen aktiv sind, d. h. wachsen, blühen und fruchten.

Vegetationszone (S. 40)
Gebiet mit Pflanzen ähnlicher Anpassungseigenschaften.

Verstädterung (S. 122)
Vergrößerung der Städte eines Raumes nach Anzahl, Fläche und Einwohnerzahl.

Wadi (S. 75)
Trockental in den Wüstengebieten, das nur sehr selten nach starken Regenfällen Wasser führt.

Wanderfeldbau (S. 50)
Traditionelle Form des Anbaus im tropischen Regenwald, wobei nach einigen Jahren die Felder und teilweise auch die Siedlungen verlegt werden, da der Boden erschöpft ist und die Erträge stark sinken.

Warmfront (S. 26)
Grenzfläche zwischen kalten und warmen Luftmassen. Der Durchzug einer Warmfront ist oft mit Dauerregen verbunden.

Weltbild der Kulturerdteile (S. 134)
Das Konzept geht davon aus, dass man die vom Menschen besiedelten Großräume der Erde aufgrund ähnlicher kultureller Merkmale und geschichtlicher Entwicklungen zu einheitlichen Kulturerdteilen zusammenfassen kann. Diese Kulturerdteile sind auf vielfältige Weise miteinander vernetzt, die Grenzen zwischen den Kulturerdteilen sind meist fließend. Alle Kulturen sind grundsätzlich als gleichwertig zu betrachten.

Wendekreiswüste (S. 74)
Wüstengebiet im Bereich der Wendekreise, dessen Ursache in den absinkenden und sich erwärmenden Luftmassen des → Passatkreislaufes liegt.

Westwindzone (S. 24)
Windgürtel zwischen dem 40. und 60. Breitenkreis, in dem die Winde vornehmlich aus Westen wehen.

Wetter (S. 8)
Zusammenwirken von Temperatur, Niederschlag, Bewölkung, Wind, Luftdruck und Luftfeuchtigkeit zu einem bestimmten Zeitpunkt an einem bestimmten Ort.

Wetterelemente (S. 8)
Messbare Erscheinungen der Atmosphäre wie Luftdruck, Luftfeuchtigkeit, Temperatur, Niederschlag, Wind, Bewölkung, die zusammen das Wetter eines Ortes ergeben.

Zenit (S. 22)
Befindet sich ein gedachter Punkt am Himmel senkrecht über einem Punkt auf der Erde, so befindet er sich im Zenit. Steht die Sonne im Zenit, fallen ihre Strahlen im Winkel von 90° (senkrecht) auf die Erdoberfläche.

Zenitalregen (S. 62)
Starke tropische Niederschläge, die auftreten, wenn die Sonne im → Zenit steht.

Zooplankton (S. 94)
Kleine Tierchen, die in der obersten Wasserschicht schweben.

Ausgewählte Arbeitsmethoden aus Band 5/6

So kannst du dir eine Route in Google Earth anzeigen lassen

1. Schritt
Öffne Google Earth.

2. Schritt
Gib in das Suchfeld die Startadresse ein.

3. Schritt
Durch einen Klick auf das Symbol „Suche" wird die eingegebene Adresse auf der Karte herangezoomt.

4. Schritt
Wechsle in den Kartenmodus.

5. Schritt
Klicke auf „Route berechnen" und gib in die beiden Felder A und B die Startadresse und die Zieladresse ein. Nach einem Klick auf „Route berechnen" wird die Route im Satellitenbild angezeigt und beschrieben.

6. Schritt
Unter „Meine Orte" kann die Route gespeichert werden, wenn du dich zuvor anmeldest.

So bestimmst du die geographische Lage mithilfe von Atlaskarten

1. Schritt
Suche den Ort auf einer Atlaskarte.
Beispiel: Erfurt, 19.2, D3

2. Schritt
Verfolge den Breitengrad, auf dem der Ort liegt, bis zum Kartenrand und lies die Zahl ab. Liegt der Ort nicht genau auf einem Breitengrad, dann wähle den am nächsten gelegenen aus.
Beispiel: Erfurt liegt fast genau auf dem 51. Breitengrad nördlich des Äquators. → 51° n. Br. (alternativ: 51° N)

3. Schritt
Verfahre in gleicher Weise bei der Bestimmung des Meridians.
Beispiel: Erfurt liegt auf dem 11. Meridian östlich des Nullmeridians. → 11° ö. L. (alternativ: 11° O)

4. Schritt
Gib nun die vollständige geographische Lage an.
Beispiel: Die geographische Lage von Erfurt ist 51° n. Br., 11° ö. L. (alternativ: 51° N, 11° O).

So kannst du in Google Earth Strecken messen

Strecken zwischen zwei Punkten

1. Schritt
Klicke auf das Symbol zum Messen von Strecken und wähle „Linie".

2. Schritt
Im Satellitenbild erscheint ein Kästchen, das du mit der Maustaste an den Startpunkt verschiebst und durch einen Klick positionierst. Gehe nun mit dem Mauszeiger auf den Zielpunkt und klicke erneut. Die ausgewählte Strecke wird angezeigt und die Länge angegeben.

Strecken zwischen mehreren Punkten

1. Schritt
Gib den Startpunkt ein und setze dort eine Ortsmarkierung. Gib dann das Ziel ein und setze dort ebenfalls eine Ortsmarkierung. Damit hast du einen Überblick über die Strecke.

2. Schritt
Klicke auf das Symbol zum Messen von Strecken und wähle „Pfad".

3. Schritt
Im Satellitenbild erscheint ein Kästchen. Ziehe es auf den Startpunkt und klicke. Ziehe das Kästchen nun entlang der Straßen und klicke bei jeder Abzweigung. Wenn du dein Ziel erreicht hast, kannst du die Länge der Strecke ablesen. Durch diese Vorgehensweise nähert sich die berechnete Wegstrecke der tatsächlichen an und ist viel genauer als die Luftlinie.

So erstellst du eine Mindmap

1. Schritt
Schreibe das Hauptthema in die Mitte eines Blattes und umkreise es.

2. Schritt
Vom Thema ausgehend zeichnest du die Hauptäste. An diese schreibst du die übergeordneten Schlüsselbegriffe.

3. Schritt
Trage nun als Abzweigungen Nebenäste ein und bezeichne sie mit untergeordneten, spezielleren Begriffen.

4. Schritt
Von diesen Nebenästen ausgehend, kannst du weitere, untergeordnete Zweige einzeichnen, wenn es noch Unterpunkte gibt.
So bildet am Ende jeder Hauptast mit seinen Nebenästen und untergeordneten Zweigen ein zusammengehörendes Teilthema. Tipp: Du kannst die verschiedenen Teilthemen auch durch unterschiedliche Farben voneinander abheben.

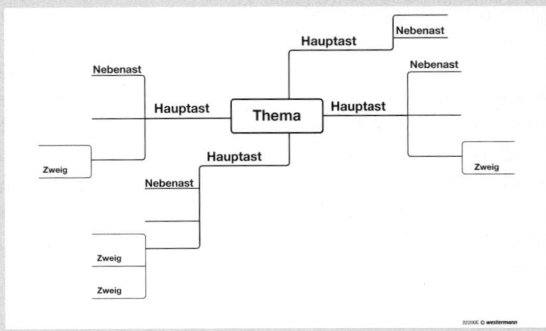

So erstellst du eine Tabelle

1. Schritt
Formuliere den Titel der Tabelle möglichst kurz. Er muss sich auf den Raum beziehen (z. B. Niedersachsen, Deutschland oder Europa), auf das Thema (z. B. größte Städte) und das Jahr bzw. die Jahre nennen, aus denen die Zahlen stammen.

2. Schritt
Erstelle nun die Kopfzeile. Ordne jedes Merkmal (z. B. Bundesland, Stadt, Einwohnerzahl) einer Spalte zu. Wähle eine kurze Formulierung. Beachte bei der Festlegung der Spaltenbreiten auch die Breite der einzutragenden Zahlen.

3. Schritt
Ziehe mit dem Lineal senkrechte Striche zwischen den Spalten und waagerechte Striche zwischen den Zeilen.

4. Schritt
Fülle nun die Tabellenfelder mit den Zahlen.

So wertest du eine Tabelle aus

1. Schritt
Ermittle zunächst das Thema der Tabelle anhand des Titels.

2. Schritt
Mithilfe der Randspalte und der Kopfzeile kannst du das Thema präzisieren.

3. Schritt
In der Kopfzeile kannst du ablesen, in welchen Einheiten oder auch für welches Jahr die Zahlen angegeben sind.

4. Schritt
Werte die Spalten nacheinander aus. Lies aus der Randspalte von oben nach unten ab, auf welche Objekte sich die Daten beziehen. Suche jeweils die höchste und niedrigste Zahl jeder Spalte heraus. Vergleiche einzelne Zahlen miteinander. Untersuche, ob es Zusammenhänge zwischen den Zahlen einzelner Spalten gibt.

5. Schritt
Fasse die Ergebnisse in einem kurzen Text zusammen.

So wertest du das Luftbild einer Siedlung aus

1. Schritt: Erster Überblick
- Um welchen Ort handelt es sich?
- Wo liegt der Ort? (→ Atlas)
- Wie groß ist die abgebildete Fläche? (→ Maßstab; falls du dir ein Luftbild direkt in Google Earth ansiehst, kannst du Strecken mithilfe des Lineals einfach bestimmen)
- Zeigt das Luftbild nur einen Ausschnitt oder die gesamte Siedlung?
- Welche Strukturen kannst du auf den ersten Blick auf dem Bild erkennen?
- Wann wurde das Bild aufgenommen (Jahreszeit, Tageszeit)?

2. Schritt: Detaillierte Betrachtung
- Welche Bildelemente fallen auf (z. B. Nutzflächen, Begrenzungen, Straßen, Gewässer, Gebäude)? Was stellen sie dar? Wo befinden sie sich?

3. Schritt: Erklärung
- Welche Zusammenhänge bestehen zwischen den einzelnen Bildelementen?

4. Schritt: Zusammenfassung
- Beschreibe die Siedlung in wenigen Sätzen.

So wertest du einen Sachtext aus

1. Schritt
Lies den Text aufmerksam durch. Schlage im Lexikon unbekannte Wörter nach.

2. Schritt
Gliedere den Text in Sinnabschnitte und formuliere zu jedem Abschnitt eine Zwischenüberschrift.

3. Schritt
Schreibe aus jedem Abschnitt einige wenige Begriffe heraus, die dir für den Inhalt wichtig erscheinen oder ihn leicht erschließen lassen (→ Schlüsselwörter).

4. Schritt
Fasse nun mithilfe der Schlüsselwörter und Zwischenüberschriften den Text Abschnitt für Abschnitt in vollständigen Sätzen zusammen. So erhältst du eine Inhaltsangabe des gesamten Textes.

5. Schritt
Überlege dir nun, welche Absichten des Autors dem Text zugrunde liegen. Will der Text hauptsächlich über etwas informieren, eine Meinung äußern oder zu etwas auffordern?

So zeichnest du ein Kurven-/ Säulendiagramm

1. Schritt

Zeichne auf kariertes Papier eine waagerechte Linie am unteren Blattrand und eine senkrechte Linie am linken Blattrand. Diese beiden Linien müssen genau im rechten Winkel zueinander stehen. Sie bilden das Achsenkreuz.

2. Schritt

Auf der senkrechten Achse werden die Zahlenwerte eingetragen. Die Achse beginnt immer bei 0 und geht etwas höher als der höchste einzutragende Wert, damit man auch diesen gut ablesen kann.

Überlege dir dazu einen sinnvollen Maßstab (1 cm oder ein Kästchen entspricht …). Schreibe oben an die Skala, um was es sich bei den Zahlen handelt.

3. Schritt

Beschrifte die waagerechte Achse. Solltest du die Entwicklung eintragen, achte auf gleichmäßige Abstände bei den Zeitangaben (z. B. 1 cm entspricht 10 Jahren).

4. Schritt

Nun kannst du die Werte in dein Diagramm übertragen. Bei einem Kurvendiagramm machst du zunächst Kreuze, die du anschließend verbindest.

Bei einem Säulendiagramm zeichnest du mit dem Lineal Säulen in den entsprechenden Höhen. Willst du mehrere Kurven bzw. unterschiedliche Säulen in einem Diagramm darstellen, so zeichne sie in verschiedenen Farben und beschrifte sie.

5. Schritt

Gib dem Diagramm eine passende Überschrift.

So wertest du ein Kurven-/Säulendiagramm aus

1. Schritt

Nenne das Thema des Diagramms. Du findest es im Titel.

2. Schritt

Bei einem Kurvendiagramm beschreibe nun den Verlauf der Kurve. Wo liegt der höchste, wo der niedrigste Wert und wie hoch sind sie? Du musst nicht alle Einzelwerte angeben. Gibt es längere Phasen, in denen die Werte fallen/steigen/konstant sind? Wenn in einem Säulendiagramm ebenfalls eine zeitliche Entwicklung dargestellt ist, musst du die gleichen Fragen beantworten. Ansonsten beschreibe die Einzelwerte und gib einen Überblick darüber, was das Diagramm verdeutlicht.

3. Schritt

Abschließend kannst du deine Erkenntnisse aus den Werten und ihrer Verteilung zusammenfassen.

So wertest du eine thematische Karte aus

1. Schritt: Einlesen in die Karte

- Was ist dargestellt?
- Wie ist es dargestellt?
- Dient die Karte deiner Fragestellung?
- Wo liegt das dargestellte Gebiet? Brauchst du weitere Karten, um die genaue Lage zu bestimmen?
- Ist dir die Legende verständlich? Sind Begriffsklärungen notwendig?

2. Schritt: Kartenbeschreibung

- Welches Thema ist auf der Karte dargestellt?
- Wo befindet sich der Raum?
- Wie groß ist das dargestellte Gebiet? (→ Maßstab)
- Welche Inhalte sind wo auf der Karte zu finden?
- Welche Symbole/Signaturen häufen sich?
- Welche Symbole/Signaturen kommen nur einmal oder selten vor, sind aber dennoch wichtig?
- Wie lassen sich die wesentlichen Aussagen der Karte zusammenfassen?

3. Schritt: Deutung der Ergebnisse

- Wie lassen sich Zusammenhänge erklären?
- Welche Karteninhalte stehen in einer Beziehung zueinander? (z. B. verschiedene Verkehrswege, die voneinander abhängig sind oder Funktionen füreinander übernehmen)
- Lassen sich Rückschlüsse auf die Bedeutung der Karteninhalte für den Raum ableiten? (z. B. eine besonders intensive Nutzung, die für eine hohe Wirtschaftskraft spricht)
- Wirft die Karte Probleme auf?
- Lassen sich Bezüge zu deinem Vorwissen herstellen?

Schlüsseldenkweisen aus Band 5/6 (mit Beispielen aus den Bänden 5/6 und 7/8)

Geographen erforschen Räume unterschiedlicher Maßstabsebenen. Je nach Fragestellung der Forscher werden dabei bestimmte Phänomene des jeweiligen Raumes untersucht. Auf der lokalen Maßstabsebene geht es zum Beispiel um eine Düne oder ein Stadtviertel. Auf der nationalen Maßstabsebene könnten Geographen einen ganzen Staat unter einer bestimmten Fragestellung untersuchen. Auf der globalen Ebene schließlich werden Fragen, die die ganze Welt betreffen, betrachtet. In der Wissenschaft Geographie werden zur Untersuchung dieser Vielzahl an Phänomenen spezifische Denk- und Arbeitsweisen genutzt. Bei den Denkweisen handelt es sich um sogenannte Schlüsseldenkweisen.

Generalisieren

Bei der Darstellung bestimmter Räume durch Texte, Karten, Zeichnungen oder Diagramme werden häufig Phänomene unberücksichtigt gelassen oder verallgemeinert, damit übersichtliche Darstellungen entstehen.
Beispiele:

Band 5/6: Bei der Erstellung von Karten werden viele Phänomene gar nicht dargestellt (z.B. manche Dörfer in einer physischen Karte) oder zusammengefasst (z.B. mehrere Waldgebiete mit dazwischenliegenden Feldern zu einem großen Wald).

Band 7/8: Bei der Erstellung eines Stadtmodells werden Städte auf sehr vereinfachte Art und Weise in verschiedene Stadtgebiete unterteilt (S. 120/121, S. 122).

Klassifizieren

Um eine gewisse Ordnung zu schaffen, kann man verschiedene Gruppen bzw. Klassen bilden, in die die einzelnen untersuchten Phänomene eingeordnet werden. Entscheidend für die Bildung der verschiedenen Klassen sind Kriterien. Hierbei handelt es sich um Merkmale, die festlegen, ob ein Phänomen in die eine Klasse oder in die andere Klasse eingeordnet (klassifiziert) wird.
Beispiele:

Band 5/6: Der Himmelskörper Pluto wird nicht mehr als Planet klassifiziert.

Band 7/8: Das Klima der Erde wird in verschiedene Klassen (z.B. gemäßigte Klimazone, Passatklimazone) eingeteilt. Wichtige Kriterien sind z.B. Jahresmitteltemperatur und Jahresniederschlag. Je nachdem, welche Kriterien gewählt werden, entstehen verschiedene Klimaklassifikationen (S. 34/35).
Die Meeresfläche der Erde wird in verschiedene Ozeane eingeteilt. Die Kriterien hierfür sind nicht eindeutig, weshalb es verschiedene Ozeanklassifizierungen gibt (S. 93).

Perspektivenwechsel

Verschiedene Menschen nehmen die Phänomene in einem Raum unterschiedlich wahr, sie haben also unterschiedliche Perspektiven (Sichtweisen) auf diesen Raum. Das liegt daran, dass die Menschen unterschiedliches Wissen, unterschiedliche Einstellungen und unterschiedliche Interessen haben. Geographen versuchen, sich in die Perspektiven verschiedener Menschen hineinzudenken, sie führen also einen Perspektivenwechsel durch.
Beispiele:

Band 5/6: Verschiedene Perspektiven auf einen Strand, z.B. die Perspektive eines Vogelschützers und die Perspektive eines Badegastes.

Band 7/8: Verschiedene Perspektiven auf das Meer und speziell auf Wale im Laufe der Geschichte (S. 91). Verschiedene Perspektiven auf den Tourismus in Bali (S. 104/105).

Kreisläufe untersuchen

Bestimmte Objekte innerhalb eines Raumes können sich in einer Art Kreislauf befinden. Geographen können dann untersuchen, zwischen welchen Stationen diese Objekte sich bewegen. Die Wege, die die Objekte hierbei zurücklegen, können sich aufspalten und auch wieder zusammengehen, sie enden aber nie in einer Sackgasse. Die Menge dessen, was sich im Kreislauf befindet, bleibt normalerweise etwa gleich groß. Natürliche Kreisläufe benötigen eine Antriebskraft, z.B. die Sonne oder die Wärme des Erdinneren.
Beispiele:

Band 5/6: Geldkreislauf, Wasserkreislauf, Gesteinskreislauf
Band 7/8: Kreislauf der Luftmassen auf der Erde (atmosphärische Zirkulation) (S. 24), Kreislauf der Meeresströmungen (S. 32), Kreislauf der Mineralstoffe im tropischen Regenwald (S. 50), Kreislauf der Mineralstoffe im Meer (S. 94)

Klimadaten weltweit

© **westermann** 1553E_14

Lage der Klimastationen

• Klimastationen 1 – 40

				J	F	M	A	M	J	J	A	S	O	N	D	Jahr
Europa																
1	Murmansk	46 m ü. M.	°C	-10,9	-11,4	-8,1	-1,4	3,9	10,0	13,4	11,1	6,9	0,9	-3,8	-7,9	0,2
	(Russland)	68° 58′ N / 33° 03′ O	mm	19	16	18	19	25	40	54	60	44	30	28	33	386
2	Moskau	156 m ü. M.	°C	-10,3	-9,7	-5,0	3,7	11,7	15,4	17,8	15,8	10,4	4,1	-2,3	-8,0	3,6
	(Russland)	55° 45′ N / 37° 34′ O	mm	31	28	33	35	52	67	74	74	58	51	36	36	575
3	Berlin	51 m ü. M.	°C	-0,6	-0,3	3,6	8,7	13,8	17,0	18,5	17,7	13,9	8,9	4,5	1,1	8,9
	(Deutschland)	52° 28′ N / 13° 18′ O	mm	43	40	31	41	46	62	70	68	46	47	46	41	581
4	Dublin	68 m ü. M.	°C	4,5	4,8	6,5	8,4	10,5	13,5	15,0	14,8	13,1	10,5	7,2	5,8	9,6
	(Irland)	53° 26′ N / 6° 15′ W	mm	71	52	51	43	62	55	66	80	77	68	67	77	769
5	Rom	46 m ü. M.	°C	6,9	7,7	10,8	13,9	18,1	22,1	24,7	24,5	21,1	16,4	11,7	8,5	15,5
	(Italien)	41° 54′ N / 12° 29′ O	mm	76	88	77	72	63	48	14	22	70	128	116	106	880
Afrika																
6	Kairo	95 m ü. M.	°C	13,3	14,7	17,5	21,1	25,0	27,5	28,3	28,3	26,1	24,1	20,0	15,0	21,7
	(Ägypten)	30° 08′ N / 31° 34′ O	mm	4	5	3	1	1	0	0	0	0	1	1	8	24
7	Gao	270 m ü. M.	°C	22,0	25,0	28,8	32,4	34,6	34,5	32,3	29,8	31,8	31,9	28,4	23,3	29,6
	(Mali)	16° 16′ N / 0° 03′ W	mm	<1	0	<1	<1	8	23	71	127	38	3	<1	<1	270
8	Mopti	280 m ü. M.	°C	22,6	25,2	29,0	31,6	32,8	31,2	28,6	27,3	28,3	28,8	26,8	23,1	27,9
	(Mali)	14° 30′ N / 4° 12′ W	mm	<1	<1	1	5	23	56	147	198	94	18	1	<1	543
9	Bouaké	365 m ü. M.	°C	27,1	28,0	28,4	27,9	27,2	26,1	24,8	24,5	25,5	26,1	26,7	26,7	26,6
	(Elfenbeinküste)	7° 42′ N / 5° 00′ W	mm	13	46	92	140	154	135	99	108	225	140	35	23	1210
10	Douala	11 m ü. M.	°C	26,7	27,0	26,8	26,6	26,3	25,4	24,3	24,1	24,7	25,0	26,0	26,4	25,8
	(Kamerun)	4° 01′ N / 9° 43′ O	mm	57	82	216	243	337	486	725	776	638	388	150	52	4150
11	Yangambi	487 m ü. M.	°C	24,7	25,3	25,5	25,2	24,9	24,5	23,6	23,9	24,3	24,5	24,3	24,3	24,6
	D. R. Kongo (Zaire)	0° 49′ N / 24° 29′ O	mm	85	99	148	150	177	126	146	170	180	241	180	126	1828
12	Luanda	45 m ü. M.	°C	25,6	26,3	26,5	26,2	24,8	21,9	20,1	20,1	21,6	23,6	24,9	25,3	23,9
	(Angola)	8° 49′ S / 13° 13′ O	mm	26	35	97	124	19	0	0	1	2	6	34	23	367
13	Kapstadt	17 m ü. M.	°C	21,2	21,5	20,3	17,5	15,1	13,4	12,6	13,2	14,5	16,3	18,3	20,1	17,0
	Südafrika	33° 54′ S / 18° 32′ O	mm	12	8	17	84	82	85	85	71	43	29	17	11	506

				J	F	M	A	M	J	J	A	S	O	N	D	Jahr

Asien

Nr.	Ort	Höhe / Lage		J	F	M	A	M	J	J	A	S	O	N	D	Jahr
14	Jakutsk	100 m ü. M.	°C	-43,2	-35,8	-22,0	-7,4	5,6	15,4	18,8	14,8	6,2	-7,8	-27,7	-39,6	-10,2
	(Russland)	62° 05′ N / 129° 45′ O	mm	7	6	5	7	16	31	43	38	22	16	13	9	213
15	Rostow	77 m ü. M.	°C	-5,3	-4,9	-0,1	9,4	16,8	20,9	23,5	22,3	16,4	9,0	2,4	-2,7	9,0
	(Russland)	47° 15′ N / 39° 49′ O	mm	38	41	32	39	36	58	49	37	32	44	40	37	483
16	Karaganda	537 m ü. M.	°C	-15,2	-14,0	-8,9	2,4	13,0	18,5	20,6	18,3	11,8	3,2	-6,9	-9,4	2,8
	(Kasachstan)	49° 48′ N / 73° 08′ O	mm	11	11	15	22	28	41	43	28	21	24	15	14	273
17	Tokio	4 m ü. M.	°C	3,7	4,3	7,6	13,1	17,6	21,1	25,1	26,4	22,8	16,7	11,3	6,1	14,7
	(Japan)	35° 41′ N / 139° 46′ O	mm	48	73	101	135	131	182	146	147	217	220	101	61	1562
18	Peking	52 m ü. M.	°C	-4,7	-1,9	4,8	13,7	20,1	24,7	26,1	24,9	19,9	12,8	3,8	-2,7	11,8
	(China)	39° 57′ N / 116° 19′ O	mm	4	5	8	17	35	78	243	141	58	16	11	3	619
19	Lhasa	3685 m ü. M.	°C	-1,7	1,1	4,7	8,1	12,2	16,7	16,4	15,6	14,2	8,9	3,9	0,0	8,3
	(China)	29° 40′ N / 91° 07′ O	mm	2	13	8	5	25	64	122	89	66	13	3	0	410
20	Hongkong	33 m ü. M.	°C	15,6	15,0	17,5	21,7	25,6	27,5	28,1	28,1	27,2	25,0	20,9	17,5	22,5
	(China)	22° 18′ N / 114° 10′ O	mm	33	46	74	292	394	381	394	361	247	114	43	30	2409
21	Bangkok	2 m ü. M.	°C	26,0	27,8	29,2	30,1	29,7	28,9	28,5	28,4	28,0	27,7	27,0	25,7	28,1
	(Thailand)	13° 45′ N / 100° 28′ O	mm	9	30	36	82	165	153	168	183	310	239	55	8	1438
22	Singapur	10 m ü. M.	°C	26,4	27,0	27,5	27,5	27,8	27,5	27,5	27,2	27,2	27,0	27,0	27,0	27,2
	(Singapur)	1° 18′ N / 103° 50′ O	mm	251	173	193	188	173	173	170	196	178	208	254	256	2413
23	Pontianak	3 m ü. M.	°C	27,0	28,1	27,8	27,8	28,1	28,1	27,5	27,8	28,1	27,8	27,5	27,2	27,7
	(Indonesien)	0° 01′ S / 109° 20′ O	mm	274	208	241	277	282	221	165	203	229	339	389	323	3151
24	Mumbai (Bombay)	11 m ü. M.	°C	23,9	23,9	26,1	28,1	29,7	28,9	27,2	27,0	27,0	28,1	27,2	25,6	26,9
	(Indien)	18° 54′ N / 72° 49′ O	mm	3	3	3	2	18	485	617	340	264	64	13	3	1815
25	Neu-Delhi	218 m ü. M.	°C	13,9	16,7	22,5	28,1	33,3	33,6	31,4	30,0	28,9	26,1	20,0	15,3	25,0
	(Indien)	28° 35′ N / 77° 12′ O	mm	23	18	13	8	13	74	180	173	117	10	3	10	642
26	Madang	6 m ü. M.	°C	27,3	27,0	27,3	27,2	27,5	27,2	27,2	27,2	27,2	27,5	27,5	27,5	27,3
	(Papua-Neuguinea)	5° 14′ S / 145° 45′ O	mm	307	302	378	429	384	274	193	122	135	254	338	368	3484

Australien

Nr.	Ort	Höhe / Lage		J	F	M	A	M	J	J	A	S	O	N	D	Jahr
27	Kalgoorlie	380 m ü. M.	°C	25,7	24,9	23,0	18,7	14,7	12,0	10,8	12,3	15,3	18,2	21,4	24,3	18,4
	(Australien)	30° 45′ S / 121° 30′ O	mm	24	27	24	18	22	25	24	23	13	14	15	13	244
28	Sydney	42 m ü. M.	°C	22,0	21,9	20,8	18,3	15,1	12,8	11,8	13,0	15,2	17,6	19,5	21,1	17,4
	(Australien)	33° 51′ S / 151° 31′ O	mm	104	125	129	101	115	141	94	83	72	80	77	86	1207
29	Auckland	49 m ü. M.	°C	19,2	19,6	18,4	16,4	13,8	11,8	10,8	11,3	12,6	14,3	15,9	17,7	15,2
	(Neuseeland)	36° 51′ S / 174° 46′ O	mm	84	104	71	109	122	140	140	109	97	107	81	79	1243

Südpol/Antarktis

Nr.	Ort	Höhe / Lage		J	F	M	A	M	J	J	A	S	O	N	D	Jahr
30	Südpol	2800 m ü. M.	°C	-28,8	-40,1	-54,4	-58,5	-57,4	-56,5	-59,2	-58,9	-59,0	-51,3	-38,9	-28,1	-49,3
		90° S	mm	0	0	0	0	0	0	1	1	0	0	0	0	2

Amerika

Nr.	Ort	Höhe / Lage		J	F	M	A	M	J	J	A	S	O	N	D	Jahr
31	Anchorage	27 m ü. M.	°C	-10,9	-7,8	-4,8	2,1	7,7	12,5	13,9	13,1	8,8	1,7	-5,4	-9,8	1,8
	(USA)	61° 10′ N / 149° 59′ W	mm	20	18	13	11	13	25	47	65	64	47	26	24	373
32	San Francisco	16 m ü. M.	°C	10,4	11,7	12,6	13,2	14,1	15,1	14,9	15,2	16,7	16,3	14,1	11,4	13,8
	(USA)	37° 47′ N / 122° 25′ W	mm	116	93	74	37	16	4	0	1	6	23	51	108	529
33	Phoenix	340 m ü. M.	°C	10,4	12,5	15,8	20,4	25,0	29,8	32,9	31,7	29,1	22,3	15,1	11,4	21,4
	(USA)	33° 26′ N / 112° 01′ W	mm	19	22	17	8	3	2	20	28	19	12	12	22	184
34	Kansas City	226 m ü. M.	°C	-0,7	1,6	6,0	12,9	18,4	24,1	27,2	26,3	21,6	15,4	6,7	1,6	13,4
	(USA)	39° 07′ N / 94° 35′ W	mm	36	32	63	90	112	116	81	96	83	73	46	39	867
35	New York	96 m ü. M.	°C	0,7	0,8	4,7	10,8	16,9	21,9	24,9	23,9	20,3	14,6	8,3	2,2	12,5
	(USA)	40° 47′ N / 73° 58′ W	mm	84	72	102	87	93	84	94	113	98	80	86	83	1076
36	Acapulco	3 m ü. M.	°C	26,7	26,5	26,7	27,5	28,5	28,6	28,7	28,8	28,1	28,1	27,7	26,7	27,7
	(Mexiko)	16° 50′ N / 99° 56′ W	mm	6	1	<1	1	36	281	256	252	349	159	28	8	1377
37	Quito	2818 m ü. M.	°C	13,0	13,0	12,9	13,0	13,1	13,0	12,9	13,1	13,2	12,9	12,8	13,0	13,0
	(Ecuador)	0° 13′ S / 78° 30′ W	mm	124	135	159	180	130	49	18	22	83	133	110	107	1250
38	Iquitos	104 m ü. M.	°C	27,4	26,6	26,5	26,4	26,0	25,6	25,6	26,3	26,6	26,7	26,9	27,5	26,5
	(Peru)	3° 46′ S / 73° 20′ W	mm	256	276	349	306	271	199	165	157	191	214	244	217	2845
39	La Paz	3632 m ü. M.	°C	17,5	16,2	15,5	14,1	11,7	10,1	9,8	10,9	14,4	15,5	17,5	17,9	14,3
	(Bolivien)	16° 30′ S / 68° 08′ W	mm	92	89	62	26	11	2	4	7	34	28	48	85	488
40	Buenos Aires	25 m ü. M.	°C	23,7	23,0	20,7	16,6	13,7	11,1	10,5	11,5	13,6	16,5	19,5	22,1	16,9
	(Argentinien)	34° 35′ S / 58° 29′ W	mm	104	82	122	90	79	68	61	68	80	100	90	83	1027

Asien – physisch

40°   60°   66,5°   80° Nord   20°   40°   60°   80° 100° 120°   140°   160° 80°

N o r d p o l a r m e e r

Lissabon   London   Taimyrhalbinsel   Laptewsee
                                                                     Nowaja
Madrid   Paris   Amsterdam   Semlja   Sewernaja   Kap Tschelluskin   Neusibirische
                    Berlin   Semlja   Inseln
Algier   München Prag   Norilsk   ▲1701   Nördlicher Polarkreis
        Rom   Warschau   Jekaterinburg   S i b
   Tunis   Minsk   Sankt   Westsibirisches   i r
                          Petersburg   ▲1894   e
         Bukarest   Kiew   Narodnaja   Tieflland   n
                                        Moskau   Gora
Bengasi   Kasan
                    İstanbul   Samara   Jekaterinburg   Omsk   473
            Bursa   Wolgograd   Tscheljabinsk   Nowosibirsk   S a j a n
         İzmir Ankara   Kaukasus   Astana   91   Irkutsk 455 1637
    Alexandria Taurus ▲3918 Tiflis 5642   Qaraghandy   Altai ▲4506   Jablonogebirge
Tel Aviv-Jaffa Adana Gaziantep Jerewan Ararat   Kasachische Schwelle Bjelucha Changaigebirge Ulan Bator
    Kairo Beirut Aleppo   ▲5165 Baku   386 342   Balchaschsee Dsungarei 3905   Gobi
        Damaskus   Mosul Täbris Kaspisches   Almaty   oder Schamo
    Amman 2637 Bagdad Elburs Aschgabat Taschkent Bischkek Tian Urumchi
        Syrische Mesopotamien ▲5604   Samarkand 7439 Pik Pobedy S h a n 154 Bao
    Wüste   Teheran Meschhed Duschanbe   Tarim- 6346 Nan Shan Lanzhou
        Basra Isfahan 4547 Pamir ▲7495   becken   1554 Xian
    Kuwait Hochland von Iran und Afghanistan Kabul Godwin Austen (K2) Kunlun Shan Chengdu
        Shiraz 4148 Peschawar Karakorum 8610 7723▲   Rotes 230
Khartum Mekka 4042 Rawalpindi Hochland 7590 Becken
    Jiddah Abu Dhabi Dubai Multan Lahore Transhimalaya von Minya Konka Chengdu
Asmara   Maskat 3018 Ludhiana 7816 Tibet Lhasa Kunming
        Ras al-Haad Karachi Delhi Meerut Mount Everest Minya Konka
        Sana Hyderabad (Dilli) Kathmandu ▲8846 3143
Addis Abeba 3760 Jaipur Agra Lucknow Varanasi Dhaka
    Hadramaut Tharr Kanpur Allahabad Patna Khulna Chittagong
        Ahmadabad Indore Bhopal Asansol   Mandalay
            Vadodara Jabalpur Jamshedpur Kalkutta 350
        Surat Nashik Narmada Nagpur (Kolkata) Rangun
    5143 Bombay Poona Godavari   (Yangon)
Mogadischu   (Mumbai) Dekkan Hyderabad   Bangkok
    5203   Vishakhapatnam Golf von (Krung Thep)
        Bangalore Vijayawada Bengalen Phnom P
Daressalam   (Bengaluru) Madras Andamanen
        Calicut (Chennai)   Isthmus
        Coimbatore   von Kra
    Lakkadiven Cochin 2698 Sri Lanka Nikobaren Golf von
        Trivandrum Madurai (Ceylon)   Thailan
        Kap Comorin 2524 Kap Dondra   Medan
    5875 Colombo Pidurutalagala   Kua
        Maledivin   Kerinci
            ▲3805
    Ä q u a t o r   4952   Palemba

I n d i s c h e r   O z e a n   5214

Bandar Lampu
100°

© westermann
23207E   40° Ost   60°   80°

ANHANG

Landhöhen (in Meter)

- über 1500
- 1000 – 1500
- 500 – 1000
- 200 – 500
- 100 – 200
- 0 – 100
- Depression

▲ 8846 Berghöhe
230 sonstige Höhenangabe

Meerestiefen (in Meter)

- 0 – 200
- 200 – 2000
- 2000 – 4000
- 4000 – 6000
- 6000 – 8000
- über 8000

▽ 5875 Tiefenangabe

Gewässer

- Fluss
- See
- Salzsee
- Moor, Sumpf

Verwaltung

- Staatsgrenze
- umstrittene Grenze

Ballungsräume

Einwohner
- über 10 000 000
- 5 000 000 – 10 000 000
- 1 000 000 – 5 000 000
- unter 1 000 000

0 500 1000 km

Map labels

Tschuktschen-halbinsel
Anadyr-golf
Kolymagebirge
2562
3147
Kolyma
2959
nowoi gebirge
2412
Großer Chingan
Kamtschatka
Kljutschewskaja Sopka 4750
Petropawlowsk-Kamtschatski
Kap Lopatka
Bering-meer
Ochotskisches Meer
Sachalin
Amur
Chabarowsk
124
Ussuri
Sichote-Alin
Wladiwostok
Japanisches Meer (Ostmeer)
3669
3658
Kurilen
9783
Hokkaido
Sapporo 2290
Honshu
Sendai
8412
Tokio
Fuji-san 3776
Osaka
Nagoya
Okayama
Hiroshima
Kitakyushu
Fukuoka
Kyushu
9810
Getbae
Nansei-Inseln
7507
Ostchinesisches Meer
Shanghai
Ningbo
Hangzhou
Nanchang
Fuzhou
Bergland
Kanton (Guangzhou)
Zhengzhou 3951
Taipeh
Taiwan
Tainan
Kaohsiung
Hongkong (Xianggang)
Macau (Aomen)
Haikou
Hainan
Südchinesisches Meer
Ho-Chi-Minh-Stadt (Saigon)
5245
Luzon
2928
Manila
Philippinen
Cebu
10 497
Mindanao
9540
Davao
2965
5842
Halmahera
Molukken
Sula-In.
Sulawesi
Seram
7440
Tanimbar-In.
Aru-Inseln
Große Sunda-Inseln
3455
Banjarmasin
Ujung Pandang
Borneo
2988
2707
Kleine Sunda-Inseln
Flores
Dili 2920
Timor
2362
Bali
Java
3676
Semarang Surabaya
Jakarta
Arafurasee
Timorsee
Neuguinea
Biak
3000
4884
4508
Jayapura
Port Moresby
9140 Planet-Tief
Neubritannien
Neuirland
Admiralitäts-Inseln
Salomon-Inseln
Melanesien
Mikronesien
Karolinen
Yapinseln
Palau
Marianengraben
Marianen
8734
Challenger-Tief
Witjas-Tief 10899
11034
7559
Vulkan-Inseln
Bonin-Inseln
6520
Marcus-Insel
Wake
Mikronesien
Marshall-Inseln
Hawaii-Inseln
Midway-Inseln
6603
7982
Pazifischer Ozean
Nördlicher Wendekreis
Korallensee
Cairns
Townsville
4101 Kinabalu

Qiqihar
Harbin
Jilin
Changchun
Shenyang 2744
Anshan
Dalian
Mandschurei
Pjöngjang
Seoul
Daejeon
Daegu
Gwangju
Busan
Tianjin
Jinan
Tsingtau
Xuzhou
Nanjing
Wuxi
Hefei
Changsha

60° 40° 23,5° 20°
120° 0° 20°

ANHANG

163

Afrika – physisch

Shiraz

Teheran

Baku

Bagdad

Kuwait

Riad

Sana

Mogadischu

Kap Guardafui

Somali-Halbinsel

Rotes Meer

Tiflis

Damaskus

Asmara

Addis Abeba

4307

Mt. Kenia 5199

Ras Daschan 4620

Hochland von Äthiopien

Khartum

Blauer Nil

Weißer Nil

Atbara

350

380

Nubische

Wüste

Kordofan

Kampala 5109

Nairobi

Saratow

Rostow

Assuan

94

Nassersee

Kisangani

Ruwenzori

Juba 460

Kongo (Zaire)

Aruwimi

Kiew

Odessa

Istanbul

Alexandria

Kairo 23

Nil

–133

Libysche Wüste

Jabal al-Uwaynat 1934

Ennedi 1310

Jabal Marra 3088

Bangui

Uelle

Minsk

Bukarest

Athen

Bengasi

Große Syrte

Fessan

Tibesti 3415

Tschad-becken

Tschadsee

N'Djamena

Chari

Asandeschwelle

Budapest

Belgrad

Warschau

Bahr el Arab

Sanaga

Berlin

Ruhrgebiet

München

Rom

Tripolis

Kleine Syrte

Ahaggar

Tahat 3003 (Hoggar)

Aïr 1900

Kano

Abuja 1735

Adamaoua

Kamerunberg 4070 Duala

Jaunde

Bioko

Nied

Randstad

Paris

Tunis

2328

Algier

Grosse Sandwüste

Adrar des Iforas 890

Niamey 780

Ibadan

Lagos

Lomé

Golf von Guinea

São Tomé

London

Madrid

Kap Blanc

Straße von Gibraltar

Atlasgebirge

Erg Chech

Timbuktu

Ouagadougou

Yamoussoukro

Kumasi

Accra

Abidjan

Oberguineaschwelle

5207

Dublin

Lissabon

Rabat

Casablanca

Toubkal 4165

El-Aaiún

Kanarische Inseln

Madeira

6578

Erg Iguidi

Nouakchott

Nördlicher Wendekreis 23,5°

Bamako 332

Niger

Senegal

1752

Monrovia

Dakar

Conakry

Freetown

Äquator

Landhöhen (in Meter)

über 1500
1000 – 1500
500 – 1000
200 – 500
100 – 200
0 – 100
Depression

Meerestiefen (in Meter)

0 – 200
200 – 2000
2000 – 4000
über 4000

5895 Berghöhe
340 Höhenangabe
6578 Tiefenangabe

0 200 400 600 800 1000 km

Gewässer

Fluss
Oase
Kanal
Stromschnelle, Wasserfall
See
Salzsee
Moor, Sumpf
Wadi, Trockenfluss
Salzpfanne, Salzsee

Verwaltung

Staatsgrenze
umstrittene Grenze

Ballungsräume

Einwohner
über 10 000 000
5 000 000 – 10 000 000
1 000 000 – 5 000 000
unter 1 000 000

© **westermann**
6958E.17

Amerika – physisch

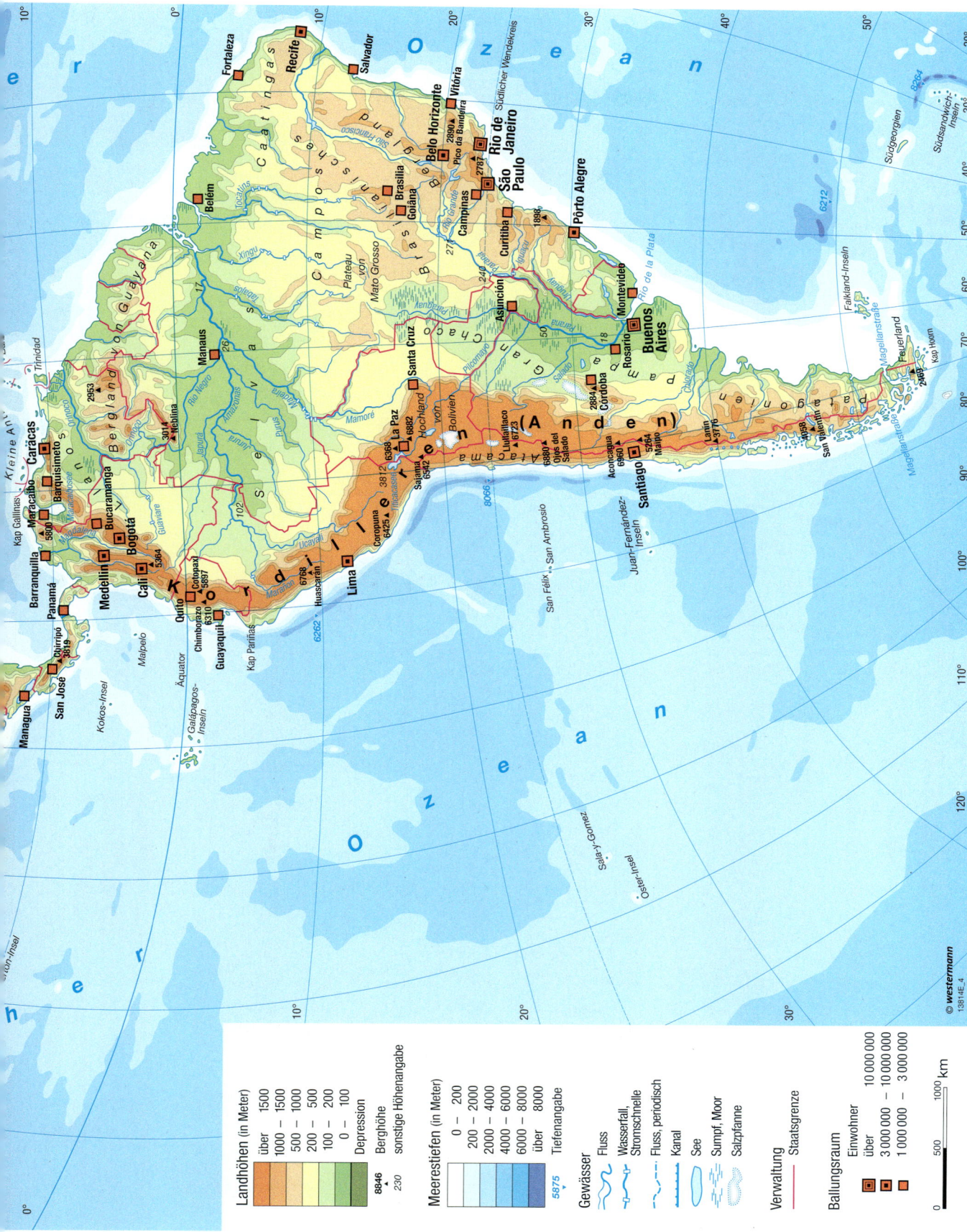

Landhöhen (in Meter)

über 1500
1000 – 1500
500 – 1000
200 – 500
100 – 200
0 – 100
Depression

8846 ▲ Berghöhe
230 sonstige Höhenangabe

Meerestiefen (in Meter)

0 – 200
200 – 2000
2000 – 4000
4000 – 6000
6000 – 8000
über 8000
5875 Tiefenangabe

Gewässer

Fluss
Wasserfall, Stromschnelle
Fluss, periodisch
Kanal
See
Sumpf, Moor
Salzpfanne

Verwaltung

Staatsgrenze

Ballungsraum

Einwohner
über 10 000 000
3 000 000 – 10 000 000
1 000 000 – 3 000 000

0   500   1000 km

© westermann
1381-4E_4

Pazifischer Raum – physisch

© westermann
23206E

Landhöhen (in Meter)

Gletscher
über 6000
3000 – 6000
1500 – 3000
1000 – 1500
500 – 1000
200 – 500
0 – 200
Depression
▲ 8846 Berghöhe

Meerestiefen (in Meter)

0 – 200
200 – 2000
2000 – 4000
4000 – 6000
6000 – 8000
über 8000
▼ 8846 Tiefenangabe

Gewässer

Fluss
Kanal
See
Schelfeis
Packeisgrenze
äußere Treibeisgrenze

Orte

Einwohner
■ über 1 000 000
● unter 1 000 000

0   1000   2000 km

Die Erde – physisch

Landhöhen (in Meter)

	über 1500
	1000 – 1500
	500 – 1000
	200 – 500
	0 – 200
	Depression

▲6960 Berghöhe

80°
66,5°
60°

180° 160° 140° 120° 100° 80° 60° 40° 20° West 0°

N

Beaufortsee
Kap Barrow
Kanadischer Archipel
Baffin-bai
Grönland
3231
Europäisches Nordmeer

Aleuten
Alaska
Mt. McKinley 6198
Rocky Mountains
Küstengebirge
Mackenzie
Barren Grounds
Kanadischer Schild
Hudson-bai
Baffin Insel
Labrador
Kap Farvel
Reykjavik
Island
Britische Inseln
Nord see

Golf von Alaska
Vancouver
NORD-
AMERIKA
Winnipeg
Oberer See
Ottawa
Neufundland
London
Paris

Pazifischer
San Francisco
Sierra Nevada
Felsengebirge
6198
Great Plains (Prärien)
Missouri
New York
Washington
Appalachen
Bermuda-Inseln
Mittelatlantischer Rücken
Azoren
Madrid
Lissabon
Madeira
Casablanca
Algi
Atlas
M
Mo Bla
48

6225
Hochland von Mexiko
Mississippi
New Orleans
Golf von Mexiko
Sargasso-see
Atlantischer Rücken
Kanarisches Becken
Kanaren
Sa
S
Ahag
A
F

Mexiko-Stadt
5610 Citlaltépetl
Kuba
Große Antillen
9219
Kapverden
Kap Verde
Lagos
Golf von Guinea
Niger

Ozean
Clipperton-Insel
Mittelamerika
Karibisches Meer
Panama-Stadt
Bogotá
Llanos
Bergland von Guayana
St. Paul
7758
Monrovia

Galapagos-Inseln
Quito
5897 Cotopaxi
Amazonas
Belém
Kap Branco
Ascension

Punta Parinas
Anden
Selvas
SÜDAMERIKA

Rücken
Lima
La Paz
8066
Brasilianisches
St. Helena

Tuamotu-Archipel
Gran Chaco
Bergland
Rio de Janeiro

Osterinsel
Pampa
Paraná
Buenos Aires
Tristan da Cunha

Mittelatlantischer
Aconcagua 6960
Santiago

Ostpazifischer Rücken
Patagonien
Falkland-Inseln (Malwinen)
Südgeorgien
Südsandwich-Inseln
Ozean
Bou Ins

Punta Arenas
Feuerland
Kap Hoorn
8428

60°
66,5°
Weddell-meer

Mount Vinson 4897
A N T

80°
180° 160° 140° 120° 100° 80° 60° 40° West 20° 0°

© **westermann** 13900E_5

40°　60°　80°　100°　120°　140°　160°　180°　160°

p o l a r m e e r　80°

Franz-Josef-Land　Kap Tscheljuskin

Barents-　Nowaja Semlja　Talmyr-Halbinsel　Laptewsee　Ostsibirische See

see　Karasee　66,5°

Spergen　Kap Deschnew

Nordkap　Werchojansk　60°

wien　Kola　Ural　Werchojansker Gebirge　*Bering*

Helsinki　S i b i r i e n　*meer*

Ladoga-　Salechard　Ob　Aleuten

see　Jenissei　Stanowoigebirge　Ochotskisches

O P A L　Moskau　Wolga　Irtysch　A S I E N　Meer

Astana　Altai　Ulan-Bator　Jablonowijgebirge　Amur

Kaspische　Nowosibirsk　G o b i　Mandschurei　40°

Senke　Tian Shan　Peking　Japanisches　Honshu

Kaukasus　5642　Tarim-　Meer　Tokio

Schwarzes Meer　Elbrus　Kaspisches　becken　Korea　(Ostmeer)

Ankara　Meer　Kunlun Shan　Hochland　Huang He　Ostchinesisches　P

Athen　Turan　Hindukusch　von Tibet　Meer　10554

Bagdad　Teheran　Kabul　Himalaya　Mt. Everest　a

Mesopotamien-Pers. Golf　Hochland　8846　Südchinesisches　z

Kairo　von Iran　Delhi　Ganges　Bergland　Hanoi　Kanton　O

r　Indus　Tharr　Indien　z　Mariannen　f

a　Arabien　Bombay　Arabisches　Mekong　Bangkok　Manila　e　i

Khartum　Meer　Golf von　Philippinen　10497　Mikronesien　s

4620　Kap　Bengalen　Andamanen　10554　Karolinen　c

Ras Daschan　Guardafui　Nikobaren　Südchinesisches　Kiribati

Hochland　Kap　Ceylon　Meer　Malaiischer

deschwelle　von Äthiopien　Comorin　Singapur　Melanesien

Kongo-　Mount Kenia　Mogadischu　Malediven　3805　Borneo　Salomon-

becken　5199　Kerinci　Neuguinea　Inseln

hasa　Victoria-　5895　Sumatra　Puncak Jaya　Tu

see　Kilimandscharo　I n d i s c h e r　Jakarta　Archipel　5030　Korallen-

Daressalam　Tschagos-Inseln　Java　7450　see

aschwelle　Komoren　Kap York　Fids

Seychellen　Kokos-　Darwin

Sambesi　Inseln　Kimberley-

Kalahari-　Madagaskar　Zentralindischer Rücken　Plateau

becken　Str. v. Mosambik　AUSTRALIEN　Australisches

hannesburg　Maskarenen　O z e a n　Große　Bergland

Drakensberge　Natal-　Victoriawüste　Tiefland　Tasman-

becken　Darling　see

der　Perth　Große　Sydney

n Hoffnung　Kerguelen　Australische　2230

St. Paul　Bucht　Mt. Kosciusko　Neuseeland

Wellington

Tasmanien　Chatham-

Insel

Campbell-

Insel

60°

Wostok-　Transantarktisches

see　Gebirge　Rossmeer　66,5°

R K T I S　80°

40°　60°　80°　100°　120°　140°　160°　180°　160°

Meerestiefen (in Meter)

　0 – 200

　200 – 2000

　2000 – 4000

　4000 – 6000

　6000 – 8000

　über　8000

　Inlandeis

Die Erde – politisch

Island

Alaska (Bundesstaat der USA)

K a n a d a

Vereinigte Staaten (USA)

Hawaii (Bundesstaat der USA)

Mexiko

Bahamas

Kuba
Haiti
Dominik. Rep.

Belize
Honduras
Jamaika
Guatemala
El Salvador
Nicaragua
Costa Rica
Panamá

Antigua u. Barbuda
St. Kitts u. Nevis
Dominica
St. Lucia
Barbados
St. Vincent und die Grenadinen
Grenada
Trinidad u. Tobago

Venezuela
Guyana
Suriname

Kolumbien

Ecuador

Peru

Brasilien

Bolivien

Paraguay

Chile

Argentinien

Uruguay

Vereinigtes Königreich
Irland

Spanien

Portugal

Marokko

Algerien

Tunesien

Sahara (von Marokko besetzt)

Mauretanien

Mali

Niger

Kap Verde

Senegal
Gambia
Guinea-Bissau
Guinea
Sierra Leone
Liberia

Burkina Faso

Côte d'Ivoire (Elfenbeinküste)
Ghana
Togo
Benin
Nigeria

Äquatorial-guinea
São Tomé u. Principe

Zentraleuropa

Norwegen
Finnland
Estland
Schweden
Lettland
Dänemark
Litauen
Russland
Weißrussland (Belarus)
Vereinigtes Königreich
Niederlande
Deutschland
Belgien
Luxemburg
Polen
Ukraine
Tschechische Republik
Slowakei
Moldau
Frankreich
Liechten-stein
Öster-reich
Ungarn
Rumänien
Schweiz
Slowenien
Monaco
San Marino
Kroatien
Bosnien und Herzegowina
Serbien
Bulgarien
Andorra
Montenegro
Kosovo
Spanien
Italien
Mazedonien
Albanien
Türkei
Griechenland

0   250   500 km

ANHANG

40° 60° 80° 100° 120° 140° 160° 180°

80°

60°

R u s s l a n d

Weißrussland

Ukraine

40°

Kasachstan

Mongolei

(russische
Verwaltung)

Nordkorea

Japan

Georgien Aser-
baidschan

Usbekistan

Armе-
nien

Kirgisistan

Südkorea

Türkei

Turkmenistan

Tadschikistan

Zypern Syrien

Afghanistan

C h i n a

Libanon
Israel

Irak

Iran

Jordanien

Kuwait

Pakistan

Nepal

Bhutan

20°

Ägypten

Saudi-

Bahrain
Katar

Taiwan

V.A.E.

Bangla-
desch

Arabien

I n d i e n

Myanmar
(Birma)

Laos

Oman

Thailand

Vietnam

ad

Eritrea

Jemen

Philippinen

Sudan

Dschibuti

Kam-
bodscha

Zentral-
kanische
epublik

Süd-
sudan

Äthiopien

Sri Lanka

Malediven

Brunei

Marshall-
Inseln

0°

Uganda

Somalia

Malaysia

Palau

Mikronesien

R. Kongo
(Zaire)

Kenia

Ruanda
Burundi

Singapur

I n d o n e s i e n

Nauru

Tansania

Seychellen

Papua-
Neuguinea

Komoren

Osttimor

Salomonen

Tuvalu

Sambia

Malawi

Vanuatu

Simbabwe

Mosambik

Mauritius

Fidschi

20°

Botsuana

Madagaskar

Swasiland

A u s t r a l i e n

dafrika

Lesotho

Neuseeland

40°

60°

ANHANG

t a r k t i s

40° 60° 80° 100° 120° 140° 160° 180°

173

Die Erde – reale Vegetation

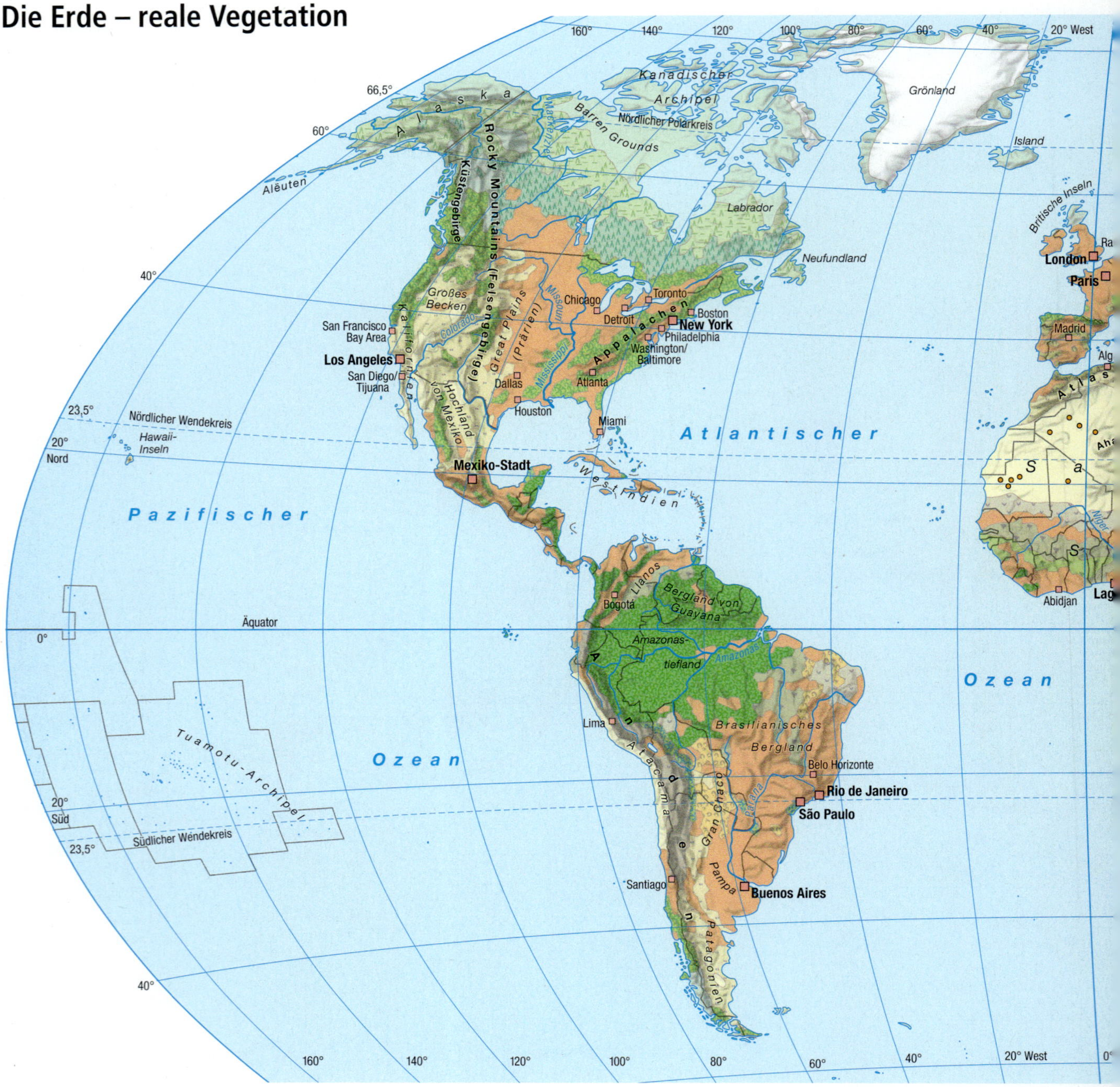

160° West · 140° · 120° · 100° · 80° · 60° · 40° · 20° West

Kanadischer Archipel

Grönland

66,5°
60°

Alaska · *Mackenzie*
Barren Grounds
Aleuten
Nördlicher Polarkreis
Nördlicher Polarkreis
Labrador
Neufundland

Island

Britische Inseln

40°

Rocky Mountains (Felsengebirge)
Küstengebirge
Großes Becken
Chicago
Toronto
Boston
New York
Detroit
Philadelphia
Washington/
Baltimore
Appalachen
Mississippi

London
Paris
Ra

San Francisco
Bay Area
Kalifornien
Los Angeles
San Diego/
Tijuana
Colorado
Great Plains (Prärien)
Dallas
Atlanta
Hochland von Mexiko

Madrid
Alg
Atlas

23,5°
20°
Nord

Nördlicher Wendekreis
Hawaii-Inseln
Houston
Miami

A t l a n t i s c h e r

S a
a
S

P a z i f i s c h e r

Mexiko-Stadt

Westindien

0° Äquator

Llanos
Bogotá
Bergland von Guayana
Amazonas-tiefland
Amazonas

Abidjan
Lag

O z e a n

Lima
Anden
Brasilianisches Bergland

O z e a n

Tuamotu-Archipel

Belo Horizonte
Rio São Francisco
Rio de Janeiro
São Paulo

20°
Süd
23,5°

Südlicher Wendekreis

Atacama
Santiago
Gran Chaco
Pampa
Buenos Aires

40°

Patagonien

160° · 140° · 120° · 100° · 80° · 60° · 40° · 20° West · 0°

Wüsten

- ☐ Eiswüste
- ☐ Wüste, Halbwüste

Offene Landschaften

- Tundra, Moor, subpolares Grasland
- Steppe
- Gebirgssteppe
- Baum- und Strauch-savanne (z.T. Sukkulentensavanne)
- Trockensavanne
- Feuchtsavanne und regengrüner Feuchtwald

Waldlandschaften

- Waldtundra
- nördlicher Nadelwald
- Laub- und Mischwald
- Hartlaubgehölze, Sekundär- und Buschwald
- subtropischer Feuchtwald
- tropischer Trockenwald (teilweise degradiert)
- tropischer Regenwald (teilweise degradiert)

ANHANG

Map labels

20° Ost 40° 60° 80° 100° 120° 140° 160° 180°

66,5°
60°
40°
23,5°
20° Nord
0°
20° Süd
23,5°
40°

Nowaja Semlja
Taimyr-Halbinsel
Werchojansker Gebirge
Kamtschatka
Aleuten
Sachalin
Ural
S i b i r i e n
Lena
Jenissej
Ob
Irtysch
Stanowojgeb.
Moskau
Wolga
Kasachensteppe
Altai
Jablonowy gebirge
Amur
Harbin
40°
İstanbul
Kaukasus
Turan
T i a n S h a n
Hindukusch
Kunlun Shan
G o b i
Mandschurei
Peking
Shenyang
Korea
Honshu
Tokio/Yokohama
Nagoya
Teheran
Hochland von Iran
Hochland von Tibet
Himalaya
Tianjin
Seoul
Osaka/ Kobe/Kioto
Bagdad
Arabien
Xi'an
Nanjing
Wuhan
Shanghai
Kairo
Riad
Große Arabische Wüste
Indus
Lahore
Delhi
Chengdu
Chongqing
Hangzhou
P a z i f i s c h e r
Karachi
Vorder-indien
Ganges
Ahmedabad
Kalkutta
Dhaka
Hinter-indien
Jangtsekiang
Südchinesisches Bergland
Taipeh
Shantou
Perlflussdelta
Khartum
Hochland von Äthiopien
Mumbai
Hyderabad
Dekkan
Thar
Rangun
Mekong
Manila
Philippinen
Bangalore
Chennai
Sri Lanka
Bangkok
Ho-Chi-Minh-Stadt
M i k r o n e s i e n
Karolinen
Kinshasa/ Brazzaville
Kongo-becken
Victoriasee
Kuala Lumpur
Singapur/ Johor Bahru
Malaiischer Archipel
Sumatra
Borneo
Sulawesi
Neuguinea
O z e a n
Salomon-Inseln
Äquator
I n d i s c h e r
Jakarta
Bandung
Java
Fidschi-Inseln
Sambesi
Madagaskar
Neukaledonien
O z e a n
Kalahari
Johannesburg
Orange
Große Sandwüste
Great Dividing Range
Drakensberge
Große Victoriawüste
Australisches Tiefland
Darling
Tasmanien
N e u s e e l a n d

20° Ost 40° 60° 80° 100° 120° 140° 160° 180°

© westermann

Kulturland

landwirtschaftliche Nutzfläche (Acker- und Weideland)

■ urbaner Ballungsraum (mehr als 10 Mio. Einw.)

□ urbaner Ballungsraum (mehr als 5 Mio. Einw.)

Oase

0 1000 2000 3000
km

23250E

Bildquellenverzeichnis

|akg-images GmbH, Berlin: Aus: Konrad von Gesner, Icones animalium aquatilium 91 M3. |alamy images, Abingdon/Oxfordshire: David R. Frazier Photolibrary, Inc. 138 M1; imageBROKER 86 u., 123 M4; Morley Read 52 M1; SuperStock 138 M3. |Alfred-Wegener-Institut, Helmholtz-Zentrum für Polar- und Meeresforschung, Bremerhaven: Ude Cieluch 82 M1. |Arthus-Bertrand, Yann: 136 M1. |Berghahn, Matthias, Bielefeld: 85. |Blickwinkel, Witten: Schmidbauer 50 M1. |Blume Bild, Celle: 146 M1 re.. |Bundesanstalt für Landwirtschaft und Ernährung (BLE), Bonn: Stephan 41 M5. |DasErste.de: 26 M1, 26 M3. |Deutsche UNESCO-Kommission e.V., Bonn: 146 M2 Logo. |Deutscher Wetterdienst (DWD), Offenbach: 24 M1, 24 M1, 24 M1. |dreamstime.com, Brentwood: Funniu 4 89 m.re. und 104 M2, 89, 104; Josefstuefer 74 74 M1 o.1 und 75 INFO o., 75. |eoVision, Salzburg: 32 M2. |F1online, Frankfurt/M.: Axel Gomille 45 M4.2; José Fuste Raga/AGE 144 M1 A; Sonderegger Christof/Prisma 85 M5. |Felzmann, Dirk, Landau: 31 u.. |fotolia.com, New York: Barbara Pheby 97 M4 o.; Catmando 91 M5; Diesel, Max 144 M1 C; Fotos 42; Jan-Dirk 98 98 M1 und 116, 116; Jörg Hackemann 4 89 m.li. und 100 M2, 89, 100; magann 30 M2; miragik Titel; Zan, Valerii 57 M4. |Gehrke, Mahlberg: 10 M3. |Getty Images, München: Flickr RM/Harry Kikstra 28 M3; Joel Sartore 47 M4 o.; Marcus Lyon 144 M1 D; National Geographic Creative 4 89 m.u. und 98 M2, 89, 98; Nik Wheeler 66 M2; The Image Bank/Gonzalo Azumendi 4 88 m.li. und 102 M1, 88, 102. |Glawion, Rainer, Freiburg: 46 M1. |Google Earth: 142 M1, 147 M3, 149 Aufg 4, A-D, 149 Aufg 4, A-D, 149 Aufg 4, A-D, 149 Aufg 4, A-D. |Government of Nunavut, Iqaluit, Nunavut: 85 M7. |Grohe, M., Kirchentellingsfurt: 56 M1. |HafenCity Hamburg GmbH, Hamburg: Herzog & DeMeuron 125 M2. |Härle, Josef, Stade: 45 M4.3. |Helga Lade Fotoagenturen GmbH, Frankfurt/M.: 144 M1 B. |Hinzmann, Bettina, Bochum: 83 M4. |Ibrahim, Prof. Dr. Fouad, Wunstorf: Diercke online 68 M1. |Interfoto, München: 32 M1; imagebroker/Florian Kopp 54 M3; Sammlung Rauch 15 M5. |iStockphoto.com, Calgary: 1001slide 62 M1.2; andrepra 63 M1.5; AnitaOakley 63 M1.4; brittak 65 M6; CAHKT 125 M3; dasbild 64 M3; fiondavi 69; guenterguni 62 M1.3; Jeremy Richards 60; lvenks 62 M1.1; moronif 75 INFO u.; namibelephant 64 M2; NNehring 88 u.; picassos 47; robas 51 M3; sara_winter 60 M1.4; zxcynosure 139 M7. |Karto-Grafik Heidolph, Dachau: 11 4, 74 M1. |Knecht, Freiburg: 74 M1 o.4. |Kottmeier, Michael, Hamburg: 60 M1.2. |Landesamt für Geoinformation und Landesvermessung Niedersachsen (LGLN), Hannover: Auszug aus den Geobasisdaten der Nds. Vermessungs- und Katasterverwaltung, © 2014 LGLN 157. |Marine Stewardship Council (MSC), Berlin: 97 INFO. |mauritius images GmbH, Mittenwald: Photononstop 76 M1; Thonig 74 M1 o.3. |Messinger, C., Berlin: 64 M1, 64 M4. |Microsoft Deutschland GmbH, München: 60 M1. |MurrayRiver.com.au, Norwood SA: 78 M1. |Museum Hameln, Hameln: 5 119 o. und 120 M1, 119, 120. |NASA, Washington: 23 4, 23 4, 40; Foto: NASA 22 M2. |NASA - Earth Observatory: 54 M1, 55 M4. |NASA/GSFC, Houston/Texas: Visible Earth 4 /89 Hintergrund, 88, 179 Vorsatz hinten. |National Geographic Creative, USA-Washington, DC: George Steinmetz 140 M1. |Niedernostheide, Rainer, Hameln: 5 119 m. und 127 M7, 5 119 u. und 126 M1, 119, 119, 126, 126 M2, 126 M3, 126 M4, 127, 127 M5, 127 M6, 128 M1, 128 M1, 130 M1, 131 o.. |NOAA - National Oceanic & Atmospheric Administration, Washington: Photo Library 91 M4. |noble kommunikation GmbH, Neu-Isenburg: Royal Caribbean International 4 m.re., 88. |OKAPIA KG - Michael Grzimek & Co., Frankfurt/M.: Freund 99 INFO; Heyer 14 M2; imagebroker/Josef Niedermeier 77; Stirrup 4 88 o. und 96 M1, 88, 96. |Ott, Jörg, Dipl.-Geogr., Griesheim: 145 M6. |PantherMedia GmbH (panthermedia.net), München: E., Walter 74 M1 o.2; Marcel Schauer 28 M1. |Pfohlmann, Christiane, Landsberg am Lech: 109 M2. |Philipp, Dr. Eckhard, Berlin: 60 M1.3. |Picture-Alliance GmbH, Frankfurt/M.: 84 M1; AFP/I. Sanago 41 M6; AP/Bandic 146 M1 li.; AP/Bullit Marquez 112 M1; AtC 23 u.re.; Dolzhenko 30 M3; dpa ZB/Tom Schulze 67 M4; dpa-ZB/euroluftbild.de 132 M1; dpa-ZB/Jürgen-Michael Schulter 148 re.; dpa/Alexandra Schuler 139 M6; epa/afp/Seyllou 67 M5; Godong 77 M6; WILDLIFE 4 89 u. und 112 M2, 89, 112; WWF 58 M2. |Schobel, Ingrid, Hannover: 61 M2, 63 M3, 87. |Schwarzstein, Yaroslav, Hannover: 8 8/9 M1, 8 8/9 M1, 8 8/9 M1, 9 8/9 M1, 9 8/9 M1, 9 8/9 M1, 12 u.li., 16 Experimente, 16 Experimente, 16 Experimente, 17 Experimente, 17 Experimente, 17 Experimente, 90 M1, 104 104/105 M3.1-5, 104 104/105 M3.1-5, 104 104/105 M3.1-5, 105 104/105 M3.1-5, 105 104/105 M3.1-5. |Shutterstock.com, New York: Alfredo Maiquez 47 M4 u.; Clausen, Ant 3 o., 39; holbox 3 u., 38; Hung Chung Chih 140 M2; Israel Hervas Bengochea 45 M4.1; Philip Lange 136 M4; photowings 3 6/7, 6; posztos 136 M3; Radiokafka 143 M4; Rasmus Holmboe Dahl 3 o., 38; Sam D Cruz 3 u., 39; ThinAir 136 M2. |Stadt Hameln, Hameln: 5 118/119, 118, 120 M2. |Stadt Hameln - Stadtentwicklung und Planung, Hameln: 129 M2. |Statoil ASA, Stavanger: Øyvind Hagen 4 89 o. und 101 M5, 89, 101. |Tegen, Hans, Hambühren: 10 M2. |The Green Belt Movement, London: Patrick Wallet 72 M1. |Thinkstock, Sandyford/Dublin: /iStockphoto 41 M4. |Tierbildarchiv Angermayer, Holzkirchen: Pölking 83 M7. |Tomicek/www.tomicek.de, Werl: 108 M1. |toonpool.com, Berlin, Castrop-Rauxel: Jens Kricke 109 M3. |TopicMedia Service, Mehring-Öd: 44 M1; Albinger 10 M1. |TUI Cruises GmbH, Hamburg: 107 106/107 M1, 107 M4. |U.S. Geological Survey, Sacramento: 138 M2. |ullstein bild, Berlin: Sylent Press 124 M1. |vario images, Bonn: Torsten Krueger 145 M4. |Wenzel, Christine, Witten: 131 u.. |www.passivhaus-vauban.de, Freiburg: 132 M2. |© Emil Schulthess/Fotostiftung Schweiz, Winterthur: 81 80/81 M1. |© Foster + Partners, London: 133 M3.